高等职业教育生态林业专业群特色教材

果树栽培技术

那　娜｜主　编
纪丽丽　韩慧英　王　杨｜副主编
周　鑫｜主　审

中国轻工业出版社

图书在版编目（CIP）数据

果树栽培技术 / 那娜主编. -- 北京 : 中国轻工业出版社, 2025. 9. -- ISBN 978-7-5184-5515-7

Ⅰ. S66

中国国家版本馆CIP数据核字第202581C5H6号

责任编辑：陈　萍

文字编辑：张育萱　　责任终审：许春英　　设计制作：梧桐影

策划编辑：陈　萍　王　宁　　责任校对：刘小透　晋　洁　　责任监印：张京华

出版发行：中国轻工业出版社（北京鲁谷东街 5 号，邮编：100040）

印　　刷：北京君升印刷有限公司

经　　销：各地新华书店

版　　次：2025年9月第1版第1次印刷

开　　本：787 × 1092　1/16　印张：14.5

字　　数：290千字

书　　号：ISBN 978-7-5184-5515-7　定价：59.00元

邮购电话：010-85119873

发行电话：010-85119832　　010-85119912

网　　址：http://www.chlip.com.cn

Email: club@chlip.com.cn

242269J2X101ZBW

本书编写人员

主　编　那　娜（黑龙江林业职业技术学院）

副主编　纪丽丽（黑龙江林业职业技术学院）

韩慧英（黑龙江林业职业技术学院）

王　杨（黑龙江林业职业技术学院）

参　编　蒋先进（穆棱林业局有限公司）

主　审　周　鑫（黑龙江林业职业技术学院）

前言

本教材是根据高等职业教育教学改革要求和高素质技术技能型人才培养要求编写的，可供高等职业教育林业技术专业学生使用，也可作为农民果树栽培管理技术培训教材。

本教材编写坚持理论教学“必需、够用为度”的原则，突出教材的适用性和应用性，突出实践教学，力求阐明果树生产中的基本理论和基本生产技术，紧密联系生产实际，体现高等职业教育的教学体系和特点。全书共分为4个模块，模块一为果树栽培基础知识，下设1个项目2个任务；模块二为果树生长发育，下设3个项目13个任务；模块三为果园建设，下设2个项目6个任务；模块四为技能实训，下设6个实训。每个模块都有明确的知识目标、技能目标，模块一至模块三设有复习思考题，模块四设有实训作业，以巩固知识。

本教材由那娜担任主编，纪丽丽、韩慧英、王杨担任副主编，蒋先进担任参编。那娜编写模块二、模块三，纪丽丽编写模块一，韩慧英和王杨编写模块四，蒋先进负责融媒体资源的制作。全书由黑龙江林业职业技术学院周鑫教授主审。

由于编者水平有限，疏漏之处在所难免，恳请读者提出宝贵意见。

那娜

2025年3月

目录

模块一

果树栽培基础知识

知识目标

了解果树的生命周期和年生长周期的意义及调控。

技能目标

能识别当地主要果树树种的枝芽类型，能绘制果树地上部分的结构图；掌握果树物候期的调查方法。

项目 果树的生命周期和年生长周期

果树作为多年生植物，其生长与发育不仅受到遗传特性的影响，还深受环境条件及栽培管理措施的制约。理解果树的生命周期和年生长周期，对于制订科学的栽培策略、提高果树产量和品质至关重要。

任务一 果树的生命周期

果树的生命周期是指果树个体发育过程中所经历的萌芽、生长、结果、衰老和死亡的过程。根据繁殖方式不同，果树的生命周期可以分为实生繁殖果树的生命周期和营养繁殖果树的生命周期。

实生繁殖果树，自种子萌发，往往要经历多年的生长才能开花。但是第一次开花结果后，并不像一般草本植物那样迅速衰老和死亡，只要环境适宜，就可以继续生长并经历多次开花结果过程，如此生存几年、几十年甚至几百年。通常，实生繁殖果树的生命周期可以划分为胚胎期、童期、成年期和衰老期。从栽培实际角度出发，实生繁殖果树的生命周期可以划分为童期、成年期和衰老期。实生繁殖果树从童期向成年期的转化称为阶段转变。在阶段转变过程中产生的器官具有中间表型特征。已有研究表明，阶段转变始于茎端分生组织对光照、温度等外界环境的响应。阶段转变伴随着明显的形态、生理和生化特征的变化，这种变化受到体内的化学物质，如糖分、激素、多胺、多酚的调控。

阶段转变是连续的、渐进的。在这一质的转变中，经常会存在一个过渡阶段。例如，实生繁殖果树是从枝梢顶端分裂最旺盛的分生组织细胞内开始变化的，顺枝干向上延伸而逐渐发生并积累阶段发育物质，所以实生繁殖果树越位居上或外部的器官，阶段发育越深。一般而言，树冠外围枝梢处于成年期，而树冠内部，尤其是主干基部等可能仍然保持在幼年期，在这之间还存在一个过渡期。因此，一般实生繁殖果树树冠上部的枝、芽、叶等表现栽培性状，而内部或基部抽生的枝梢则经常会表现出幼年或野生性状，如有刺。另外，在童期到成年期的阶段转变过程中，有时涉及茎尖分生组织的潜能转化。

营养繁殖果树不是由种子萌发而来的，是由营养器官离体繁殖成为独立植株，其生命和阶段发育是原来母体的延续，有别于真正意义上的个体。但是营养繁殖果树也存在类似实生繁殖果树的生命周期，只是它们的生命周期没有阶段发育中的幼年期，但存在以营养生长为主的幼年期，故可称为幼树期。因此，可将营养繁殖果树的生命周期划分为幼树期、结果期和衰老期。

果树在其整个生命周期中，经历生长、结果、衰老和死亡4个时期。在每个时期中，又可以根据果树生长结果情况，划分为若干个更小的时期。例如，结果期可分为结果初期、结果盛期和结果后期；衰老期又可分为衰老更新期和衰老死亡期。每个时期的长短，都与自然环境和栽培管理水平有关。

果树的生命周期以年生长周期各发育阶段为基础，顺次通过生命周期中各个发育阶段。多数果树的生命周期较长，实生繁殖果树从播种到自然条件下开花结果需要几年甚至几十年时间，这是目前提高果树育种效率的瓶颈之一。因此，了解果树的生命周期，就可以根据生命周期各阶段的特点制订实施相应的栽培方案，并采取各种农业技术措施以缩短实生繁殖果树的童期或营养繁殖果树的幼树期，延长成年期或结果期，推迟衰老期，这在果树育种和栽培方面具有重要意义。

一、实生繁殖果树的生命周期及其调控

（一）童期

童期也称为幼年期，是指从种子萌发起，经历一定生长阶段，到具备开花潜能的时期。在果树生产和研究中，童期通常以播种到实生繁殖果树开花所需的年份计算。这个阶段植株只有营养生长，任何措施均不能使其开花结果。童期结束明显的形态学标志是具备在自然条件下连续开花的能力。

实生繁殖果树的童期长短是长期进化和自然选择过程中形成的一种遗传属性，不同树种的童期长短差别很大，同一树种不同品种的童期长短也有差别。童期长短为数量性状，受遗传因素控制。然而，栽培生产实践表明，实生繁殖果树的童期长短又受栽培条件等影响。一般而言，生长在土层浅而贫瘠条件下的实生繁殖果树的童期要比生长在较好土壤条件的实生繁殖果树长，生长在低温条件下的实生繁殖果树的童期要比高温地区的实生繁殖果树长。例如，在美国佛罗里达州，宽皮柑橘实生苗的童期为5～7年，甜橙实生苗为6～7年，葡萄柚实生苗为7～8年；而在温度较低的日本，温州蜜柑实生苗开花结果至少需要7～8年，甜橙和柚类实生苗需要10年以上。由此看来，有时简单用时间来表示童期长短显然并不合适。也正因为如此，目前除用时间来表示童期长短外，提出“童程”来表示实生繁殖果树的童期长短。童程是指从实生繁殖果树根颈到其童性消失点的距离。童程最早用长度单位表示，后来研究发现用节位数表示更确切。

处于童期的实生繁殖果树具有特殊的遗传和生理特性，即童性，具体表现在形态、解剖结构、生理生化指标以及基因表达和蛋白质含量等方面。在形态上表现为枝条直立生长，具有针刺或针枝，密集而分枝角度大，芽体小，叶片小而薄。从组织解剖来看，枝条木质部发达并以木质纤维为主，导管较少；叶肉细胞发育差，栅栏组织和叶脉都不发达；叶片表皮细胞大，单位面积气孔少。从生理生化、分子及蛋白质水平来看，实生繁殖果树童期还有很多独特的特性。例如，童期枝条组织的还原糖、淀粉、蛋白质、果胶等物质都比成年期枝条少。

实生繁殖果树存在较长的童期已经成为制约果树育种的主要因素。为了缩短童期，人们在生理和分子层面进行了大量研究。研究发现，多种激素、糖分、多酚和多胺等化学物质都与童期到成熟期的阶段转变有关。而在阶段转变过程中，存在特异的DNA修饰和基因表达过程，蛋白质水平上也存在差异。但是，真正的调控机制目前还不清楚。

虽然缩短实生繁殖果树童期的相关研究很多，但是目前普遍认为缩短童期最有效的办法仍然是通过改善环境条件、加强培育管理，以及应用生长调节剂、矮化砧高接和环剥等技术措施，促进营养积累并使之合理分配，从而加速实生繁殖果树的营养生长速度，继而提早开花结果。

（二）成年期

成年期是指实生繁殖果树在具备开花潜能后，在适宜的外界条件下可以随时开花结果的时期。根据结果数量和状况等又可以进一步分为结果初期、结果盛期和结果后期三个不同阶段。

1. 结果初期

结果初期是指从第一次开花坐果到有经济学产量的时期。其特点是树冠和根系仍快速扩展，有较快的离心生长；叶片同化面积增大；芽体较小，质量较差，部分花芽发育不完全，坐果率低；枝的顶端优势较强，生长较为直立；部分枝条主要集中在先端形成花芽，而结果部位以下着生的枝条仍处于童期；果实一般较大，但果皮厚，果肉粗，风味偏酸，品质较差。

2. 结果盛期

结果盛期是指从有经济学产量到产量开始下降的时期。其特点是树冠分枝级数增多，树冠体积达到最大限度，年生长量逐渐稳定；正常情况下，树体营养器官和生殖器官的特征趋于稳定，叶、芽和花等表现出树种的固有特征，不过在树冠内部，个别生长旺盛的枝条经常会表现出“复幼”现象；结果部位扩大，叶果比适当，在主干生理成熟部位容易开花结果；产量逐年增加并达到最高水平；果实大小、形状及风味等品质达到最佳状态，并能保持相对稳定。

3. 结果后期

结果后期是指从产量开始下降到几乎不再产生经济学产量的时期。其特点是由于连年开花结果使树体内同化物质积累减少，树体营养生长减弱，新梢生长量减少，先端枝条和根系开始回枯，出现自然向心生长并逐渐增强，最终树体树势逐渐表现为衰退；果实产量不稳定，大小年结果现象明显；果实逐渐变小。

实生繁殖果树的成年期长短主要由遗传物质控制，但是环境条件和栽培技术也有重要的影响。根据成年期不同阶段的特点和目标，采取对应的措施对延长成年期具有重要意义。结果初期以扩大树冠并防止旺长为主要目的。因此，栽培上以轻剪长放，多施肥料（以磷、钾肥为主），同时采用环剥、环割和喷施生长调节剂（如赤霉素、矮壮素和多效唑）控制树势，促花、保花、保果。结果盛期主要以平衡树势、稳定营养生长和生殖生长为目的。由于果实的生产带走大量的营养，因而在生产中应注意肥水管理和各类结果枝或枝组的修剪。结果后期以延缓树体衰老为目的。因此，在生产实际中，除注意肥水管理外，还应加强根系和枝条的更新复壮，同时调控大小年，维持营养生长和生殖生长平衡。

（三）衰老期

衰老期是指从树势明显衰退开始到最终死亡之前的时期。其特点是新生枝条细弱并大量减少；骨干枝和骨干根开始枯死，无力更新；结果枝或结果母枝数量越来越少，结果量也逐年减少，果实变小。

衰老期实生繁殖果树的调控主要是通过加强肥水管理和重修剪，促使潜伏芽萌发，同时控制花芽数量和结果数量，以促进新梢生长。

二、营养繁殖果树的生命周期及其调控

（一）幼树期

幼树期通常是指从苗木定植到开花结果的时期。其特点是树冠骨架逐渐形成，新梢生长量大，节间长，树体迅速扩大，枝条生长势强并呈直立状态。在此时期，无论是地上部分还是地下部分，离心生长均旺盛，根系生长快于地上部分，冠根比较小。在根系生长方面，一般先形成垂直根和水平骨干根，继而发生侧根，定植3 ~ 5年后开始大量发生须根。不过，一些矮化性较强的砧木，如苹果M_9、苹果M_{26}、枳等，或经过圃内断根的苗木，在苗圃中就能发生较多的须根。

幼树期的营养繁殖果树，随着树龄的增加，根系和树冠迅速扩大，根系吸收面积和叶片光合面积增大，矿质养分和同化物质累积逐渐增多；再加上内源激素如生长素、赤霉素、细胞分裂素和脱落酸等的作用，果树便逐渐地由单一的营养生长转向生殖生长。

幼树期的长短因树种不同而异，如苹果、梨一般3～4年，柑橘一般3～5年，桃、葡萄2～3年，枣1～3年，板栗、柿4～6年，核桃3～8年，荔枝4～10年。其中，具有早熟性芽的桃等，以及具有腋花芽结果习性的梨、苹果等，幼树期一般较短；树势开张的树种也表现早果性。另外，幼树期的长短与栽培技术也有密切的关系，采用矮化砧、适时扭枝和环剥处理，均可以缩短幼树期，提早开花结果。

尽快扩大营养面积、增进营养物质的积累是缩短幼树期和提早开花结果的中心措施。因此，生产中常采用的调控措施为深翻扩穴、增施肥水、轻度修剪多留枝和使用生长抑制剂等。不同类型的营养繁殖果树，幼树期的管理重点有些差别。例如，柑橘的幼树管理目标是促进新梢多次生长及抽生健壮的枝梢，加速分枝级数，尽快形成丰满的树冠，建立牢固的骨架，为丰产、稳产打下良好的基础。因此，柑橘幼树重点强调肥水管理和树体管理。柑橘幼树施肥应掌握勤施、薄施、重点施的原则。幼树每年可抽梢3～4次，生长量大，加之肥料在土壤中的渗透流失，每年应施肥7～9次，重点在春梢、夏梢和秋梢萌发前、生长期施速效肥。以氮肥为主，配合施磷、钾肥，氮、磷、钾参考比例为5∶1∶3。树势强的少施或不施，树势弱的适当增加施肥次数及施肥量。秋末或初冬以施有机肥为主，适当配施磷、钾肥。随着树冠的迅速扩大，应逐渐加大施肥量。在此基础上，通过合理的整形修剪，促进分枝、增加分枝级数，迅速形成丰满的树冠，达到早结丰产的目的。

（二）结果期

根据结果状况，结果期可划分为结果初期、结果盛期和结果后期。

1. 结果初期

结果初期是指从开始结果到大量结果的时期。这段时期刚开始仍然营养生长旺盛，离心生长强，分枝大量增加，并继续形成骨架；根系继续扩展，须根大量发生。随后树体结构建成，从营养生长占绝对优势向营养生长与生殖生长平衡过渡。此阶段刚开始柑橘的结果部位多在树冠外围生长势稍弱的枝梢，而苹果和梨的结果部位以树冠上部中长枝为主。所结的果实较大，含水量高，并且果皮较厚，肉质较粗，味偏酸。随着树龄增大，骨干枝的离心生长减缓，柑橘外围强壮的枝梢以及内膛枝开始结果，苹果和梨的中、短果枝结果比例也逐渐增加，产量和品质不断提高。

结果初期的长短主要决定于树种和栽培技术。例如，桃、樱桃等由结果初期进入结果盛期的时间较短，苹果、梨和核桃等所经历的时间则较长。另外，这个时期仍然以轻度修剪为主，增施磷、钾肥，在保证树体健壮生长的基础上，注意防止树冠旺长，着重培养结果枝组，可以有效缩短结果初期，进入结果盛期。

2. 结果盛期

结果盛期是指进入大量结果且产量相对稳定的时期。这个时期树冠和根系已扩展到最大限度，骨干枝的离心生长变缓，枝叶生长量减少，营养枝减少而结果枝大量增加，产量达到最高峰。此时的果实大小、形状和品质完全显示出该品种的特性。结果盛期的持续时间因树种、品种和砧木不同而存在很大差异，同时自然条件和栽培管理技术也会产生重要的影响。

与结果初期相比，结果盛期的营养繁殖果树结果母枝的类型开始发生改变。例如，柑橘此阶段以春梢和秋梢为主要结果母枝，而苹果、梨、桃等由长、中果枝为主逐步转到以短果枝结果为主。若管理不当，树冠外围就会出现上层郁闭，骨干枝下部光照不良的部位出现枯枝，结果部位逐渐外移。另外，在树冠内膛空虚部位可能发生少量生长旺盛的徒长更新枝条，向心生长开始；根系中的须根部分死亡，发生明显的局部交替更新现象。

在结果盛期应注意调整好营养生长和生殖生长的关系，保持新梢生长、根系生长、结果和花芽分化之间的平衡，防止大小年结果现象提早出现。由于进入结果盛期后，果树的骨架和树冠已经形成，结果盛期果树已经大量结果，树势趋于缓和，树冠扩大缓慢。因此，此时的肥水管理主要是为了促进花芽生长，保证产量和品质，防止树体过早衰老，延长结果年龄；树体修剪管理主要是在加强综合管理的基础上，维持健壮树势，调节生长与结果的平衡，维持树冠的结构，延长盛果的年限。

不同树种结果盛期的肥水管理和修剪措施存在差异。一般而言，结果盛期施肥要考虑氮、磷、钾均衡供应，要注意不同种类的营养繁殖果树有不同的养分吸收特点。例如，葡萄对磷、钾的吸收大于其他营养繁殖果树，桃对钾的要求很高等。施肥位置要在一定范围的树冠外围，要有一定深度。修剪时对外围长枝多的营养繁殖果树可适当疏剪，以改善树体内膛光照；对骨干枝过密的营养繁殖果树可视情况逐年分批适当疏除一部分过密枝，以防返旺；对中干上层主枝多、长势旺的营养繁殖果树，可采取疏枝或落头的办法，缓和树势；对长势中庸的营养繁殖果树可通过枝组的轮流复壮和外围枝短截，维持中庸树势；树势衰弱的营养繁殖果树可对骨干枝延长枝进行短截，对延伸过长的枝组进行回缩复壮。

3. 结果后期

结果后期是指从高产、稳产到开始出现大小年、产量和品质逐步下降的时期。其特点是新梢生长量减小，如柑橘等基本无力抽发夏梢、秋梢，苹果、梨出现中间枝和大量的短果枝群；主枝先端开始衰枯，骨干根生长逐步减弱并相继死亡；根系分布范围逐渐缩小；结果量逐渐减少，果实逐渐变小，含水量少而糖分增多。

结果后期应以加强肥水管理为核心，结合修剪等一些措施延缓衰老期的到来。在配合深翻改土的基础上，增施有机肥和氮、磷、钾速效肥；通过适当重短剪、回缩以更新结果枝组；根据树势的负担能力，大年及时疏花疏果并在冬剪时留取适量的结果枝，小年则促进新梢生长和控制花芽形成量，以平衡树势，缓和大小年现象。

（三）衰老期

衰老期是指从产量明显降低到几乎无经济效益、树体生命活动进一步衰退的时期。部分植株不能正常结果以致死亡。其特点是部分骨干枝、骨干根衰亡；结果枝越来越少；结果少而品质差。由于骨干枝特别是主干过于衰老，除少数营养繁殖果树（如柑橘类）外，更新复壮的可能性很小。因此，对于衰老果园，一般直接砍伐清园，重新建园。在特殊情况下，若果园尚未失去经济栽培价值，可参考结果后期的管理调控措施，进行更新复壮。在失去经济栽培价值之后，就应及时进行全园更新。

以上所述各个时期虽然在形态上有些区别，但其变化是连续的，逐步过渡变化的，并无明显的划分界限。各个时期的长短和变化速度，除与树种特性有关外，主要取决于栽培管理技术。正确认识各个时期的特点及其变化规律，可以有针对性地制订合理的管理措施，以利提早结果，优质、高产、稳产，延长结果盛期，提高经济效益。

任务二 果树的年生长周期

果树的年生长周期是一个复杂而精细的生命过程，涵盖了从萌芽、开花、结果、落叶和休眠的各个阶段。这一过程不仅受植物内在生理节律的调控，还受外界环境因素的影响。

果树在一年中随外界环境条件变化而出现的一系列生理与形态的变化过程称为年生长周期的变化过程。这种过程年复一年，周而复始，呈规律性变化，包含果树各器官在一年中全部的生命活动过程。简言之，年生长周期就是果树在一年中随气候而变化的生命活动过程。

北方落叶果树的年生长周期表现出明显的生长期与休眠期。果树从春季萌芽开始后就进入生长期，根、茎、叶、花、果各器官随气候变化分别进行一系列有节律的生长发育活动。夏去秋来，叶渐趋老化，随着气温降低，果树落叶，进入冬季休眠期。地处亚热带或热带地区的常绿果树四季常青，即使冬季也无明显落叶现象，所以在年生长周期中，这些果树没有明显的冬季休眠期。但常绿果树会因秋、冬两季的干旱及低温而使营养生长停止，进入被迫休眠状态。热带地区的常绿果树也会因旱季的到来而引起营养生长的减弱或暂时停顿，但其结果往往会导致植株在随之而来的雨季开花结果。年生长周期中，果树生长发育的规律性变化，是通过根、茎、叶、花和果实等各器官的动态变化反映出来的，这种与季节性气候变化相适应的果树器官的动态变化时期称为生物气候学时期，简称物候期。以苹果树体主要器官的生长动态变化为例：根系的物候期主要有开始活动期、生长期（多次）、停止活动期；叶芽的物候期主要有萌芽期、新梢生长期、落叶期；花芽的物候期主要有花芽膨大期、开花期、坐果期、果实膨大期、果实转色期、果实成熟期。

年生长周期中果树器官的动态变化时期可以是范围较宽的时期，如落叶果树可根据叶片有无脱落分为生长期和休眠期两个大物候期。根据生产与科研的需要，一个大物候期又常常可以分为若干个范围较窄的小物候期，如开花期可分为初花期、盛花期和落花期等。

各种果树的物候期及其进程不尽相同，这与树种、品种的遗传特性和各地的气候状况有关。例如，落叶果树有明显的休眠期，而常绿果树则无明显的休眠期。苹果、梨、桃、梅、杏、葡萄、无花果等果树的早春根系一般比地上部分活动开始早，但柿、板栗发根与萌芽则大体同时进行，或发根略迟于萌芽。而发根比萌芽早的树种，在早春气温增高快的年份又会出现地上部分与地下部分几乎同时开始活动的现象。桃、李等核果类果树先开花后展叶，而梨、苹果等仁果类果树虽然花芽比叶芽萌动早，但多为先展叶后开花。果树开花期一般多在春季，但枇杷却在冬季，而金柑可在夏、秋两季多次开花。樱桃、枇杷果实于初夏成熟，板栗、核桃则于秋天成熟。一般柑、橘、橙在冬季采收，但夏橙要到第二年夏天才成熟。上述各树种特有的生长发育习性是其自身在长期进化过程中适应自然界环境变化的结果。因此，果树各物候期的表现都与其所处的环境息息相关。如果环境条件发生了变化，果树物候期的进程就会发生相应的改变。因此，在同一地区，同一树种，甚至同一品种的物候期可能会因不同年份的气候变化而出现提前或推后；同一树种、品种栽种在不同的地方，它们的物候期会因各地气候和地理条件的不同而不同。通常认为，地理条件通过气候变化起作用。例如，纬度越高，温度越低，春季物候期会相应推迟；海拔低，温度高，春季物候期就会相应提前；受海洋气候影响的地区，春季气温变化缓慢，相应的物候期也会来得较晚。

尽管如此，各种果树的物候期仍具有共同的特点。首先，物候期的进行具有顺序性。在年生长周期中，每一个物候期都是在前一个物候期通过的基础上进行的，同时又为下一个物候期的出现奠定基础。例如，萌芽是在芽分化的基础上发生，而又为抽枝、展叶做好准备。其次，物候期在一定的条件下具有重演性。例如，由于人为或灾害造成器官发育中止，或外界条件适于某些器官的多次活动时，一些树种的某些物候期可能在一年中重复发生，出现多次。例如，三季梨、柠檬、四季橘和葡萄一年中均可多次开花结果。梨、苹果等常因病虫害或干旱影响而出现早期落叶，有时会引起秋季重发新叶，出现二次开花。枣的枣吊受害后，枣股可多次萌发枣吊。第三，物候期有重叠性，表现为同一株果树上在同一时期出现多个物候期。这是因为果树是由根、枝、叶、果等多个器官组成，果树各器官在年生长周期中都有各自的生长发育节律，在同一时期，不同器官都有各自的生长发育阶段，可以说果树有多少个器官就会有多少个器官的发育进程，也就会有多少个与之相对应的物候期，因而物候期的重叠是客观的，也是必然的。这也与同一时期人们所关注的对象不同有关，如春天地下部分根系活动与地上部分枝条萌芽先后开始，若以地下根系作为关注对象，此时的物候期则为根系活动期；若以枝条上的芽作为关注对象，此时的物候期为萌芽期。无论人们关注与否，这两个物候期的重叠是客观的存在。

果树各器官在不同季节的动态表现是果树与外界环境条件矛盾统一的结果。各器官物候期的顺序变化，既反映果树在年生长周期中的进程，又是一年中气候季节性变化在树体上的具体体现。近年来，异常气候变化导致的极端天气时常发生，这势必会影响到果树各器官生长发育的节律，轻则造成物候期的提前或推后，重则使物候期的进程终止，从而对果树生产造成不利影响。各地应未雨绸缪，积极开展果树物候期的观察和记录工作，积累历史物候期资料，掌握极端天气发生的程度以及出现的时间和频率，针对各物候期果树各器官生长发育的特点和要求，正确采取应对措施，使果树平稳度过年生长周期中的各个物候期，以达到优质、丰产、增效的目的。同时，也为下一个年生长周期的顺利通过奠定基础。

一、落叶果树的年生长周期及其调控

落叶果树的年生长周期可明显地分为生长期和休眠期。从春天萌芽开始进入生长期，从秋季落叶开始进入休眠期。

（一）生长期及其调控

落叶果树是多年生植物，其体内营养物质的制造、消耗和贮藏有一定的阶段性，同时也存在一定的依存关系。根据落叶果树体内营养物质的来源与使用，落叶果树的生长期可分为贮藏营养消耗期、营养转换期、叶片同化营养期和营养贮藏期。

1. 贮藏营养消耗期

贮藏营养通常是指上年秋季落叶果树贮藏于根、干、枝中的养分，主要包括糖类、蛋白质、氨基酸、维生素和激素等生理活性物质。春季落叶果树进入生长期后，如萌芽、展叶、开花、坐果和新梢生长等一切生命活动主要依靠消耗上年贮藏营养来实现。因此，上一年夏、秋两季果园管理的好坏直接关系到落叶果树贮藏营养水平的高低。贮藏营养水平高，根系活动早，芽分化完全，萌芽、开花整齐，利于授粉受精，坐果率高；贮藏营养水平低，芽分化质量差，早春根系活动能力弱，萌芽、开花不整齐，不完全花比例高，坐果率低。贮藏营养还与果实的大小、果树当年营养器官建造及叶幕的形成密切相关。贮藏营养水平高的落叶果树新梢生长迅速，枝条粗壮，叶片大而厚，落叶果树当年营养器官建造快，叶幕形成早。

这一时期的调控措施主要有：

①灌水。春灌宜早进行，对根系活动有好处。落叶果树能利用根系吸收的水分，将贮藏营养如淀粉、蛋白质等由大分子转变为小分子，并运往各个器官，以促进萌芽、开花及新梢的生长等。

②追肥。追施适量氮肥，对贮藏营养的使用有增益作用，能有效地提高营养器官的建造速度，使叶幕早形成。

③除萌、抹芽和疏花疏果。除萌、抹芽和疏花疏果都是减少贮藏营养无谓消耗的重要栽培措施，要及时执行，不能懈怠。此外，还应做好人工辅助授粉。

④病虫害防治。病虫害防治应以预防为重，特别是对小叶病、缺铁症等叶片生理性病害的防治，不可疏忽大意，否则会对落叶果树后续物候期产生不利影响。

2. 营养转换期

随着新梢的生长，叶片数量增多，光合产物的量也增加，树体营养消耗逐渐由主要依靠上年贮藏营养转向以利用当年制造有机营养为主的过程，这一过程就是落叶果树的营养转换期，也称为营养临界期。该时期落叶果树各器官间，特别是新梢与幼果间的养分竞争最为激烈，苹果和梨等落叶果树出现生理落果，新梢连续多节位发生叶面积明显减小的现象，这说明此时落叶果树的贮藏营养已趋于枯竭，同时当年叶片制造的同化产物还不足以维持所有器官生命活动的需要。如果贮藏养分充足，春季管理措施得当，落叶果树当年营养器官建造快、叶幕形成早，叶片自养特别是外运养分的能力获得时间就早，当年叶片就能很快担负起为落叶果树各种生命活动提供有机营养的重任，落叶果树营养转换就能顺利进行；如果贮藏养分少，落叶果树当年营养器官建造慢、叶幕形成晚，当年叶片数量及质量严重不足，会造成这一时期落叶果树有机营养的严重亏缺，导致春梢生长量小和大量落果现象的发生。

这一时期的调控措施主要有：

①土、肥、水管理。做好土、肥、水管理工作，保证水分与矿质养分的供应。

②疏果。继续疏果，确定留果量，减少养分无谓消耗。

③摘心、扭梢、环剥。采取摘心、扭梢、环剥等措施调整营养物质流向，提高坐果率，并促进幼果生长。

④病虫害防治。病虫预测预报，实施综合防治，保护好叶片，使落叶果树及早进入叶片同化营养期。

3. 叶片同化营养期

在叶片同化营养期，叶幕已经基本形成，树体各器官生命活动的进行以利用当年叶片同化的有机营养为主。对于苹果和梨来说，从6月生理落果到果实成熟属于这一时期。该时期绝大部分叶片已经形成且同化功能强盛，苹果和梨的部分中、短枝相继停止生长，并形成顶芽，进入花芽分化阶段；果实也迅速膨大、转色，直至成熟。该时期管理水平高低直接影响当年果品的质量和产量，以及花芽分化的数量与质量。

这一时期的调控措施主要有：

①土、肥、水管理。加强土、肥、水管理，保证水分与矿质养分的供应，促进果实膨大；追肥以磷、钾肥为主，氮肥为辅。适度控水，保证花芽分化的正常进行。多雨年份应注意排涝，雨后要及时中耕，破除板结，增加土壤的通透性，促进微生物活动和土壤有机质分解。

②夏季整形修剪。做好夏季整形修剪工作，保持合理的叶幕结构及适宜的叶面积指数，改善树体光照条件。

③控制新梢旺长。注意控制新梢秋季旺长，以节省养分，这对于提高花芽分化率、晚熟果实质量、增强果树越冬贮藏营养水平都有重要作用。

④改善果实着色条件。采用摘叶、转果、铺反光膜等措施，促进果实着色，但摘叶要适度，否则会对光合产物的积累造成较大的影响。

⑤病虫害防治。重视夏、秋两季病虫害防治工作，注意保护叶片，维持其高光合能力，增加同化产物的积累，为进入营养贮藏期打好物质基础。

4. 营养贮藏期

营养贮藏期又称为营养积累期，指从果实成熟、采收至落叶的时期。此时地上部分各器官的生长已接近结束，但地下部分的根系正处于秋季生长高峰时期，叶片的同化产物一方面用于根系生长，枝、芽发育，果实成熟（晚熟品种）等，另一方面则随叶片衰老有步骤按比例地回流于根、树干和枝条中，直到落叶后结束。营养贮藏期持续时间的长短因树种、品种而异。果实成熟早的，持续时间长，如樱桃、杏、李及桃的绝大部分品种；果实成熟晚的，持续时间短，如红富士苹果、晚秀梨、冬雪蜜桃等晚熟品种。

贮藏营养对落叶果树越冬及下年春季的萌芽、开花、展叶、抽梢、坐果和果实形成等有极显著的影响，充分提高树体贮藏营养水平是落叶果树丰产、优质、稳产的重要保证。

这一时期的调控措施主要有：

①结合深翻秋施基肥，增施化肥。

②拉枝开角，改善树体光照条件。

③为促进果实着色，摘叶宜适度进行，不可过量。

④适时采收，节约树体营养。

⑤保护叶片，防止早衰脱落。

⑥注意控制病虫害。

⑦土壤封冻前灌水。

（二）休眠期及其调控

1. 休眠期的概念

落叶果树的芽或其他器官生长暂时停顿，仅维持微弱生命活动的时期称为休眠期。这通常是指落叶果树从秋季正常落叶到下一年春季萌芽为止的一段时期。休眠是落叶果树在系统进化中形成的一种适应环境条件和季节性气候变化的生物学特性，北方落叶果树只有正常落叶进入休眠才能度过严寒的冬季。在休眠期，从外表上看不出落叶果树有任何生长迹象，但树体内仍进行着各种生命活动，如呼吸、蒸腾、物质的合成与转化、根系的吸收、芽的分化等，因而北方落叶果树冬季落叶休眠的实质是芽休眠。芽休眠能使落叶果树在恶劣的条件下生存下来。

一般将落叶果树休眠划分为自然休眠和被迫休眠。自然休眠是指落叶果树进入休眠后即使给予适宜生长的环境条件仍不能萌芽生长，需要经过一定的低温过程，解除休眠后才能正常萌芽生长的休眠。北方落叶果树冬季落叶休眠属于这种休眠。被迫休眠是指落叶果树由于不利的外界环境条件（低温、干旱等）的胁迫而暂时停止生长的现象，逆境消除即恢复生长。落叶果树根系的休眠属于被迫休眠。北方落叶果树的芽在自然休眠结束后，由于外界环境温度较低而不能萌发生长，处于被迫休眠状态，一旦环境温度升高，就会萌发生长，北方落叶果树的设施栽培就是利用这一特性，进行早期加温，实现果品提早上市。不过，被迫休眠与自然休眠从外观上难以辨别，解除休眠通常以芽开始活动作为标志。

近年来，随着落叶果树休眠研究的深入与发展，人们对休眠又有了进一步的认识，有学者根据休眠能否被“唤醒”将休眠分为浅休眠、深休眠和被迫休眠。浅休眠是指短日照和低温诱导的落叶果树“假寐”状态，是落叶果树进入深休眠的前期准备阶段。在浅休眠阶段，芽休眠可被外界因子所“唤醒”。深休眠由芽的内部因素控制，一旦进入，则不会被“唤醒”；若强行“唤醒”，则会出现花芽分化不良，萌芽抽叶延迟、不整齐等问题。事实表明，休眠并非落叶果树所必需，栽培在低纬度地区的苹果、桃、葡萄等温带落叶果树不休眠，同样可以连年结果。例如，在印度尼西亚爪哇岛东部的玛琅盛产苹果，这里地处热带，苹果终年常绿，但在果实采收后，实施人工摘除叶片，1个月后可萌芽、展叶、开花直至果实采收。类似的情形在泰国曼谷郊外也有发生，这里年均温30℃左右，即使在12月，最低气温也在20℃左右，不具备落叶和休眠的低温环境，温带落叶果树葡萄在这里成为常绿果树，采用恰当的栽培措施后，同样可以正常开花结果。

2. 休眠表现及影响休眠的外在因素

落叶果树进入休眠期的时间和休眠的深度因树种、品种不同而异。一般落叶果树的自然休眠期在12月初至翌年1月底。枣、柿、石榴和葡萄开始休眠较早；桃略迟；再次为梨、醋栗和苹果；柿、石榴、葡萄落叶后随即转入自然休眠，而梨、桃、醋栗等进入深度自然休眠较晚。

落叶果树休眠期的长短与其在原产地形成的对冬季低温的适应能力有关。原产温带气候温暖地区树种的休眠期与原产温带大陆性气候寒冷地区的树种不同，如扁桃自然休眠要求低温时间短，通常在11月中下旬就结束；醋栗、杏、桃、柿、板栗、西洋梨、沙梨等则较长；核桃、枣和葡萄最长，常在1月下旬至2月中下旬才能结束。

休眠期的长短还与树龄、树势，甚至组织结构差异有关。一般幼树比成年树的生活力强，活跃的分生组织比例大，生长占优势，故进入休眠期比成年树晚，而解除休眠也较迟。从枝条年龄和枝势来看，细小枝、衰弱枝比主干、骨干枝休眠早。根颈部进入休眠最晚，但解除休眠也早，故易受冻害。花芽比叶芽休眠早，萌芽也早。顶花芽比腋花芽萌发早。枝条中的皮层和木质部进入休眠早于形成层，因而初冬如遇严寒，形成层易受冻。进入休眠后，形成层则比木质部和皮部耐寒，故深冬的冻害多发生在木质部。

若在秋、冬两季，落叶果树枝条能及时停止生长和成熟，生理活动逐渐减弱并正常落叶，就能顺利进入并通过自然休眠。因此，凡能影响枝条停止生长以及正常落叶的外在因素，都会对自然休眠产生影响。

日照长度对落叶果树休眠有非常重要的影响。落叶果树因叶片感应秋、冬两季的日照缩短才开始进行一系列休眠越冬准备。暗期变长会促进芽的休眠。若在暗期用低能光（红光）间断照射，暗期效果就会消失，休眠推迟，如许多在路灯附近的落叶果树落叶晚。不同落叶果树对日照长度的敏感性不同，苹果、梨、桃等对日照长度不敏感，需要较长时间的短日照才能有反应；但葡萄（尤其是美洲葡萄）、黑醋栗、温州蜜柑、橙、木瓜、树莓等对短日照敏感。在秋末冬初日照缩短的同时气温降低，这对落叶果树的休眠起了促进作用。因此，通常认为短日照和低温是引起落叶果树休眠的主要诱因。温度对落叶果树的休眠具有非常深刻的影响，如葡萄在平均气温20℃比在24℃进入休眠早；若平均最低温度不低于20℃，则葡萄的芽几乎不进入休眠，即使进入也极浅；12～18℃最适合进入休眠。落叶果树在进入深休眠后，需要一定限度的低温期才能解除休眠，这种一定时间的低温称为冷温需求量，又称为需冷量。低温对休眠的解除作用是逐渐积累的，若在低温积累过程中出现高温，其效应会被打断或抵消；但低温的累积超过某一程度，打破休眠的进程即呈不可逆转状态，使低温的效应被“固定”下来。不同的温度，其低温效果不同，在落叶果树基点温度（开始生长发育的最低温度）附近的温度对低温积累最有效。通常认为，木本植物的芽休眠可被长期非冰冻低温所解除，休眠解除的最佳温度是5～7℃。但也有其他最佳温度的报道，如美洲山核桃3.9℃，李8℃，梨7～10℃等。露天环境下的落叶果树，在12月至翌年2月，一般月平均温度在0.6～4.4℃，次年可正常发芽。不同落叶果树要求的冷温需求量不同，通常在−7.2℃条件下200～1500h，多数落叶果树可以通过休眠。

苹果南移时，由于夏、秋高温，往往延长生长期而推迟落叶，加之冬季低温不足和高温对低温累积的抵消作用，往往不能满足进入休眠果树对冷温需求量的要求，造成次年萌芽不整齐、花器质量差等问题出现。例如，温带北部的桃移到广东、福建南部和重庆等地，常发生发芽晚、花蕾脱落、枝条节间不能伸长等问题。因此，在品种区划和引种时应对树种、品种通过自然休眠特别是深休眠所需要的冷温需求量和时间有透彻了解，以避免栽培中因冷温需求量不足而造成损失。

除日照长度和温度以外，水分和营养状况也会影响果树休眠。生长后期如雨水过多或施氮肥过晚，会导致枝梢旺长，使生长期延长而休眠期推迟。若树体缺乏氮或因组织缺水表现生理干旱，就会减弱生理活动，果树就会提早进入休眠。

3. 休眠期的生理活动

落叶果树进入休眠期后，虽然光合作用停止进行，芽、茎尖、根尖和形成层等分生组织暂时停止活动，生命活动微弱，但树体内仍然进行着一系列最低限度的生理生化活动。

整个休眠期间，果树体内糖类发生显著变化。在自然休眠前期，芽中可溶性糖含量较低；但在自然休眠后期，可溶性糖含量迅速提高。与可溶性糖含量变化相反，自然休眠前期芽中淀粉含量呈增加趋势，自然休眠后期则下降。因此，有学者认为通过糖类的变化可以判断芽的休眠进程。当总糖含量下降、淀粉含量增加的时候，自然休眠开始；当淀粉达最高含量的时候，自然休眠最深；淀粉含量急剧降低、可溶性糖含量迅速增加的时期，正是自然休眠结束的时间。如图1-1所示，“二十世纪梨”在9月20日枝条内全糖浓度达最低点，而淀粉浓度则呈增加的态势；在9月下旬至11月20日，淀粉处于高浓度时期，此时也是自然休眠最深的时期；随着时间推移，至翌年2月20日，淀粉浓度降至最低，而全糖浓度升至最高，“二十世纪梨”芽自然休眠深度变浅，此后进入被迫休眠。

落叶果树休眠期间树体内各种内源激素也在发生变化。在低温积累过程中，芽体内脱落酸含量上升，至深休眠达最高，萌发前开始下降；赤霉素、生长素和细胞分裂素则相反，在自然休眠的解除过程中逐渐增多。由于赤霉素可诱导α-淀粉酶、蛋白酶和其他水解酶的合成，所以随着休眠的解除，赤霉素含量升高，一些降解酶类合成增多，树体内贮藏物质如淀粉、蛋白质等的降解加速，糖及氨基酸等小分子物质含量提高。糖和氨基酸的增加为落叶果树各种生命活动提供了能量和物质保证，也为落叶果树进入生长期做好了准备。此外，赤霉素还可以拮抗脱落酸对生长素的抑制作用，加强生长素对养分的动员效应等。应该注意的是，休眠及休眠解除与激素平衡有关，不是某一种激素在单独起作用。

落叶果树的休眠及解除是一个十分复杂的过程，尚有许多问题仍然搞不清楚，很有必要进行深入研究，这在理论和实践上都具有重要意义。

4. 休眠期的调控

落叶果树休眠期的调控，包括促进休眠、推迟进入休眠、打破休眠和延长休眠。

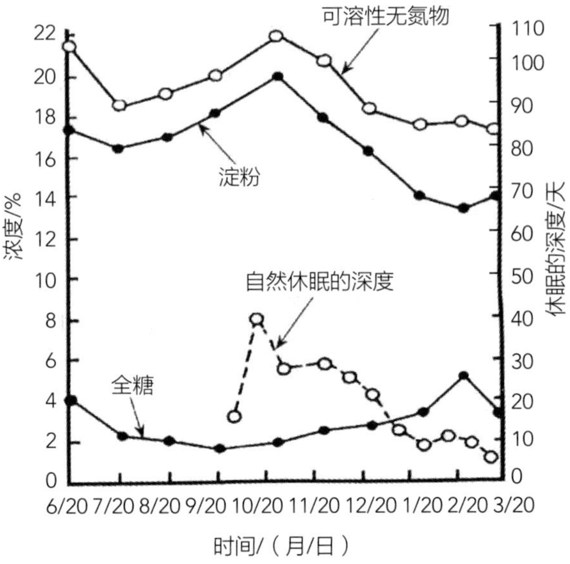

图1-1 “二十世纪梨”的自然休眠深度与枝条生理指标的变化

（1）促进休眠

对幼树或生长旺盛树，要促其正常进入休眠，可在生长后期限制灌水，少施氮肥，也可使用生长抑制剂或其他药剂，以抑制其营养生长。经常使用的药剂有抑芽丹、多效唑、烯效唑、矮壮素、整形素等。

（2）推迟进入休眠

对花期早的树种、品种，适当推迟进入休眠期，不仅可以延长营养生长期，还可以延迟次年萌芽和开花的物候期，避免早春的冻害。主要的方法是夏季适当采取重修剪，后期加施氮肥或加强灌水等。

（3）打破休眠

打破休眠的目的是促进落叶果树提早萌芽，实现果实提早成熟上市，在落叶果树栽培上应用较多。打破休眠常用的措施有物理措施和化学措施。物理措施包括低温、高温和变温处理等。在热带地区，采果后摘除叶片可使温带落叶果树不经过休眠而直接萌芽，这在苹果和葡萄上都有成功的报道。另外，也有人认为，在休眠的早期，去除鳞片有促进萌芽的作用。化学措施就是使用化学药剂打破休眠，常用的药剂有氰氨类化合物、植物生长调节剂和含—SH基团的化合物等其他物质。

（4）延长休眠

对一些萌芽、开花较早的树种、品种，适当延长休眠，可以有效地避开倒春寒，避免花、芽冻害发生。可采用树干涂白、早春灌水等办法防止春天树体增温过快，推迟花期，减少早春冻害。

二、常绿果树的年生长周期及其调控

常绿果树分布在热带、亚热带和低海拔地区。由于冬季温暖，常绿果树在年生长周期中没有明显的休眠期，如华南地区的荔枝、龙眼、芒果等常绿果树还会利用暖和的冬季萌发冬梢，扩大树冠。尽管如此，由于冬季气温较夏、秋低，加上秋、冬雨水较少，华南地区的常绿果树往往因冬季的低温干旱而出现生理胁迫，进入被迫休眠状态，但只要逆境条件消除，又可以继续生长。例如，广东、广西栽培的荔枝，若冬季前后两次寒潮间隔的时间较长，出现一个温度比较高的间隙，就会大量萌发冬梢，使花芽分化无法进行。同理，热带地区的常绿果树每年旱季都会出现生长暂时停顿的现象，也属于被迫休眠。这种因干旱而发生的生长暂时停顿的现象常有利于花芽分化，使植株在旱季过去和雨季到来时能开花结果。因此，常绿果树的年生长周期由生长期和被迫休眠期组成。

常绿果树没有自然休眠期，在年生长周期中，各器官主要以生长和分化为主。常绿果树树种不同，生长习性也有所不同。例如，香蕉、菠萝为草本植物，而柑橘、荔枝、龙眼等为木本植物，在生物学特性和器官上存在很大差异；同为木本作物，花芽分化的习性也各具特点，柑橘的花芽分化发生在春梢或从春梢上长出的夏梢或秋梢上，荔枝的花芽分化发生在收果后从结果母枝上长出的营养枝上，金橘、四季橘等则几乎每次抽梢都能开花。因此，常绿果树不同树种之间的花芽分化，乃至开花及果实成熟等物候期都会有很大的差异。即使是同一树种，年龄时期不同，在物候期上也存在差异，如柑橘幼树一年四季都可发生新梢，分别形成春梢、夏梢、秋梢、冬梢，但老年树或结果多的成年树往往只发生春梢，所以幼树有春梢生长期、夏梢生长期、秋梢生长期和冬梢生长期，而老年树或结果多的成年树只有春梢生长期。由此可见，常绿果树的物候期及其动态是非常复杂的，没有相对一致的模式，很难用统一的模式加以描述。现以柑橘、荔枝和龙眼等木本果树的成年树为例，将常绿果树年生长周期中各器官所出现的物候期（由春季至冬季）按先后顺序介绍如下：

①叶芽。春梢生长期（老叶落叶期）、夏梢生长期、秋梢生长期、被迫休眠期、花芽分化期。

②花芽。花芽或花序发育期、开花期、坐果期、生理落果期、果实生长期、果实成熟期（包括次年成熟者）。

③根系。开始活动期、生长期（多次）、停止活动期。

上述各个物候期也可根据生产或科研等需要细分为若干个小物候期。不同器官的物候期可按上述顺序全部或部分出现。与落叶果树一样，常绿果树的物候期也具有重叠性和重演性，即在同一时期内，同一株常绿果树上可出现多个物候期；某些常绿果树一年内能多次抽梢或多次开花、多次结果。

常绿果树物候期调控的常用措施有：

① 利用常绿果树具有多次发梢的特性，通过加强肥水管理，促使幼树在年生长周期中多次萌发新梢，以促其早日形成具有结果能力的树冠。

②盆栽四季橘或金橘供应春节花市，常分别于7月和8月通过控水（控制灌水）促其进入花芽分化期。

③对柑橘、荔枝、龙眼等树种的结果树，通过控制肥水、环割，或喷施生长抑制剂等抑制冬梢发生，保证花芽分化顺利进行。

④在花期和幼果期重视授粉受精和疏花疏果工作，防止大小年现象的发生。

⑤做好病虫害防治工作，保护好叶片。

⑥常绿果树喜温忌冻，要注意冬季树体保护。沿海地区在夏、秋两季还要做好防台风工作。

复习思考题

1. 总结果树枝芽的重要特性，探讨它们在果树生产上的作用。
2. 简述果树花芽分化的条件与促花技术措施的内在联系。
3. 如何提高果树的坐果率？
4. 影响根系生长的因素有哪些？如何进行调节？

模块二 果树生长发育

知识目标

了解育苗的基本类型、苗圃地的选择和规划、嫁接育苗的相关概念和技术原理；熟悉生产中促进生根的常用方法；了解自根繁殖原理，掌握扦插苗、压条苗和分株苗的培育方法。

技能目标

掌握嫁接育苗的生产流程，果树芽接和枝接技术，扦插育苗技术。

项目一 果树器官的生长发育

果树作为多年生植物，其各个器官的生长与发育构成了果树生命周期的重要组成部分。从根系深入土壤吸收养分，到芽、枝、叶的生长发育，再到花芽分化、开花坐果及果实发育，每一个阶段都紧密相连，共同影响着果树的产量与品质。因此，深入探究果树器官的生长发育过程，对于理解果树的生长规律、制订科学的栽培管理措施以及提高果树产量和品质具有重要意义。

任务一 根系的生长与分布

根系是果树树体的重要组成部分，是果树的地下器官，其主要功能如下：

①固地作用。庞大的根系将果树固定于土壤中，这是一系列生长发育过程顺利进行的前提。良好的固地作用可以使植株地上部分在空间上分布合理，各器官生长发育协调。在砧木育种时固地作用是重要的指标。

②吸收和运输器官。根系是重要的吸收和运输器官。植株所需要的绝大部分水分与矿质养分都是通过根系吸收的，根系还可吸收部分有机物和CO_2等。地上与地下间物质交换也通过根系完成。

③贮藏器官。根系是重要的贮藏器官，休眠期许多营养物质贮藏于根系中，其中细根是贮藏碳素的重要场所。

④合成器官。根系所吸收的许多无机养分，需要在根系中被合成有机物后方可上运至地上部分加以利用，如将无机氮转化为氨基酸和蛋白质，进行糖类和淀粉的相互转化，合成某些激素如（生长素、细胞分裂素）等。根系作为激素类物质的重要合成场所，可以启动地上部分一系列的生理生化过程。

⑤分泌器官。根系是重要的分泌器官。分泌物的成分几乎包括了植物体内所有的成分。分泌作用具有重要的生理学意义，对于保证土壤养分的生物有效性具有重要意义。土壤养分缺乏，往往导致根系分泌增加。根系分泌也是植物化感作用的重要原因，即某种植物根系分泌的化合物可以抑制或促进其他植物的生长。

⑥土壤水分亏缺的传感器。根系对水分亏缺的敏感性远高于地上部分，这使得植物在大量失水前就先行关闭气孔，防止过度蒸腾。

一、根系的类型与结构

（一）根系的类型

按照根系的发生及来源，可分为实生根系、茎源根系和根蘖根系。

1. 实生根系

从种子胚根发育而来的根系称为实生根系。实生根系一般主根发达，分布较深广，生理年龄轻，生命力强，寿命长，对外界环境适应力强。但由于是种子繁殖，个体间变异较大（平邑甜茶等无融合生殖的类型除外）。我国目前应用的苹果、梨和柑橘实生砧都属于此类根系。

2. 茎源根系

通过扦插、压条、组织培养等繁殖方式所获得的个体，其根系来源于茎上的不定根，称为茎源根系。茎源根系一般主根不明显，但有根干（原母体部分），根系分布浅，生理年龄较老，生活力较弱，对环境适应能力较差，寿命较短。但因来源于同一品种或母体，其个体间差异较小。葡萄、无花果的扦插繁殖，苹果矮化砧，荔枝、龙眼的压条繁殖，以及试管苗的生根繁殖都是茎源根系。

3. 根蘖根系

有些果树在根系上发生不定芽形成根蘖苗，与母体分离后成为独立的个体，其根系即为根蘖根系。根蘖根系往往不完整，分布浅，生活力较弱，类似于茎源根系。生产中常将此类苗归圃培养一年后再用于生产。枣、山楂、海棠、石榴、中国樱桃等易生根蘖苗，而且是传统的繁殖方式。

（二）根系的结构

果树的根系通常由主根、侧根和须根组成，如图2-1所示。由种子胚根发育而成的称为主根，在它上面着生的粗大分根称侧根，主根和侧根构成根系的骨架，称为骨干根，其主要功能是支持、固定、输导和贮藏。侧根上形成的较细（一般直径小于2.5mm）的根系称为须根。不同果树种类须根的色泽差异较大，苹果为褐色或淡褐色，李为暗红色，石榴、柿为黑褐色，枳壳为淡褐色。无性繁殖的植株没有主根，即使是种子繁殖的砧木经过移栽后主根已被切

1—主根；2—侧根；3—须根。

图2-1　果树根系的结构

断，或由于自然更新与土壤影响也不能一直沿主根方向垂直向下生长。须根是根系中最活跃的部分，它是根系功能的主要部位。

在根系生长期间，须根上长出许多比着生部位还粗的白色、饱满的新根，称为生长根。生长根具有较大的分生区，粗壮，生长迅速，每天可延伸1 ~ 10mm，长势强旺。苹果生长根的直径平均1.25mm，长度在2 ~ 20cm。生长根的主要功能是促进根系向根区外推进，延长和扩大根系分布范围，并发生侧生根。生长根也具有吸收作用，但生长期较长，可达3 ~ 4周，冬季可维持白色11 ~ 12周。生长根经过一定时间生长后，颜色由白转黄进而变褐，皮层脱落，变为过渡根，内部形成次生结构，成为输导根。此过程为木栓化。木栓化后的生长根具有次生结构，并随年龄加大而逐年加粗，成为骨干或半骨干根。有学者对20种果树的研究结果表明，生长根自先端开始分为根冠、生长点、延长区、根毛区、木栓化区、初生皮层脱落区和输导根区。

另一类长度小于2cm、粗0.3 ~ 1mm的白色新根，多数比其着生部位的须根细，也具有根冠、生长点、延长区和根毛区，但不能木栓化和次生加粗，寿命短，一般只有15 ~ 25天，更新较快，称为吸收根。其主要功能是从土壤中吸收水分和矿质养分，并将其转化为有机物。吸收根具有高度的生理活性，也是激素的重要合成部位，与地上部分的生长发育和器官分化关系密切。吸收根数量远多于生长根，如苹果吸收根数量可占总根量的90%以上，1年生苹果大约有6万条，总长相当于250m，成年树长度可达数千米。

根毛为生长根和吸收根的表皮细胞向外突起的管状结构，由含原生质及细胞核的细胞组成，是果树根系吸收养分和水分的重要器官。根毛寿命较短，一般几天至几周即随吸收根的死亡和生长根的木栓化而死亡。

根冠不仅保护生长点（根尖），还能合成脱落酸、乙烯等物质。根毛区的根毛密度一般为300 ~ 669个/mm^2。长山核桃、柑橘因为有菌根共生，一般不生根毛，但在水培或沙培条件下也可产生根毛。

二、根系的分布

1. 果树根系分布的基本特点

果树骨干根大致可分为垂直根和水平根两类。垂直根的功能主要是将植株固定于土壤中，并从较深的土层中吸收水分和某些微量元素，对于提高树体抗逆性有实际意义。水平根对于果树营养具有重大意义，在经济栽培的果园中，果树水平根的分布范围较小，约有60%分布在树冠正投影之内，粗根更是如此。在土壤管理较好的果园中，根群的分布主要集中在地表以下10 ~ 40cm，所以耕作层和树盘管理至为重要。在土层深厚而肥沃的土壤中，以及经常培肥管理的果园，水平根的分布范围比较小，但须根较多；而干燥瘠薄的土壤中，水平根的分布范围广，但须根稀少。果树的根系密度明显低于大田作物，对土壤养分可利用性（生物有效性）依赖更大一些，易发生缺素症。根系的合理密度为0.1 ~ 5cm/cm^3，土壤干旱瘠薄时要求土壤体积大，以使果树得到足够的水分和养分。果树根系的分布受种类、土壤质地、土壤水分、砧穗组合、栽培技术等影响，是根系功能的一种反映。

2. 不同果树种类对根系分布的影响

从果树种类看，桃、樱桃、山楂、葡萄、枣和梅的根系分布较浅，梨、苹果、杏、柿、核桃和荔枝的根系分布较深。多数研究表明，果树根系垂直分布范围主要在20 ~ 100cm的土层内，分布广度除决定于果树种类外，与栽培条件关系极大。河北农业大学观察到8年生麻枣的根系水平分布范围可达树冠的6倍以上。

果树嫁接植株由砧木和接穗组成，两者对根系的生长发育都有影响，起主导作用的是砧木，如酸橙根系分布广，枳壳根系分布较浅，具有矮化作用。砧木的须根数量和分布深度也不一样，山定子须根较多，新疆野苹果须根较少，苹果矮化砧M_{27}根系分布浅，MM_{106}根系分布较深。同一种砧木嫁接生长势不同的品种，根系分布也不同，乔化品种促进根系分布深而广，矮化品种则使根系分布范围小而浅。例如，枳砧木嫁接甜橙为深根性，嫁接柠檬为浅根性。枳在热带地区因休眠不足，生长和发根均表现不良，但嫁接柑橘，根系发育旺盛。

3. 土壤条件对根系分布的影响

果树栽植于质地疏松、土层深厚、较贫瘠且轻度缺水的土壤环境中，根系分布深广；而栽植在肥沃、黏重及水分充足的土壤中，根系分布范围小，入土浅。

4. 根系间的相互关系

不同种类果树或同一种类果树不同植株的根系间具有错综复杂的关系，既存在相互竞争，也存在相互协同。不同种类的根系相互交织与根之间自然嫁接的现象早已为人们所发现。一个植株的水分、养分，甚至菌丝体可以通过接合点输导至其他植株的根系中，这种现象在松科、柏科和热带果树上较为常见。

在相同栽培条件下，同一种类果树的根系分布更多地表现出相互竞争和抑制，这种现象已在苹果、柑橘、葡萄和一些核果类果树上被证实。当根系相邻时，它们力避相接，或改变方向或向下延伸，所以密植果园根系分布较深。其中，产生相互抑制的原因是：根系对水分和养分的竞争，特别是对氮和磷的竞争；根系可以释放出萜烯物质或其他根际分泌物；根系腐烂产生的有毒物质如根皮苷、核桃酮等；某些菌根可以释放一些抗生素。

5. 根际

根际是指与根系紧密结合的土壤和岩屑颗粒的实际表面，是活跃而敏感的土壤微域环境。其紧贴活跃根周围，厚度以mm计，内含根系分泌物、土壤微生物和脱落的根细胞。

根系分泌物是构成根际的重要因素，包括糖、生理活性物质、氨基酸、有机酸及其他次生代谢物质。分泌物可显著改变根际理化特性和生物学特性，提高铁、磷等元素的利用率，降低铝的活性，避免过多的铝进入根系。很多植物的根系可以向根际释放H^+，改变氧化-还原电位，提高果树的适应性。土壤微生物以分泌物和细胞脱落物为营养源，其活动又影响了养分的吸收和利用。

三、影响根系生长的因素

研究表明，在田间条件下，超过50%的光合产物用于果树的根系生长、发育和吸收，草本植物甚至超过75%。许多果树的吸收根只能存活1～2周，更新程度很高。引起根系死亡的原因，除遗传因素外，主要是不良的环境条件，与地上部分相比，根系对不良的环境更敏感。

1. 地上部分有机养分的供应

根系的生长与养分、水分的吸收运输和合成所需要的能量物质都依赖于地上部分有机营养的供应。在新梢旺长期，新梢下部叶片制造的光合产物也主要运输到根系中。有节奏和适度的新梢生长对维持根系的正常生长是必不可少的。结果过多或叶片受到损害，都能引起有机营养供应不足，抑制根系生长。在这种情况下，单纯地加强地下管理（如施肥）并不能在短时期内改善根系生长状况。例如，结果过多、秋季落叶较早的植株，次春根系生长高峰不明显。

2. 土壤温度

每种果树的根系生长都有最适宜生长的土壤温度。不同种类，乃至同一种类不同品种的果树，其根系最适土壤温度也不一样。对多数果树来说，适宜根系生长的土壤温度为20～25℃，大部分落叶果树为15～25℃。原产北方的果树要求的土壤温度较低，热带、亚热带果树要求土壤温度较高。最适土壤温度除与遗传因素有关外，果树发育阶段、土壤通气和水分条件也影响根系要求的土壤温度条件。

3. 土壤的三相组成

土壤的固相（土壤颗粒）、液相（主要是土壤水分）和气相的组成比例对根系生长影响很大。研究报道，生长在40%～50%固相、20%～40%液相和15%～37%气相土壤中的温州蜜柑，根系发育良好。由于成土母岩不同、土壤颗粒大小与比例的差异，果树根系生长要求的固相率也不一样，大体都在50%左右。土壤水分也影响根系生长，当土壤可利用水分下降时，首先是细胞伸长降低，短期内根毛密度加大，然后停止生长并木栓化，直至吸收根死亡。通常，土壤含水量为田间持水量的60%～80%是适宜果树根系生长的最适状态，接近这个数值的上限则强旺生长根多，接近下限时则弱势生长根多。土壤水势在-0.7MPa，根系生长率下降；在-1.5MPa，生根完全被抑制，并大量死亡。果树在土壤水分降低至永久萎蔫点之前，几乎完全停长。不同树种在水分胁迫下，根系停长的早晚和木栓化快慢不同。旱生无花果和中生苹果在停止灌水后7～8天根系停长，但无花果根系木栓化和叶萎蔫早期发生，这是抗旱性的反应。灌水后再生新根，无花果只用3天，苹果需要7～10天。此外，大气突然干旱也对根系生长产生抑制作用。

土壤通气不良影响根系的生长，氧气不足时，根系和根际环境中的有害还原物质（如H_2S、CH_4、乳酸等）增加，细胞分裂素合成下降。苹果根系正常生长要求10%以上的氧气环境，桃、葡萄、柿和柑橘分别要求12%、14%、15%和9%以上的氧气环境。此外，还必须考虑CO_2浓度的影响，一般CO_2浓度达5%以上时，根系的生长就会受到抑制。CO_2浓度常与根系呼吸、土壤微生物及有机物含量有关。果树根系过密或果园间作物以及杂草的根系过密，也可造成土壤中CO_2浓度过高，常导致根系死亡。

4. 土壤养分

一般情况下，土壤的养分不像水分、温度和通气条件那样成为限制根系生长乃至引起死亡的因素，但可以影响根系的分布与密度，根系总是向肥多的地方延伸。在肥沃的土壤中根系发育良好，吸收根多，功能强，持续活动时间长。充足的有机肥利于吸收根的发生。氮和磷刺激根系生长，不同形态的氮对根系影响不同，硝态氮使苹果根系细长，侧根分布广，铵态氮则使苹果根系短粗而丛生。缺钾对根系的抑制比枝条严重，钙、镁的缺乏也会使根系生长不良。土壤中的矿质元素也会影响土壤pH的变化，不同果树种类或品种对土壤pH的要求有所不同。

四、果树根系在生命周期和年生长周期中的变化

（一）果树根系在生命周期中的建造、衰亡、自疏、更新

果树根系的生命周期变化与地上部分有相似的特点，经历着发生、发展、衰老、更新与死亡的过程。果树定植当年，首先在伤口及小根上发生新根，部分势力较强旺，尤其6月中下旬以后，随地上部分新梢旺长，会有生长迅速的强旺新根发生，这些根系主要表现出补偿生长特性，是起苗过程中伤根的再建造。2～3年生时（个别在定植当年），根颈部位及老的根段上发生强旺的生长根，尤其是根颈部位发生的新根，长势强、生长快、加粗快，是将来大骨干根的重要起源。水平根的发生尤为如此。

到5年生时，发生的强旺根已奠定了骨干根的基础，之后不再发生或很少发生大骨干根。到树体结果以后，大骨干根数量即稳定，每年发生的强旺根都集中于原根先端，以水平伸展为主，同时在水平骨干根上再发生垂直根和斜生根，根系占有空间呈波浪式扩大，在结果盛期根系占有空间达到最大。在各级分根上发生长势较弱的生长根及吸收根（包括母根及其分生的大量吸收根）时，根系功能强而稳定，骨干根加粗迅速。例如，

苹果骨干根的加粗以结果盛期前最为明显，之后，随树龄增加，骨干根加粗变慢。

果树局部自疏与更新贯穿于整个生命周期，如前所述，吸收根的死亡与更新在生命的初始阶段就已发生，随之须根和低级次骨干根也发生更新现象。当果树进入结果后期或衰老期，高级次骨干根也会进行更新。从结果后期起，小骨干根开始死亡，尤其多年加粗较慢、多分枝的较细骨干根，更新更明显，之后是较粗骨干根的死亡。随着年龄的增长，根系更新呈向心方向进行，根系占有的空间也呈波浪式缩小，直至大量骨干根死亡。

从结果后期起，随较大骨干根的死亡，会发生部分根蘖（发生根蘖是树势转弱和衰老的表现），地上部分表现为发生徒长枝。这两类新器官的再生都表现出向基性，对于延缓树体衰老有一定积极意义。有些果树在衰亡之前，可能出现大量根蘖，若将衰老树的萌蘖切除，整个根系会很快丧失生活力。而保留根蘖，却可使根系保持活力。对于经济栽培果园来说，在结果盛期以后，就要考虑整个果园的更新，而不用等到衰老期。

（二）果树根系在年生长周期中的生长动态

果树根系没有自然休眠期，只要条件适宜，根系全年都可以生长，吸收根也随时发生。但由于地上部分的影响、环境条件的变化以及种类、品种、树龄、负荷、栽培措施的差异，在一年中根系生长表现出周期性的变化。

1. 双峰曲线

研究表明，在山东泰安，2年生新红星与西府海棠幼树的根系生长随春梢生长而增加，5月中下旬达到高峰，于秋季出现第二高峰。梨与葡萄的根系生长也呈双峰曲线。冷凉地区果树根系生长动态大多呈双峰曲线，大年树、秋季早落叶的树次年根系生长动态呈双峰曲线。

2. 三峰曲线

研究表明，根系生长一年有三次高峰。第一次为春季发根高峰，在3月上旬至4月中旬（发芽前后），之后随开花和新梢加速生长，根系的生长转入低潮。春季发根高峰与上一年营养积累及秋季根系发育状况、越冬状况密切相关，秋季长势较强的根系以白色状态越冬，翌春2月底、3月初，这部分根系首先先端延伸生长，构成春季发根的早期高峰，对于启动地上部分萌芽有重要作用。第二次为夏季发根高峰，从新梢将近停长开始，到果实迅速生长和花芽分化开始之前，约6月底、7月初出现高峰。这次发根数量多，时间长，生长快，是全年发根最多的时期。此期前期，随地上部分新梢旺长开始，即有强旺生长根发生。这个阶段根系生长状况与树势关系密切。第三次为秋季发根高峰，自9月上旬至11月下旬，在果实采收之后，随着养分的回流，生长高峰再次出现。由于地上果实陆续采收，负荷减少，叶片仍有较强光合能力，新梢生长已明显减缓，发生的根系多为较弱的生长根及大量的吸收根，对于提高树体贮备营养有重要意义，秋施基肥的良好作用也正在于此。秋季发生的较强旺的白色新根越冬后是春季发根的基础。此后，气温逐渐下降，根系进入被迫休眠状态，在山楂、桃上也有类似的报道。据浙江省柑橘研究所对柑橘品种的观察，第一次发根在开花抽生春梢之后，到夏梢抽生前新根大量发生，形成第一次高峰；第二次高峰常在夏梢抽生后；第三次高峰出现在秋梢停止生长后。第一次高峰发根量最多，其次是第三次高峰，第二次高峰发根较少。

综合果树根系的研究结果，果树根系在年生长周期中的生长动态具有如下特点：

①果树根系一年中的生长动态曲线究竟有几次高峰，影响因素较为复杂。根系活动周年都能进行，地上部分各种器官的生长发育情况（如年龄、贮藏养分和物候期的变化、负载量）、栽培措施（如修剪和土、肥、水管理）、气候条件和病虫害等都会影响根系生长高峰是否出现，以及出现的早晚和峰值的高低。从众多的研究中大致可以看出幼树期主要受新梢生长影响，多为两次高峰，且第二次高峰较低，甚至不出现；成年树由于受果实发育和花芽分化的影响，在正常情况下多为三次高峰，但不同树种和生长发育状态可能影响高峰的变化。

②在年生长周期中，地上部分和根系开始生长先后顺序的研究结果也不一致，除与树种有关外，主要与枝、芽和根系生长要求的温度有关，生长发芽前后气温和土壤温度回升速度也有影响。例如，苹果、梨的根系能在较低温度下进行生命活动，根系往往早于地上部分活动；柑橘根系活动要求温度较高，在适生区的北缘气温回升快，土壤温度回升相对较慢，多先萌芽后发根，南缘地区则先发根后萌芽。

③不同深度土层中，根系生长有交替生长的现象，这与温度、湿度和通气性变化有关。有学者在苹果上的研究表明，不论年龄、品种和植株类型，吸收根的60%～80%发生在表层，0～20cm土层吸收根的发根量远比20～40cm土层中多，表现为明显的表层效应。土壤表层温度、湿度变化很大，如何创造最适宜的土壤表层环境至关重要，果园土壤覆盖是有效的方法。

④对多种果树根系的研究表明，根系在夜间的生长量与发根量都多于白天。根系昼夜不停地进行着物质的吸收、运输、合成、贮藏和转化。根系吸收的硝酸根与叶片合成并下运至根系中的糖转化为氨基酸、细胞分裂素和生长素等，白天大量送至地上部分生长点和幼叶中合成蛋白质形成新细胞，夜晚营养物质主要用于根系的生长。根系生长发育的能量来源主要是光合产物。

⑤根系总吸收面积的变化与年生长周期内生长高峰基本吻合。根系中营养物质含量也呈规律性动态变化，其中糖含量随新梢生长消耗而急剧下降，停长后开始积累，吸收根中的糖含量始终高于生长根，春、秋两季更为明显。根系中的氨基酸含量在一年中变化较大，生长根在春梢、秋梢停长后各有一个高峰，吸收根除春季氨基酸含量较高外，

整个生长季都较低，生长根中的氨基酸含量是吸收根的2～3倍。生长根和吸收根的NO_3^--N含量除早春外，一直都比较低，但生长根高于吸收根，这可能与生长根还原能力较低有关。此外，苹果中细胞分裂素的变化也与根系生长高峰相一致。

五、果树的共生与菌根

（一）共生与菌根类型

任何果树都生长在一个生物区系中，这些生物相互竞争，相互依存。广义的共生是指两种生物"共同生活"的所有现象，两者可能互惠，也可能相互抑制，甚至造成危害，如线虫和病菌对果树的危害。狭义的共生是指两种生物互相依赖，各自获得一定利益的现象，根系与土壤中一些真菌存在着共生现象，这种共生体称为菌根。几乎所有果树的根系都与菌根共生，北方果树如板栗、榛子、苹果、梨、李、核桃、甜樱桃、酸樱桃、葡萄、柿、长山核桃、草莓以及其他小浆果类均有菌根。按照真菌侵入根未木栓化皮层的程度，将菌根分为外生菌根和内生菌根。

1. 外生菌根

外生菌根多数属于担子菌目。菌丝一般只进入皮层的细胞间隙，而不能进入细胞内，发育为特殊的短而粗的分枝，上面生长着菌丝束。多数木本植物都能形成外生菌根，如石楠科、蔷薇科、胡桃科、柿树科、壳斗科和葡萄科的一些果树。

2. 内生菌根

内生菌根多数属于藻形菌目。真菌与植物形成丛枝-泡囊状菌根（简称VAM）。内生菌根的菌丝可以穿过根表皮或根毛进入细胞内部，进入细胞内部的菌丝常形成一些特殊结构，称为泡囊丛枝。而在根系外部，虽然有菌丝，但没有菌丝束。大多数1年生作物、许多灌木和乔木树种都有内生菌根，如苹果、樱桃、芒果、桃和番木瓜都具有内生菌根。

除了上述两种类型外，还有具内生菌根和外生菌根特点的内外生菌根，或称为过渡菌根、兼生菌根，但目前对其了解还很少。

（二）菌根的作用

菌根的菌丝能在土壤含水量低于萎蔫系数时，从土壤中吸收水分并分解腐殖质，分泌生长素和酶，促进根系活动，活化果树生理机能，促进果树对氮、磷的吸收和利用，有利于果树增产。

1. 扩大根系的吸收范围，增强吸收能力

菌根的菌丝或菌丝束向四周扩展，扩大了吸收面积，改善了根系对土壤扩散率低的元素（如磷）的吸收能力。内生菌根能从根表面8cm以外吸收磷供应寄主，不仅增强了对可溶性磷的吸收能力，而且对土壤中有机磷的吸收也成倍增加，其原因是根际土壤中磷酸酶活性加强。除磷外，内生菌根对锌、铁、镁、钙的吸收能力都有所增强。

外生菌根也能增加磷的吸收，低肥力土壤中这种效应更为明显，外生菌根的菌丝鞘不仅可以累积和贮藏磷，而且可以不断向寄主释放磷。目前，虽然对菌根是否具有固氮能力尚不清楚，但在外生菌根上移植固氮细菌已获得成功。

2. 提高树体的激素水平

菌根真菌能合成细胞分裂素、生长素、赤霉素和维生素，提高柑橘叶片中激素的活性。带有菌根的甜橙叶片细胞分裂素明显高于无菌根植株，其他种类的激素也有类似的报道，菌根真菌还能激活内源激素和各种维生素。

3. 促进果树的糖代谢

虽然果树将大约10%的化合产物供应给菌根，但菌根也提高了根系向地上部分供应养分的能力，促进了地上部分光合能力的提高。在含磷低的土壤中接种菌根，可使柑橘叶片含有更多的可溶性糖和淀粉。菌根还能够将吸收的糖转化为海藻糖和甘露糖醇并贮藏起来，在下一物候期再转化为供寄主利用的糖类物质。

4. 提高果树的抗病力

菌根可能存在着四种抗病机制：

①减少根际环境的糖含量使病原菌缺乏基质。

②菌根分泌抗生素抑制有害病菌发育。

③外生菌根的菌丝鞘可以阻拦病菌侵染。

④净化根际环境，菌根可以有选择地与某些微生物共栖，而抑制另一些微生物的生存，从而提高抗病性。

虽然大量试验表明了菌根对果树的抗病性有良好的作用，但详细的机制尚不清楚。

（三）菌根发育的环境

土壤的物理性质和化学性质均影响菌根发育。内生菌根的厚垣孢子在相对湿度为20%时，经一年仍能保持一定的存活率，但大多数菌根要求90%左右的相对湿度。不同种类的菌根要求的温度条件也不一样，26～32℃菌丝发育最好，35℃受抑制，高于50℃就会死亡。低光强一般有利于菌根的发育。不同的杀菌剂、杀虫剂和植物生长调节剂，对不同的菌种影响不同，高浓度的多效唑影响内生菌根发育。一般瘠薄的土壤有利于菌根发育，但也有肥沃土壤可以大量形成菌根的报道。

任务二 芽、枝、叶的生长与发育

芽是由枝、叶、花的原始体以及生长点、过渡叶、苞片、鳞片构成的。芽与种子在功能上有一定的相似点，在一定条件下可以形成一个新植株。

一、芽的生长与发育

（一）芽的种类

根据芽的性质和构造，可分为叶芽和花芽。只含叶原基的称为叶芽，叶芽芽体较瘦长，先端尖锐，芽鳞包被松，萌芽后只抽枝长叶，不开花结果。含有花原基的称为花芽，花芽芽体肥大饱满，先端圆钝，芽鳞较紧，萌发后能开花结果。只含花原基的称为纯花芽，如桃、李、杏、梅、樱桃等的花芽为纯花芽。叶和花原基共存于同一芽体中称为混合芽，如苹果、梨、葡萄、柿、板栗、枣、山楂、石榴等果树的花芽为混合芽。

根据芽的着生部位，可分为顶芽和侧芽。顶芽着生在枝条顶端，侧芽着生在枝条侧端叶腋中，又称为腋芽。柑橘、板栗、柿、猕猴桃等果树的新梢有自枯现象，最先端的腋芽称为假顶芽或伪顶芽。

根据一个节上着生的芽数，可分为单芽和复芽。苹果、梨等蔷薇科果树为单芽，而桃、李、杏、樱桃等果树具有复芽。

另外，按照芽的饱满程度可将芽分为饱满芽、半饱满芽和瘪芽；按照芽的萌发状态可将芽分为萌发芽（活动芽）和潜伏芽。

（二）叶芽的分化

发育正常的叶芽生长点由方形、充满原生质的胚状细胞构成，尺寸在5 ~ 20mm，整个生长点呈半圆球状，被叶原基、过渡性叶和鳞片覆盖着。春季萌芽前，休眠芽中就已形成新梢的雏形，称为雏梢。在雏梢叶腋内形成新的腋芽原基，可以形成腋芽或副梢。

1. 叶芽生长点形成期

苹果、梨等蔷薇科果树在休眠期时，其叶芽多半只有中心生长点。随着叶原基叶腋部位叶芽的萌发，自下而上发生新的腋芽生长点。葡萄的冬芽在萌发前就可以看到叶腋间形成的雏梢，叶芽生长点虽然继续不断地分化，但它始终保持着半球形状态，如果四周产生突起或生长点变平坦就意味着转化为花芽。葡萄副梢芽原基当年形成，当年萌发。

2. 鳞片分化期

生长点生成后由外向内分化鳞片原基，并逐渐发育为固定的鳞片。苹果、梨的鳞片分化从萌动一直延续至该芽所在节位的叶片停止增大时，所以叶片增大期也就是该节腋芽的鳞片分化期。

3. 叶原基分化期

生长点进一步分化即出现叶原基。苹果、梨的短枝在6月下旬完成叶原基分化，进入夏季被迫休眠状态。春季解除休眠后，短枝只增加1 ~ 2片叶原基，或者不增加；形成中、长梢的芽体此时期可增加3 ~ 10片叶原基。芽萌动后叶原基的数目基本不再增加，所以萌芽前叶原基的多少决定新梢的长短。核果类果树和葡萄萌发过程中依然可以继续分化叶原基，并形成侧枝生长点。

（三）芽的特性

1. 芽的异质性

一个枝条不同部位的芽体由于形成过程中的营养状况、激素供应及外界环境条件不同，造成了它们在质量上的差异，称为芽的异质性，如图2-2所示。一般情况下，枝条如能及时停长，其顶芽质量最好。秋季形成的顶芽，由于形成时间晚，有机营养累积时间短，其芽体多不饱满，甚至顶芽尚未形成就由于低温来临迫使枝条停止生长。腋芽质量主要取决于该节叶片的大小和提供养分的能力，因为芽形成的养分和能量主要来自该节的叶片，所以枝条基部和上部的芽质量较差，而中部的芽质量高。高质量的芽在相同条件下萌发早，抽生的新梢健壮，生长势强。

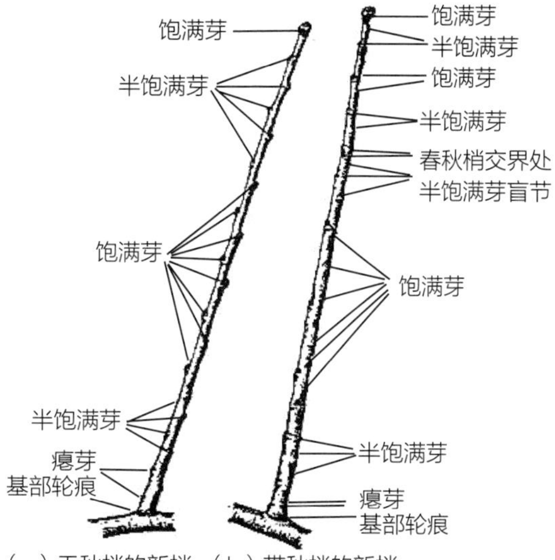

（a）无秋梢的新梢　（b）带秋梢的新梢

图2-2　芽的异质性示意

2. 芽的早熟性和晚熟性

一些果树新梢上的芽当年形成当年就能萌发并可连续分枝，形成2次梢或3次梢，这种特性称为芽的早熟性。例如，葡萄、桃、枣、杏、柑橘等。另一类果树的芽在当年形成后正常情况下当年并不萌发，而是在第二年才能萌发，称为芽的晚熟性。例如，苹果、梨等。具有芽早熟性的果树树冠形成快，进入结果期早；晚熟性芽结果较晚。

3. 萌芽力与成枝力

枝条上的芽抽生枝叶的能力称为萌芽力，以萌发芽占总芽数的百分比表示。萌发芽可生长为长度不等的枝条，萌发后形成长枝的能力称为成枝力，以长枝数占总萌芽数的百分率表示成枝力。不同果树长枝的标准不同，苹果等仁果类果树通常把长度大于15cm的枝条作为长枝；桃等核果类的长枝则是指大于30cm的枝条。

萌芽力与成枝力因树种和品种而异，柑橘、葡萄、桃等果树的萌芽力和成枝力均强；梨的萌芽力强，但成枝力弱；富士苹果萌芽力和成枝力均较强，元帅系短枝型苹果萌芽力强但成枝力弱。

4. 芽的潜伏力

春季萌发之前，雏梢已经形成。萌芽和抽枝主要表现为节间延长和叶片扩大，芽鳞体积基本不变，但随着枝轴的延长而脱落，在每个新梢基部留下一圈由许多新月形构成的痕迹称为芽鳞痕，或称为外年轮、假年轮，是判断枝龄的重要依据。每个芽鳞痕和过渡性叶的腋间都含有一个分化弱的芽原基，从枝的外部又看不到它的形态，所以称为潜伏芽（隐芽）。此外，在秋梢和春梢基部1～3节的叶腋中有潜伏芽，称为盲节。

在果树衰老和强刺激作用下（如回缩、重短截修剪等），潜伏芽也能萌发。这种在果树衰老和强刺激作用下由潜伏芽发生新梢的能力称为潜伏力。

不同种类或品种果树的潜伏芽寿命和萌发能力不同，柑橘、杨梅、柿及仁果类果树潜伏芽寿命长，桃等核果类果树较短。潜伏芽寿命长的树种易于更新复壮，树冠内膛不易空虚。

二、枝的生长与发育

（一）枝条的类型

1. 按枝条年龄分类

按枝条年龄可分为新梢、1年生枝、2年生枝、多年生枝。凡是当年抽生，带有叶片，并能明显区分出节和节间的枝条，在秋季落叶前称为新梢，在秋季落叶后称为1年生枝。前一年生成的1年生枝在经历一个生长周期后称为2年生枝，依此类推。不易分辨节间的枝称为短缩枝或叶丛枝。

2. 按枝条性质分类

按枝条性质可分为营养枝和结果枝。营养枝是只有叶芽而没有花芽的1年生枝。营养枝根据生长状况可分为：

①发育枝。发育枝芽体饱满，生长健壮，是构成树冠和发生结果枝的主要枝条。

②徒长枝。徒长枝多由休眠芽或不定芽萌发而成，生长直立，长而粗，芽体瘦小。

③叶丛枝。叶丛枝节间极短，叶序排列呈丛状，腋芽不明显。苹果、梨的叶丛枝易转变为结果枝。结果枝是着生花芽并开花结果的枝条，根据其长度可分为长果枝、中果枝、短果枝等。

（二）枝条的生长规律

1. 加长生长

枝条加长生长通过顶端分生组织分裂和节间细胞的伸长实现。随着枝条的伸长，进一步分化出侧生叶和芽，枝条形成表皮、皮层、木质部、韧皮部、形成层、髓和中柱鞘等各种组织。从芽的萌发到长成新梢经过3个时期，如图2-3所示。

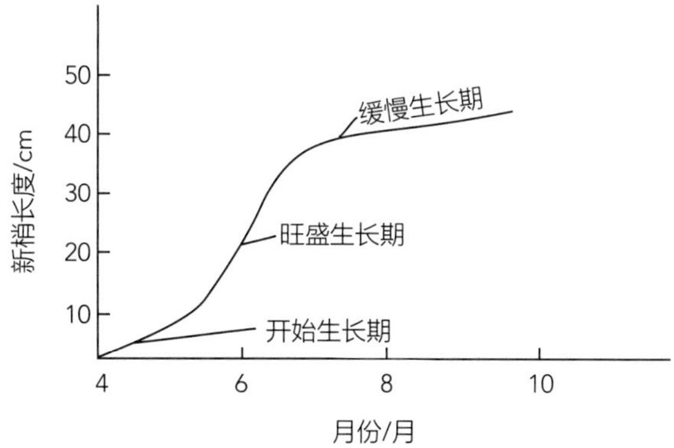

图2-3 落叶果树新梢的加长生长

（1）开始生长期

开始生长期是指从萌芽至第一片叶片分离的阶段。该时期主要依赖上年的贮藏养分。从露绿到第一片叶片展开的时间主要取决于气温。温度高时，持续的时间短；阴雨低温，持续时间长。苹果、梨的开始生长期持续9 ~ 14天。

（2）旺盛生长期

此阶段枝条伸长快，叶片的数量和面积增加也快，所需能量主要依靠当年叶制造的养分。新梢长度与生长的持续时间取决于雏梢的节数。以苹果为例，5cm以下短枝的雏梢主要在冬季前形成，只有4 ~ 6片叶，7 ~ 9天形成顶芽，生长停止；30cm以下的中枝，从解除休眠至萌芽前还能再分化数节雏梢，旺长期可以持续10 ~ 15天；幼树和位于母枝先端的长枝在延长生长过程中一边生长一边分化，旺长期可持续15 ~ 25天；徒长枝持续时间更长。

（3）缓慢生长期

由于外界条件的变化和果实、花芽、根系发育的影响，新梢长至一定时期后细胞分裂和生长速度逐渐降低和停止，转入成熟阶段。

不同树种新梢生长动态有很大差异，同一树种也因品种、环境、树龄、树姿和负载量等因素的影响而有所变化。广东潮汕地区的蕉柑每年发梢2 ~ 6次，重庆江津的红橘每年发梢4 ~ 5次，葡萄、猕猴桃、桃、杏都能一年多次抽生新梢，苹果、梨只沿枝轴方向延伸1 ~ 2次，很少发生分枝，梨的二次生长比苹果更少。对苹果来说，处于夏、秋高温多雨时，或果树处于幼龄阶段且负载量较小时，易发生秋梢；夏、秋冷凉干旱时，或负载量大的成年树，则不易发生秋梢。

2. 加粗生长

树干、枝条的加粗是形成层细胞分裂、分化和增大的结果。果树解除休眠是从根颈开始的，随后逐渐上移，但细胞的分裂活动却首先在生长点开始，它所产生的生长素刺激了形成层细胞的分裂，所以加粗生长略晚于加长生长。初始加粗生长依赖上年的贮藏养分，当叶面积达到最大面积的70%左右时，养分即可外运供加粗生长。因此，枝条上叶片的健壮程度和大小对加粗生长影响很大。果树定干后，整形带以下的芽可暂不抹去，有利于主干加粗。多年生枝的加粗生长则取决于该枝上的长梢数量和健壮程度。随着新梢的延长，加粗生长也达到高峰。此时，加长生长停止，加粗生长也逐渐减弱。苹果、梨等果树加粗生长的停止期比加长生长晚15天左右。

多年生枝只有加粗生长而无加长生长。枝龄越小加粗的绝对值越小，相对值越大。对多数果树来说，多年生枝的加粗生长开始期比新梢的加长生长晚1个月左右，停止期可晚2～3个月。此外，负载量的大小与枝干的加粗呈负相关。

3. 新梢生长的日变化

新梢的加长生长在一天中并不均衡。生长速度的高峰一般发生于18～19时，14时左右是低谷，其主要是由土壤水分引起的，养分的供应不足也是原因之一。

（三）枝条的特性

1. 顶端优势

顶端优势是指活跃的顶部分生组织、生长点或枝条对下部的腋芽或侧枝生长的抑制现象。通常木本果树都有较强的顶端优势，具体表现为枝条上部的芽萌发后能形成长的新梢，越向下生长势越弱，最下部芽处于休眠状态。顶端枝条沿母枝枝轴延伸，越向下枝条开张角度越大。如果除去先端生长点或延长枝，留下的最上部芽或枝仍沿原枝轴生长。

顶端优势产生的原因主要有两个方面：一是激素原因，活跃的生长点产生的生长素向下移动，造成了生长素浓度从顶端向下逐渐增高，使下部的腋芽和侧枝生长被抑制（图2-4），且根系中产生的细胞分裂素也向生长活跃部分集中；二是由于树体内养分、水分相对较多地运送到顶端，顶端的光照也较好。

1—全部腋芽的生长都被抑制；2—除去顶芽后，腋芽萌发；
3—除去顶芽后抹生长素，腋芽和侧枝生长仍被抑制。

图2-4　生长素引起的顶端优势

顶端优势与枝条着生状态、位置以及枝条、芽的质量都有密切关系。枝条越直立，顶端优势表现越强，如图2-5所示。

图2-5 顶端优势与枝条着生状态

2. 垂直优势

由于枝条着生角度不同，生长势强弱表现出很大的差异。直立生长的枝条生长势较旺，枝条长度长；水平和下垂枝生长势弱，枝条较短；枝条弯曲部位的生长势超过顶端，这种特性称为垂直优势。栽培上常通过改变枝条生长方向（即拉枝）调节枝条的生长势。

3. 树冠层性

树冠层性是主干型果树顶端优势和芽的异质性共同作用的结果。中心干上部的芽萌发为强壮的枝条，越向下生长势越弱，基部的芽多不萌发，随着年龄的增长，强枝越强，弱枝越弱，使得树冠中的大枝呈层状分布，这就是层性。不同树种或品种层性差异较大。顶端优势强、成枝力弱的树种层性明显，如核桃、苹果、梨、柿等；非主干型果树顶端优势弱，成枝力强的层性不明显，如桃。苹果中乔纳金品种层性不明显，富士品种较明显。

4. 干性

干性指中心干生长势的强弱。中心干生长势强的表明干性强，反之干性弱。干性的强弱与果树的整形关系很大，不同树种干性强弱差异很大，同一树种不同品种间也有差异。核果类果树一般干性较弱，常采用开心树形；而仁果类果树一般干性较强，常采用中心干树形。纺锤形树形必须保证中心干的生长势，特别是目前国外应用普遍、我国也大力推广的苹果高纺锤形树形，其整形成功的关键是保持中心干生长的绝对优势。

（四）影响枝条生长的因素

1. 品种和砧木

不同品种源于遗传型的差别，新梢生长强度有很大变化。有的生长势强，枝条生长强度大；有的生长缓慢，枝条短而粗。例如，苹果中的富士品种、一些三倍体品种如陆奥等枝条生长旺，而元帅系短枝型、蜜脆等品种的枝条生长势弱。砧木对地上部分枝条生长量有明显影响。同一品种嫁接在不同类型的砧木上，生长即表现出明显的差别。乔化砧上生长势强，半矮化砧上次之，矮化砧上生长较弱。

2. 有机养分

果树体内贮藏营养对枝条萌发、伸长有明显影响。落叶果树从芽萌动到新梢旺长初期，所需的碳素营养以贮藏营养为主。如果结果过多，当年大部分碳素同化物被果实所消耗，枝条伸长便受到抑制，反之则可能出现旺长。

3. 内源激素

枝条生长受基因控制，是各种内源激素相互作用的结果，如图2-6所示。春天芽开始萌动，芽内和木质部液流中细胞分裂素、生长素和赤霉素均有增加，而脱落酸和乙烯下降。生长素、赤霉素、细胞分裂多表现为刺激新梢生长，脱落酸和乙烯表现为抑制新梢生长。就整个植株而言，茎尖内生长素含量高有利于调动营养物质和细胞分裂素向上供应，以进一步合成蛋白质，促进细胞形成和雏梢的发育。脱落酸则与新梢停止生长有关。

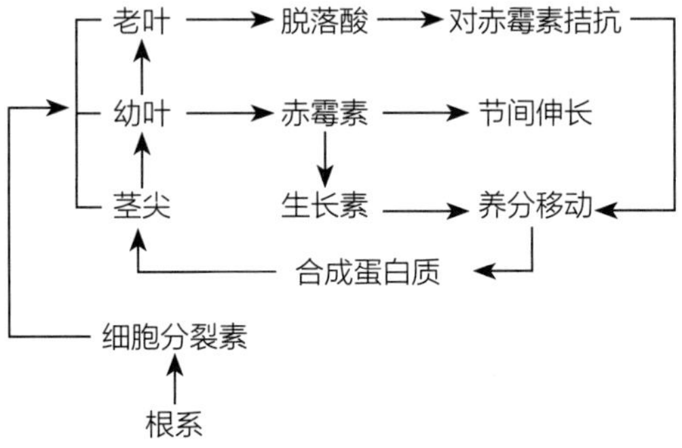

图2-6　内源激素与枝条生长关系示意

应用生长调节剂，可以促进或抑制新梢生长，主要通过影响内源激素水平及其平衡实现。例如，生长延缓剂比久、多效唑、矮壮素可抑制内源赤霉素的生物合成。

4. 环境条件

各种环境因子都会对新梢生长产生影响，但不同因素影响效果不一样。在生长季中水分的多少往往是影响新梢生长的关键因素。在保证土壤通气的前提下，水分供应充足能促进新梢迅速伸长；但如果水分过多而营养不足，新梢纤弱组织不充实。相反，缺水则使植物生长减弱，这是由于细胞增大受到抑制且分化提早的结果。

矿质养分（如氮肥）对枝条的发芽和伸长具有特别显著的影响。而钾肥施用过多，对枝条生长有抑制作用，但可促使新梢充实良好。

强光对树冠高度有抑制作用，但能促进根系生长，增加根茎比。光周期能影响枝条生长期的长短和伸长量，通常长日照增加枝条生长的速度和持续时间，而短日照降低生长速度并促进芽的形成。各种果树生长都有最适温度范围，温度过高过低都对生长不利。

三、叶的生长与发育

（一）叶的形态与结构

叶片自叶原基出现之后即开始发育。新形成的叶原基为圆柱状，向生长点弯曲，随着芽的萌动逐渐增大、直立，随后逐渐离轴反折生长，在萌发过程中分化出叶柄、托叶和叶片。叶原基的表面有一层分生细胞，称原生表皮。随着叶原基的发育，原生表皮最终长成表皮层，并逐渐分化出气孔。表皮下方的细胞分化为原生形成层和基本分生组织，它们分别衍生出形成层和叶肉。新梢基部和上部的叶片较小，中部的叶片较大；幼树的叶片比成年树叶片大；树膛内的叶片比外围叶片大；短梢上的叶片比长梢上的叶片大。通常用树冠外围新梢中部的叶片作为树体的代表性叶片。叶片结构如图2-7所示。

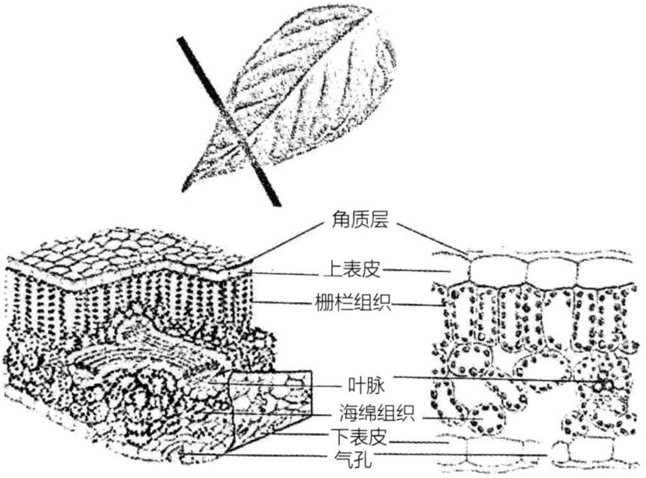

图2-7　叶片结构

果树的叶片大体分三类：单叶，如仁果类、核果类、香蕉、葡萄、菠萝等；复叶，如核桃、荔枝、龙眼、香榧等；单身复叶，如柑橘类。

每个果树种类和品种的代表性叶都有相对固定的形状、大小、叶缘、叶脉分布等特点，是进行形态分类和识别品种的依据之一。

（二）叶片的生长发育

果树单叶的叶面积开始增长很慢，之后迅速增长，当达到一定值后又逐渐变慢，呈现Logistic曲线。不同种类、不同枝条和枝条上不同部位的叶片，从展叶开始至停止生长所需时间并不一样，梨16～28天，苹果20～30天，猕猴桃20～35天，葡萄15～30天。新梢基部和上部叶片停止生长早，叶面积小；中部叶片生长期长，叶面积大。上部叶片主要受环境（低温）影响，基部受贮藏养分影响较大。叶片展开后即有光合作用，但因呼吸速率高而使其净光合速率（Pn）往往为负值，此后净光合速率随叶片增长逐渐增高，当叶面积达到最大时，净光合速率最大，并维持一定的时间。之后随着叶片的衰老和温度下降，净光合速率也逐渐下降，直至落叶休眠。负值期的长短因果树种类而不同，除桃负值期较短，仅有5天外，其他落叶果树一般为10～14天。

叶片质量是决定叶片光合能力的重要因素。果树叶片质量受叶片着生节位和光照情况的影响较大。新梢中部的叶片质量最好。在强光下形成的叶片厚，保护组织发达，光饱和点高，光合功能强。叶片形成过程中养分和细胞分裂素的供应对叶片质量也有重要影响。春季补氮、覆膜和覆草对提高叶片质量效果显著。

常绿果树与落叶果树的叶片生长发育不完全相同。常绿果树叶片形成和落叶同时进行，老叶的脱落主要集中在新梢抽生之后。例如，柑橘叶片寿命大约为17个月，最长为两年以上。落叶果树叶片的生长发育则与气温变化息息相关。

叶片的衰老主要受细胞分裂素的调节，生长素和赤霉素也有类似的作用。细胞分裂素促进核酸或蛋白质的合成，因为叶片的衰老首先表现为蛋白质分解为氨基酸，叶绿素也随之解体。脱落酸可以加速叶片的衰老，环境条件可影响衰老过程。

研究果树群体叶片生长发育规律对果实生产更为重要，有趣的是果树叶面积和净光合速率在年生长周期中的变化规律与单叶变化相似，春季逐渐增大，生长季节达到高峰，夏末至秋季逐渐下降。生命周期中，在结果盛期之前单株叶面积总是不断增加，结果后期则逐渐下降。

（三）叶面积指数和叶幕的形成

叶面积指数（LAI）是指单位面积上全部果树叶面积总和与土地面积的比值。单株叶面积与该树冠投影面积的比值，称为投影叶面积指数。叶面积指数是衡量叶面积数量的指标，是树冠光合效率的基础。多数果树的叶面积指数在4 ~ 5较合适。叶面积指数太高，叶片过多造成相互遮阴，功能叶比率降低，果实品质下降；叶面积指数太低，光合产物总量减少，产量降低。叶面积指数在发芽后逐渐增加，夏季达到最大值，如果管理不好，秋季就开始下降。因此，要通过栽培技术措施，使春季叶面积指数尽快增加，到秋季应尽可能保持较高的叶面积指数，防止下降过快。

果实的生长与发育不但要求合理的叶片数量，也要求叶片在树冠中分布合理。接受直射光的树冠外围叶片具有较高的光合效率，可用叶片曝光率表示叶片在树冠中的分布状况。叶片曝光率按式（2-1）计算。

$$\text{叶片曝光率}=\text{树冠表面积}/\text{叶片总面积}\times 100\% \qquad (2\text{-}1)$$

随着树冠的扩大，获得直射光叶片的比率降低，当多数落叶果树叶片获得的光照减弱至30%以下时，叶片的消耗大于合成，变成寄生叶，只有那些获得70%以上全光照的叶片才能获得充分的有效生理辐射，从而维持较高的光合速率。

果树的叶幕是指同一层骨干枝上全部叶片构成的，具有一定形状和体积的集合体。不同栽植密度、树龄和整形方式，叶幕的形状和体积不同。合适的叶幕厚度和叶幕间距是合理利用光能的基础。多数研究表明，主干疏层形的树冠第一、二层叶幕厚度为50 ~ 60cm，叶幕间距80cm，叶幕外缘呈波浪形是较好的丰产结构。

任务三　花芽分化及其调控

雏梢生长点由营养生长点转向形成花芽的生理状态的过程称为成花诱导。成花诱导主要是以成花基因的启动为特点的生理生化过程，生长点内进行着由营养生长向生殖生长的一系列生理生化转变，所以也称为花芽的生理分化。

一、花芽分化的概念和意义

成花基因启动后引起一系列有丝分裂等特殊发育活动，继而生长点内分化出花器原始体，完成花芽孕育，这一现象称为花的开始分化或花芽发端。随后，花器各部分原基陆续分化和生长，进一步发育构成完整花器的过程称为花芽发育。从花原基最初形成至各花器形成完成的过程称为花芽的形态分化。

实生繁殖果树进入性成熟阶段前，不能诱导开花，此阶段称为童期或幼年期。通过童期后进入稳定而持续成花的阶段称为成年期，也称为花熟期。木本植物具有较长的童期，缩短童期是果树学家，特别是育种工作者关注的问题之一。

营养繁殖果树已具有开花潜势，由于内外条件制约而不能开花，造成开花“程序链”被阻遏。解除阻遏，程序正常进行，花芽分化即可开始。芽轴的生长点经过生理生化和形态的变化，最终构成各种花器原基的过程称为花芽分化。为促使实生繁殖果树尽早开花、结果，就要研究缩短童期的理论。对于营养繁殖果树，要求尽早完成从营养生长向生殖生长的转化，每年稳定形成数量适当、质量好的花芽，才能保证早果、丰产、稳产和优质。因此，研究花芽分化的规律在果树栽培中具有十分重要的意义。

二、花芽分化过程

（一）分化过程的形态标志

不同种类的果树，其花芽分化过程及形态标志各异，如图2-8所示。分化过程的形态标志是研究分化规律的内容之一。

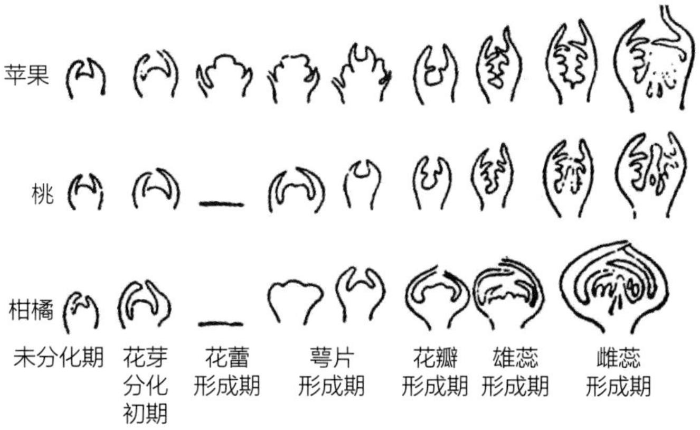

图2-8　果树花芽分化过程的形态标志示意

1. 仁果类

苹果、梨等仁果类果树的花芽为混合花芽，其形态分化可分为7个时期。

（1）未分化期

未分化期的形态标志是生长点狭小、光滑。在生长点范围内均为体积小、等径、形状相似和排列整齐的原分生组织细胞，不存在异形的和已分化的细胞。

（2）花芽分化初期（花序分化期）

花芽分化初期的形态标志是生长点肥大隆起，呈一扁平的半球状。在该生长点范围内，除原分生组织细胞外，尚有大而圆、排列疏松的初生髓细胞出现。

（3）花蕾形成期

花蕾形成期的形态标志是肥大隆起的生长点变为不圆滑并出现突起的形状。苹果生长点中心突起较早，体积也较大，处于正顶部的突起是中心花蕾原基。梨的周边突起较早，体积稍大，为侧花原基。这就是苹果的中心花先开放，而梨的周边花先开放的原因。

（4）萼片形成期

萼片形成期的形态标志是花原基顶部先变平坦，然后其中心部分相对凹入而四周产生突起体，即萼片原基。

（5）花瓣形成期

花瓣形成期的形态标志是萼片原基内侧基部发生突起，即花瓣原基。

（6）雄蕊形成期

雄蕊形成期的形态标志是花瓣原基内侧基部发生突起（多排列为上下两层），即雄蕊原基。

（7）雌蕊形成期

在花原基中心底部发生突起（通常为5个），即雌蕊原基。雌蕊原基的子房深埋于花托组织中（子房下位的果实）。

2. 核果类

核果类中的桃、杏等果树的花芽分化特点如下：

①花芽为纯花芽，芽内无叶原基，而紧抱生长点的是苞片原基。

②桃、杏花芽内只有一个花蕾原基，而樱桃、李等则有两个或两个以上花蕾原基。

③花芽分化初期的形态标志是生长点肥大隆起，略呈扁平半球状，即花蕾原基。

④萼片、花瓣和雄蕊的分化标志与仁果类果树基本相同。

⑤雌蕊分化也是从花原基中心底部发生，但只有一个突起，即单子房，子房上位。

3. 柑橘类

柑橘类果树的花芽分化特点如下：

①未分化的生长点狭小并为苞片所紧抱。

②花芽分化初期（花蕾原基）生长点变高而平宽，苞片松抱。

③其他各时期与仁果类果树相似，但子房为多室。

多数果树花芽分化初期的共同特点是生长点肥大隆起、略呈扁平半球状，从而可以与叶芽区别开来。

（二）花芽分化期

花芽开始形态分化以后，各类原基的分化速度和程度因树种、品种和外界条件而异。在进入休眠期前，桃、杏、苹果和梨可以完成雌蕊分化，山楂只分化至花瓣原基，葡萄可形成1～3个花序原基，枣当年分化当年开花，柑橘、荔枝一般12月至翌年1月分化。多数果树种类是在萌发至开花前才形成大、小孢子。不同种类和品种的果树花芽分化开始期和时期长短不一致，即使同一品种，甚至同一植株也因树龄、枝条类型和各种外界条件而有所差异。然而，在一定条件下，花芽分化期又是相对集中和稳定的。

果树花芽分化期相对集中，但因各地具体条件不同而呈现多样性。例如，印度尼西亚的爪哇，苹果一年内两次分化，两次开花，两次收获（4月和10月）。热带地区通过摘除叶片等措施打破葡萄休眠，也能一年多次结果。在温带地区，葡萄冬芽第一年分化，第二年开花，副梢或三次梢上的花芽则可以当年分化当年开花。无花果上年分化的花芽所结果实称为春果，当年分化的花芽所结果实称为秋果。热带果树中的番木瓜、椰子和香蕉可以周年开花结果。

（三）花芽分化临界期

果树由叶芽向花芽形态转化之前，生长点内生理生化状态极不稳定，代谢方向易于改变，所以生理分化期也称为花芽分化临界期。此期条件如果适宜花芽分化，即可分化成花芽，否则即转化为叶芽。苹果短枝在花后2～6周是花芽分化临界期；柑橘在果实采收前后是花芽分化临界期；桃的花芽分化临界期取决于枝条长度和芽在枝条上的位置，枝条越短，花芽分化越早，由基部向枝顶逐渐发展。花芽分化临界期是调控花芽分化的关键时期。

（四）花芽分化的不可逆性

花芽形态分化一旦开始，将按部就班地继续分化下去。在正常条件下，此过程通常是不可逆转的，在非正常条件下也可能出现逆转现象。例如，不同分化程度的花芽短枝嫁接到实生砧上，如在花芽分化中的萼片形成期之前嫁接，花序可伸长成枝条，萼片、花瓣变成畸形叶。

三、花芽分化的机理

关于花芽诱因最早提出的是成花激素学说，一个多世纪以来，植物学家进行了不懈的努力，但至今成花激素究竟是什么物质仍不能确定。20世纪50年代发现了1～2年生作物的花芽形成与日照长短有关，对日照长短产生效应的器官是叶片，花芽分化发生在生长点，所以认为成花激素产生于叶片，并能转移至生长点，这一假设已用嫁接试验获得证实。成花激素的产生还可能要求低温，一些作物不经低温就不能开花，但迄今未找到与低温相关的物质。

关于成花机理的研究多半采用1～2年生作物，果树似乎不是研究成花机理的理想试材。也许草本植物和木本植物成花的理论基础是一致的，但有学者认为温带木本植物与1年生植物在成花生理上有不同特点，如温带木本植物多为中生植物，花芽分化与开花之间有明显的休眠期，花芽的诱导和分化经历较长的时间，而且有较长时间不开花的童期，日照长短对花芽形成影响甚小。

果树从叶芽转入成花过程包含基因、激素、载体、受体、细胞膜系统、促进或抑制因子等多因素的相互作用。以往对成花机理的研究主要集中在具有光周期行为的草本植物上，需要长日照、低温的草本植物花芽孕育与茎的伸长密切相关，而木本果树花芽孕育与新梢停止生长有关。近年来关于果树成花的报道越来越多，目前的研究多集中于果树花芽诱导或分化过程中果树的生理变化（如矿质养分、细胞液浓度、糖类、核酸及蛋白、酚类物质、多胺、生长激素等物质的变化）和外界因素（如光照、温度、水分以及栽培措施等）对果树花芽分化成花的影响，尚未深刻探讨内含物质含量变化的内因，可以认为果树花芽诱导分化的调节机制尚未有重大突破。模式植物成花相关基因的研究为木本果树的成花研究提供了新的途径。近年来，在木本果树上成花分子生物学方面的研究也开始起步，在几种木本果树上已克隆出了与成花相关的基因，并研究了其表达与功能，在通过转基因技术缩短童期方面取得了一定进展。

对植物成花分子机理的研究方面，主要以拟南芥和金鱼草为研究对象，因为这两种植物的遗传背景较为清楚，便于进行突变体与相应基因的功能分析，人们在这两种模式植物上获得了很多研究成果，这些成果在其他植物上得到了进一步验证。

所有花均源于营养生长的组织，经过一段时间的生长发育后，茎尖分生组织开始分化和增殖，进而形成花序分生组织和花分生组织。随后，花的各个特性器官按照标准的轮生顺序逐步发育。从外到内依次是：萼片、花瓣、雄蕊和雌蕊，直至花的所有特性器官发育完全。在这一系列的变化中，基因的调节十分复杂，这些变化是在多种基因的调节控制下完成的。目前，已知的与成花相关的基因众多。

果树花芽分化的研究已有100多年的历史，在这期间提出了不少假说，但至今关于它的分化机理仍然了解较少。迄今，关于果树花芽分化的基本过程大体是：生长点由原分生组织的同质细胞群构成，所有细胞都具有遗传的全能性，但不是所有的基因在细胞的任何时期都能表现出活性。只有外界条件（如日照、温度、水分等）和内部因素（如激素的比例变化、结构和能量物质的累积）作用下产生一种或几种物质（成花激素），启动细胞中的成花基因，并将信息转移出来引起酶的活性和激素的改变，并高强度地吸收养分，最终才能导致花芽的形态分化。

四、花芽分化与其他器官的关系

（一）枝叶生长

良好的枝叶生长是花芽形成的物质保证，没有这个基础就不可能成花。苹果、梨、桃等幼树早结果的大量实践经验已充分证明，必须生长健壮、枝叶量大才有利于成花结果。香蕉夏苗要经过240 ~ 280天的生长才形成花芽，冬苗要经过260 ~ 300天才形成花芽。植株越大，发育越好，则花芽分化率越高，分化早，开花也早，产量高。在年生长周期中，花芽的形成依赖于前期健壮的营养生长，前期良好的枝叶生长是成花的基础。然而，也并不是营养生长越旺越好，还必须有适宜的生长节奏，不停地过旺生长常会抑制花芽分化。绝大多数果树的花芽分化是在新梢生长缓慢或停止之后开始的，特别是顶芽成花的果树，总是在枝条停止生长后开始花芽分化。梨花芽形成的多少与枝条停止生长前一个月内的生长率呈负相关，苹果花芽分化与该成花枝条停止生长的时间直接相关。因此，要在前期旺盛的枝叶生长基础上，确保能够及时转化（即停长），以维持适宜的生长节奏。停长前后的代谢方式发生了明显转变，即由消耗占优势转向积累占优势。新梢生长高峰之后，特别是在完全停长之后，根系和幼果都获得了良好的营养条件。只有在根系、枝干和花果的光合产物需求满足之后，花芽才能形成。在促进营养生长的基础上，控制生长节奏，保持树势壮而不徒长是促使成花的基本条件。

叶片在成花中有突出的作用，它既影响糖分的供应，也影响激素的平衡（包括叶片本身合成的激素和通过蒸腾从根部运上来的细胞分裂素等）。叶片内还合成有关花芽形成的物质，如苹果叶片内的根皮苷等。叶片还是接收环境信号的器官。鉴于叶片对花芽开始分化的时效性影响，人们用摘叶法来推断花芽的生理分化期，即分批去除叶片，当去除叶片不抑制花芽的分化时，表明除叶片时花芽已通过生理分化期。形成一个花芽需要一定数量的叶片，苹果和梨短果枝往往需要本枝上至少有3 ~ 4片大叶片才能形成花芽。但是苹果腋花芽的形成过程中，虽然只有一片叶片，却有很大作用。当树上有果实时，叶果比会影响花芽的分化。虽然单叶面积大小不同，光合效率不同，品种间大小年习性不同，会使叶果比有变化，但这说明，在一定条件下必须有一定的叶面积才能保证果实生长的同时继续形成花芽。

（二）开花结果

开花（特别是盛花期）消耗大量养分，从而造成根系生长低峰，并限制新梢生长量。因此，开花量的多少间接影响新梢停长后花芽分化量。过量的果实会影响花芽分化，叶片与果实越小，抑制花芽分化的影响越大。但不同树种或品种的果实对花芽形成的影响不同。这与果实发育时期和果实的位置也有一定关系。这一点在仁果类和核果类果树上表现得很突出。仁果类果树中苹果和梨花芽的开始分化期在6月下旬至7月上旬，正值果实迅速生长期，二者交叉重叠，果实的存在对成花抑制明显；而桃、李、杏和樱桃等核果类果树，果实成熟较早，花芽开始分化较迟，两者交错重叠的时期很短或不存在重叠，果实对花芽分化影响小于核果类果树。此外，两类果树的果实位置与花芽分化的相对位置也不同。仁果类果树的果实对果台来说处于一种优势位置，核果类果树则相反，新梢处于相对优势的位置，果实在新梢基部的去年生枝上，这是两类果树对成花影响不同的又一原因。葡萄花芽分化、坐果和果实发育同时进行，但是在一般负载量下，花芽分化无明显抑制作用。有籽果实对成花的抑制作用主要来自胚，但无籽果实（如无籽甜橙、蜜柑、柿等）的影响来自胚以外的果实部分。显然，果实既直接影响营养的分配又影响激素的平衡。果实发育前期，由于发育前期种胚生长阶段产生大量赤霉素和生长素，使幼果具有很强的竞争养分的能力，从而抑制果实附近新梢上花芽分化进程。果实还可通过影响根系、叶片的发育，从而影响营养或激素的平衡。

（三）根系发育

根系生长与花芽分化存在明显正相关。这一现象的产生，一方面与吸收根合成蛋白质和细胞分裂素的能力有关；另一方面，根系通过吸收水分和矿质养分也对花芽分化产生重要影响。

五、影响花芽分化的因素

任何一株在个体发育阶段已达到性成熟的果树，都具有形成性器官的能力，即成花能力。与叶的起源一样，花也是起源于顶生或侧生分生组织，但导致成花和成枝的基础条件是不同的。叶芽在满足其对成花生理条件的要求时，可以向成为花芽的方向转化。在一定的营养条件下，任一叶芽均可转化为花芽，但只有营养生长高峰停止之后才可开始成花，而具体的成花时期则依树势、种类与品种特性以及外界条件的不同而异。

（一）内部因素

花芽分化是一个十分复杂的过程，从内部因素来说，这个过程需要丰富的有机营养物质和内源激素的平衡。

（二）环境条件

1. 光照

光照是花芽形成的必需条件，多种果树的研究都已证明遮光会导致花芽分化率降低。苹果在开花后7周内接受高光强（24000lx）则促进成花，接受低光强（12500lx）则成花率下降，但开花后7周后降低光强则不影响成花。6月中旬至7月下旬，桃的花芽形成量随光强的增加而增加。光强影响花芽分化的原因可能与光合产物的合成与分配有关，弱光导致根的活性降低，影响细胞分裂素的供应。光的质量对花芽形成也有影响，紫外线抑制生长，钝化生长素，诱发乙烯产生，促进花芽分化，高海拔地区的苹果生长较矮，易于成花。

大部分果树对光周期并不敏感，但落叶果树花芽分化多在长日照的夏季进行。目前，关于果树品种间对日照长短的反应了解尚少。

2. 温度

温度对果树新陈代谢会产生影响是众所周知的事实，如光合、呼吸、吸收和激素变化等，当然也会对花芽分化发生作用。在适宜的温度下，花芽分化多。在北半球气温较高的6～8月，大多数落叶果树的花芽开始分化。在高温来临早于常年时，花芽分化开始的时间也早。葡萄花芽分化与高温的相关系数为0.82，其对高温的敏感时期是中间原始体形成前3周，每天4h高温就足以诱导形成大量花芽。但事实上，每个树种各有其最适宜的温度。热带和亚热带果树形成花芽多在温度相对较低时，如柑橘在9月至翌年1月，荔枝在10月至翌年2月，龙眼在1～2月，芒果在11月至翌年2月。

3. 水分

适度的水分胁迫可以促进花芽分化，如柑橘在干旱胁迫下花芽开始分化，灌水有利于花器的发育。适度干旱使营养生长受抑制，糖分易于积累，精氨酸增多，生长素、赤霉素含量下降，脱落酸和细胞分裂素含量相对增多，有利于花芽分化。但过度干旱也不利于花芽的分化与发育。

4. 土壤养分

土壤养分的多少可影响花芽分化。苹果在雄蕊或雌蕊分化期施氮肥可提高胚珠的生活力。增施钾肥可增大葡萄的花序。柑橘缺氮则花芽分化率下降，当叶片中磷含量<0.1%则完全不能形成花芽。若氮供应充分，随着磷供应增加，花芽形成率也增加。

5. 重力作用

重力作用也可影响成花。通常水平枝比直立枝易成花，这可能与抑制生长、生长素下降和乙烯增高有关。整株幼树置于水平方向时可促进苹果成花，李和樱桃反应较弱。

六、花芽发育与花芽质量

花芽的形态分化后并不意味着花芽分化过程已完成，花芽还要继续发育（主要是花芽内性细胞的形成和成熟）。开始向花芽过渡转化的芽，一旦内部因素和环境条件满足不了花芽继续分化成花的要求，分化过程可以中止。这是某部分花器败育或发育不全的原因。花芽的发育期一直持续到第二年开花，其发育过程中的内部因素和环境条件直接影响着花芽质量。

（一）花芽质量对果实产量和品质的影响

花芽质量对果实产量和品质的影响很大，优质花芽是生产优质果品的基础。质量好的花芽，芽体饱满（图2-9），开花后花期整齐，花朵大，坐果率高，所结果实大且果形好。果实大小与花芽大小有直接关系。大的花芽将来果实也会大，相反，质量差的花芽坐果后果实偏少，果形扁且不整齐。这是因为果实的大小直接取决于果实内的细胞数量和细胞大小，而细胞大小取决于细胞分裂的次数。大多数果实有两个细胞分裂期，即开花前花芽内子房分裂期和开花后幼果分裂期。一般苹果果实采收时的细胞数量为4000万个，而达到这个数目开花前要分裂17次，开花后仅分裂4～5次。由此可见，开花前花芽内改变细胞数量的机会多于开花后。

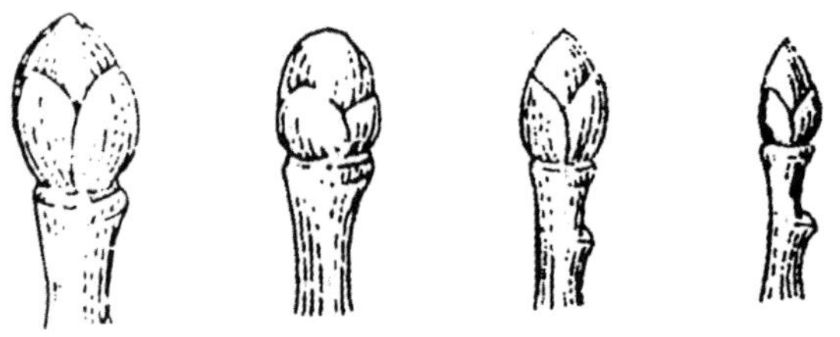

（a）优质花芽　　（b）劣质花芽

图2-9　花芽质量

有些果园的花芽质量较差，严重影响了果实产量和品质，特别是密植果园中较为常见。劣质花芽的花器发育不完善，开花后雄蕊和雌蕊发育质量差，主要表现在：雄蕊花粉粒少，花粉发芽率低；雌蕊子房小，胚囊活性低，柱头短，接受花粉的能力低且时间短，因而直接影响授粉受精。通过调查发现，生产中不少苹果园，不论是自然授粉还是人工授粉，坐果率均比较低，这主要是花芽质量差造成的。

（二）影响花芽发育的因素

碳和氮等营养条件是花芽发育过程中最重要的因素。环剥是促进成花的有效措施，但如果环剥过重、过早或多次、连年环剥，则会使树体形成过多的花芽，并导致树势衰弱，营养不良，从而降低花芽质量。留果量过大，花芽形成与果实生长间养分竞争的矛盾突出，会消耗过多的养分，不仅影响花芽形成的数量，也会使花芽质量下降。土壤肥力差会影响有机营养的积累水平，致使花芽质量降低。

花芽形成后，在秋、冬、春三季还存在后期进一步发育的过程。花芽后期的发育状况，特别是花性器官发育程度，取决于树体的贮藏营养状况。秋季叶片制造的光合产物开始向树体中心部位骨干枝和根系转移，作为贮藏营养供给花芽的进一步发育和第二年春季各新生器官的建造和生长。由于病虫害或其他管理造成的叶片早落，将会降低树体的贮藏营养水平，进而影响花芽质量。

树体受光照条件的好坏对花芽质量起重要作用。花芽分化和发育本身就需要比较强的光照。同时，光照条件直接影响叶片的营养积累。很多果园树形不合理，留枝量过大，导致果园郁闭，树冠内膛光照条件恶化，致使树体内膛很多叶片成为无效叶，对树体的营养作用很小。其结果是内膛难以形成优质花芽，结果部位外移。实践证明，光照不良的枝条是不可能形成优质花芽的。

温度对花芽的质量有很大影响。过低的温度会对花芽造成伤害；不适当的高温，特别是春季升温过快会使花性器官发育不良。在果树栽培中，休眠后快速升温比缓慢升温的花芽质量差。另外，干旱胁迫或水涝等逆境可使发育中的花芽败育。

七、花芽分化的调控途径

应用栽培技术可在一定程度上调节与控制花芽的形成和质量，但各种技术措施都因树种、品种、年龄和树体状况，产生不同效果。此外，各种措施又常因实施的时间和强度有所差异。

（一）调控时间

尽管花芽分化持续的时间较长，同一株上花芽分化的时间也有早有晚，但在地区、年龄、品种相同的情况下，对产量构成起主要作用的枝条类型基本相同，花芽分化期也大体一致。例如，多数苹果品种以短果枝结果为主，幼树长果枝结果的比例较大；柑橘在适生区的北部以春梢结果为主，越向南推移，夏梢和秋梢结果的比例增大。调控措施应在主要结果枝类型花芽诱导期进行，进入分化期后效果则不明显。这就是许多生长抑制剂和环剥等措施在苹果、梨上的应用多在开花后3 ~ 4周时进行的原因。

（二）平衡果树生殖生长与营养生长

平衡果树生殖生长与营养生长是控制花芽分化的主要手段之一。例如，苹果大年加大疏果量有利于花芽形成。严格疏花疏果，保持合理的留果量，可减少树体养分的消耗，调节生长与结果的关系，保证优质花芽的形成。幼树轻剪、长放、拉枝缓和生长势可促进成花。通过合理的肥水管理和修剪措施，保持树体生长的动态平衡，使树体前期生长旺盛，防止后期生长偏旺，并及时转化为花芽分化。对后期生长偏旺的树体应严格控制肥水，采用生长期修剪进行控制。因地制宜地选择矮化砧、半矮化砧或乔化砧可以适时结果，环剥、环割也有明显的促花效果。

（三）改善光照条件

修剪可以改善树膛内的光照条件。对于栽植密度过大，整形修剪不当，树体过高，冠幅过宽，全园树冠交接封行的郁闭园，应及时落头开心，降低树高，必要时可间伐。在花芽分化的关键时期，应当及时进行夏季修剪，调整枝叶分布，缓和生长势，清除郁闭枝叶，使保留的叶片光照良好。

（四）加强土、肥、水管理

1. 土壤管理

土壤的理化性质，特别是土壤通气性，对根系的生长和吸收功能影响很大。通过土壤深翻扩穴，改善土壤的理化性质，可使根系处于良好的土壤环境中，最大限度地发挥吸收功能，使树体健壮，叶片功能增强，进而提高花芽质量。

2. 增施有机肥，合理使用化肥

土壤有机质是改善果园土壤环境的最佳肥料。从成花质量方面看，给果树增施有机肥比单纯施用化肥要好得多。要根据不同物候期施用不同种类的化肥，生长前期（萌芽前和幼果期）应多施氮肥，以促进萌芽和新梢生长，增加叶面积，而在花芽分化临界期（6～7月），除弱树外，一般不用过量施氮肥，而要补充磷、钾肥。后期要严格控制氮肥用量，防止树体后期旺长，影响花芽分化和发育。

3. 合理的水分管理

生长前期，充分的水分可保证新梢的生长和叶面积的扩大，而花芽分化期以后，过多的水分以及水分的剧烈变化会严重影响优质花芽的形成。生产中，有灌溉条件的果园应严格控制后期灌溉并采取节水灌溉方法。旱地果园应采用穴贮肥水和地面覆盖等栽培措施，稳定土壤水分平衡，以形成优质花芽。

4. 秋季补氮

花芽形成后进一步的发育依靠树体的贮藏养分进行。花芽的进一步发育主要是进行性器官的发育，而性器官的发育需要充足的氨基酸。氨基酸是苹果树体贮藏氮的主要成分，秋季补充氮肥可满足花芽的性器官发育所需要的氨基酸。同时，果树叶片在秋季容易衰老，特别是采收后，叶片功能会突然下降。试验证明，秋季补充氮肥可防止叶片衰老，延长叶片光合时间，提高叶片光合能力，增强根系吸收功能，对提高花芽质量十分有益。

（五）生长调节剂的应用

目前应用广泛的有比久、多效唑、乙烯利等，由于这些物质可抑制茎尖赤霉素的合成，使枝条生长势缓和而促进成花。多效唑是一种植物生长延缓剂，国内外学者曾用其对苹果、梨、桃、李、樱桃、核桃、荔枝、龙眼、柑橘等多种果树进行处理研究，结果表明它能抑制这些果树的营养生长，促进花芽分化。乙烯利对成花的作用在凤梨、芒果、苹果、梨等多种果树上得到证实，如用1000mg/L的乙烯利处理可以使生长14个月的凤梨在80天后成花达85%。

任务四　开花、坐果与果实发育

花由叶片演化而来，它是果树的生殖器官。开花过程中，花的一部分器官（如花瓣、雄蕊、花萼）很快衰老，另一部分（如子房或花托）转化为果实或种子。花不仅在分类上极为重要，而且由于果树栽培的目的在于获得高产、优质的果实，所以研究花及其构造在果树学中具有重大意义。

一、花器构造与开花

（一）花器构造

多数果树的花是两性花，即雌蕊和雄蕊存于同一朵花中，但也有雌雄同株类型（如板栗、核桃）和雌雄异株类型（如某些葡萄野生种、杨梅、番木瓜、阿月浑子、猕猴桃、银杏和香榧）。少数果树（如荔枝、龙眼、芒果、柿）以雌雄同株为主，但夹杂少量两性花，称为杂性同株现象。

果树的两性花多半由花萼、花瓣、雄蕊和雌蕊构成，但各部分数量的多少因种类而异。例如，桃、杏只有1个心皮，苹果、梨为5个心皮，柑橘由10个左右的心皮组成子房。但某些种类或品种花器的一部分有时发生退化。例如，葡萄的花萼小而不明显，荔枝的花常有雄蕊、雌蕊和花萼的退化现象。

1. 雌雄配子的形成

苹果、梨、桃和杏等落叶果树的花多半在休眠之前只分化到雌蕊原基，在萌发前4周左右才进行花粉和雌配子分化。研究发现，甘肃桃、山桃和用作观赏的碧桃花粉在花芽形成当年10～11月已经形成，胚珠原基也在10月下旬发育，至翌年3月初再形成大孢子；枇杷花芽形成的当年7月雄器官分化，10月上中旬成熟，10月下旬雌器官成熟并开花。此外，柑橘的性器官也是开花前随芽萌发逐渐分化成熟的。花药内的孢原组织中，壁细胞外层形成纤维层，包围整个花药，壁细胞的中间层和绒毡层形成4个花粉囊。绒毡层含有油脂及溶于其中的类胡萝卜素，供给花粉营养。花粉囊内的造孢细胞形成花粉母细胞，每一个花粉母细胞经过减数分裂形成4个花粉粒。花粉粒的形状、大小以及表面的突起花纹因果树种类不同而异。花粉粒外壁厚，透水性强，在潮湿条件下吸水过多会破裂。外壁有发芽沟或孔。内壁薄，以果胶为主，只有萌发孔处的内壁稍厚，在花粉管萌发前封住萌发孔。花粉形成后继续发育，由一个核分裂成2个核，一个为营养核，一个为生殖核。果树的花粉在双核时即从花药内散出，称为双核花粉。花粉在柱头上萌发，内壁从发芽孔伸出长成花粉管，营养核及生殖核进入花粉管内，生殖核再分裂形成2个精细胞。

雌器官首先在子房胎座上形成突起，珠心增大，外部形成2层珠皮，顶端形成胚珠。同时，珠心内孢原细胞形成胚囊母细胞，先经减数分裂形成四分体，但只有最里面一个细胞发育成单核胚囊，单核胚囊的细胞核连续分裂3次完成胚囊的发育。不同树种在不同地区其花粉、胚囊的发育速度不同。

2. 花粉与胚囊的败育

果树的花粉或胚囊在发育过程中常常发生退化或停止发育，这种现象称为败育。圆叶葡萄和猕猴桃雌花的花粉形状不规则，无生活力，不能发芽；欧洲葡萄和美洲葡萄的某些品种也有花粉败育现象；五月鲜桃和冈山白桃花药内没有花粉，如果不配置授粉品种就会影响产量；多数温州蜜柑的花粉母细胞退化，华盛顿脐橙的花粉全部退化，但由于具有单性结实（即不经授粉，或虽经授粉而未完成受精过程仍可形成果实）能力，所以能正常结果。

桃、杏、李等核果类果树都有两个胚珠，除个别品种外，最后只形成一粒种子，另一个胚珠败育；黑珍珠葡萄由于胚囊败育产生无籽果；温州蜜柑也有胚囊败育现象，但能正常结果，无种子。然而，苹果、梨的多数品种若出现胚囊败育则不能结果。

影响花粉或胚珠败育的因素如下：

①遗传性。果树存在着不少多倍体品种。例如，苹果二倍体品种可以产生正常花粉，而三倍体品种（乔纳金、大珊瑚）有生活力的花粉只有二倍体的12% ~ 15%；香蕉为三倍体，发育正常的花粉很少。

②营养条件。花粉发芽需要有一定的营养物质、内源激素和能量。弱花不仅花粉量少，而且发芽率也较低。例如，旭苹果发芽率高的花粉比发芽率低的花粉中天冬酰胺、精氨酸、丝氨酸含量高；同一品种的杏，贮藏养分少、土壤瘠薄、结果过多会导致来年雌蕊退化率增加。

③环境条件。恶劣的环境也能导致败育。花芽开放期遇−4℃的低温会引起苹果花粉或胚囊中途死亡。柑橘类果树在15℃以下形成不育花粉。

（二）花的开放

花的开放是一种不均衡运动，多种果树的花瓣基部有一条生长带，当它的内侧伸长速度大于外侧时，花就开放。某些植物的花瓣开闭是由细胞膨压变化引起的。温度与光照是影响花器开放的关键环境条件。晴朗和高温时开花早，开放整齐，花期也短；阴雨低温开花迟，花期长，花朵开放参差不齐。研究表明，花期高温导致柑橘子房发育加速，特别是子房柄增长更快。在一天之中，花的开放时间多在10～14时。枣的部分品种在夜间开放。不少植物花的开放要求一定的日照条件，但多数果树花的开放与日照长短关系不大。

年生长周期中花的开放要求一定的积温。有学者认为3月上旬的平均最低温度与月中旬的平均最高温度与金冠苹果的开花早晚有关。杏和桃在盛花前30～40天，温度与开花早晚密切相关；李和苹果为40～50天；梨为20～40天。同一种类或品种果树的开花期受当年气候影响很大，所以不同地点、不同年份的开花天数差异较大，但所要求的温度基本相同。不同种类果树的开花温度与开花期见表2-1。

表2-1　不同种类果树的开花温度与开花期

果树种类	平均温度/℃	开花期
苹果	14.5	4月中旬
山桃	9.5	3月中旬
杏	8.0	3月下旬
樱桃	10.3	3月下旬
李	11.0	4月上旬
梨	11.0	4月上旬

果树开花期是生产上的重要物候期之一，准确地预报开花期对果树至为重要。在同一年内，不同品种的开花期也不一致，这种特性在生产中有重要意义。例如，开花晚的杏和樱桃品种可以避免晚霜危害；花期长的苹果或梨在不利的天气条件下具有较多的授粉机会。

二、授粉与受精

花粉粒从花药传到柱头上称为授粉。精核与卵核的融合称为受精。同一品种（或无性系）授粉属于自花授粉，自花授粉后能结果的称为自花结实，如枣、杏和葡萄的某些品种均能自花结实。许多果树种类和品种表现自花不实，如苹果和梨的绝大多数品种表现为自花不实，需要配置授粉树，才能正常结果。

（一）受精过程

花粉粒落在柱头上后，花粉管从发芽孔处萌发，进入花柱后即诱导生长素增加，呼吸强度也随之上升，这时要消耗大量的糖类等能源物质和氧气。随着花粉管向胚珠方向延伸，氧分压逐渐下降，在进入子房之前，甚至可在极低的氧分压下进行。脯氨酸是花粉中的主要氨基酸，而在三倍体苹果花粉中含量很少。花粉管伸长所必需的蛋白酶合成与脯氨酸直接相关。

花粉管内营养核与生殖核虽已不再分裂，但仍具有合成DNA的能力，在花粉管伸长时进行大量的RNA转译，并形成多种酶类。例如，花粉管伸长依赖于可溶性的纤维素酶和果胶酶的增加，以软化细胞壁。

精核必须到达卵细胞才能受精，由于助细胞可以分泌指示花粉管生长方向的向化物质（如钙和硼等），才使精核到达胚囊中，并使精核释放到卵细胞附近。卵细胞与精核融合后发育成胚。极核与另一个精核融合形成胚乳。

鸭梨从授粉至受精需要5～6天，受精后约休眠24h才开始分裂，经两次分裂形成4个细胞原胚，再继续分裂，直到开花后20天左右，原胚仍是一个柱形体，开花后30～40天是球形胚发育期，开花后60～70天胚才能成熟。极核受精后几乎不经休眠就开始进行有丝分裂，形成三倍体的胚乳游离核，大约在开花后45天才开始形成细胞壁。在发育过程中，许多果树胚乳又逐渐解体，其营养输入子叶，至胚发育成熟时，胚乳已不复存在，子叶代替了胚乳的作用。

（二）有效授粉期

有效授粉期用胚珠的寿命与从授粉至受精所需要时间的差表示。例如，胚珠的寿命为10天，从授粉、花粉管伸长直至完成受精需要7天，则有效授粉期为3天。也就是说，开花后3天内完成授粉过程，才能实现受精，这里的关键因素是胚珠的寿命。苹果有效授粉期为2～10天。葡萄从授粉至受精仅需要几小时。桃授粉后1h即可萌发，2h后花粉管伸入柱头，4h后进入子房，雌蕊的受精能力为5～6天，阴雨潮湿天气可延长4～5天。晋枣花粉的田间寿命为12～20h，雌蕊寿命为2～4天。猕猴桃雌蕊受精能力较长，可达7～9天。多数被子植物授粉后24～48h可以完成受精。

有效授粉期只是一个相对数值，因为花粉萌发与伸长受到温度、湿度、贮藏养分和各种生长调节剂的影响。

（三）雌雄异熟与雌雄蕊不等长

雌雄同株或雌雄异株的果树往往有雌蕊和雄蕊不能同时成熟的特性，称为雌雄异熟。核桃、板栗、油梨和荔枝都有雌雄异熟现象。在群体生长中，由于单株开花有先有后，雌雄异熟不会引起授粉不良。核桃的雌雄异熟又分为两类：有的单株雄花先开，称为雄先型；有的雌花先开，称为雌先型。实生后代两种花型大体各占一半。不少核果类果树同一花中的雌蕊和雄蕊常有不等长现象，原因可能是花芽分化开始迟，或氮肥、激素供应不足，在进入冬季休眠时雌蕊发育尚未结束，到翌春就导致雌蕊瘦小，开花迟，不易坐果。核果类果树花的雌雄蕊不等长与坐果率的关系，如图2-10所示。

图2-10　核果类果树花的雌雄蕊不等长与坐果率的关系

（四）自交或异交的不亲和性

在果树栽培学中，自交和异交的亲和性主要指品种内自交或异交后能否结果。自交不亲和现象常用对立基因学说解释。该学说认为，遗传上的不亲和受复等位基因所控制，其中两个复等位基因存在于二倍体的花柱中，另一个存在于单倍体的花粉中。如图 2-11所示，如果被授粉植株带有两个不亲和等位基因S_1、S_2，带有S_1、S_2的花粉就不能受精，但其他的不亲和等位基因S_3、S_4就可以受精。这一理论虽然能解释许多不亲和现象，但对一些遗传现象尚难完全解释清楚。

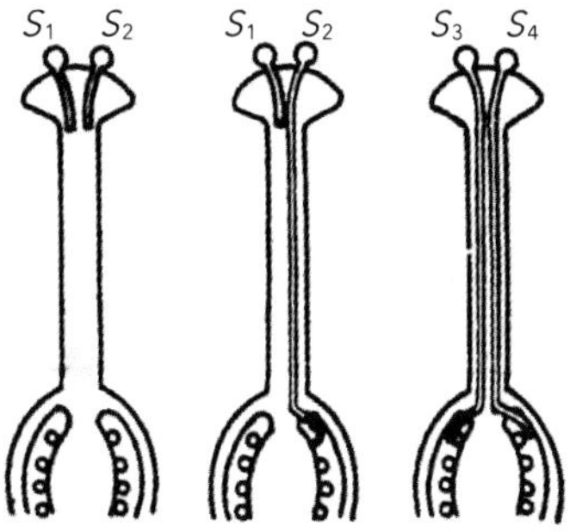

（a）不能受精　（b）可以受精

图2-11　*S*基因和花粉管伸长关系模式

通常把不亲和现象分为孢子体型不亲和与配子体型不亲和两种。前者是花粉在柱头上萌发后不能穿过角质层或穿入后很快被胼胝体所阻止；后者是花粉管能进入花柱，但在中途或者在进入胚珠之前被阻止，因为果树多数为二核型花粉，这种抑制是在花柱中，而不是在柱头上。果树多属于配子体型不亲和。

关于花柱或子房内的抑制物，据推测，酚类物质及脱落酸等可能在其中起作用。这些抑制物与促进物之间的平衡可能是关键因素，但这些至今仍待深入研究。近年研究指出，花粉与雌蕊间的亲和性或不亲和性的基础在于双方某种蛋白质分子的互相“识别”，从而导致互相排斥或顺利受精。当互相亲和的花粉和柱头接触时，两种蛋白即相互结合，酯酶活性增高，柱头乳突的角质层被溶解，使萌发的花粉管得以进入；当双方不亲和时，两种蛋白质相互排斥，以上过程则不能发生。

果树的自交或异交不亲和性也可能受气候、性器官的龄期、化学物质处理等因素的影响。例如，自花不亲和性强的“长十郎梨”，因年份不同，其自花结实率有0 ~ 22.1%的差异。“长十郎梨”在蕾期授粉自花结实率可达30% ~ 60%。桔苹品种在开花后期（老花）若用大量花粉并保持20℃的温度也可使离体花有一定自花结实率。“二十世纪梨”用萘乙酸、乙烯利、脯氨酸、谷氨酸等处理可以提高其自花结实率。在人工气候室内，“二十世纪梨”的自花结实率在15℃条件下最高，23℃次之，30℃最差。苹果在授粉前的温度低于10℃时自交作用最低，温度为20 ~ 22℃时自交作用最强。在苹果和梨上的试验证实，异花重复授粉（相隔1 ~ 2天）可分别提高苹果和梨的种子含有率，增幅分别达到40% ~ 110%和60% ~ 90%。

（五）单性结实

不经授粉或虽经授粉但未完成受精过程而形成果实的现象称为单性结实。当子房发育不依赖于外来授粉刺激，而是完全由自身生理活动驱动时，称为自发性单性结实，又称为天然单性结实。许多果树如柿、香蕉、温州蜜柑、脐橙、菠萝、无花果和某些三倍体苹果和梨的品种，都有自发性单性结实的能力。经过授粉但未完成受精过程而形成果实，或受精后胚珠在发育过程中败育，称为刺激性单性结实。黄魁苹果、一些西洋梨品种和黑科林斯葡萄可经花粉刺激产生单性结实。

极少数果树既具有正常授粉受精的能力，又具有自发性单性结实的能力。当环境条件有利于授粉受精时形成受精果，否则形成单性结实果，且受精果与单性结实果可共存于同一树上，这类单性结实称为兼性单性结实。例如，麻豆文旦在授粉受精条件具备时形成有籽果，而在隔绝杂交条件下进行单性结实时形成无籽果。西洋梨子房受冻或暖地栽培都可能出现单性结实，花期浓雾可导致油橄榄单性结实。玫瑰香与白玫瑰香葡萄果穗上常有无籽小粒果存在；肥城佛桃与深州蜜桃也多出现一些果实小、含糖高、成熟晚的单性结实果（俗称桃奴）。有学者从甜橙、柠檬以及葡萄的有核与无核品种中发现，无核果实所含的植物激素远远多于有核果实。可以认为，无核果实在子房发育期中生长素含量较高，这是促使果实得到进一步发育的动力。刺激单性结实的子房，促使花粉和花粉管中释放出生长素物质，也可引起果实发育。近来研究表明，柑橘果实单性结实可能与多胺代谢有关；而在苹果上，一种*MADS*盒基因的突变是一些品种单性结实的原因。

在此基础上，人们用激素处理花朵以诱发单性结实，已在葡萄、苹果、桃、李、梨等果树上获得成功。如今，用赤霉素处理某些葡萄品种（如玫瑰露、巨峰等）的花穗，从而形成无核果实，已在生产中推广。人工处理获得无籽果的研究一直是果树学家感兴趣的课题之一。

有些树种或品种的胚囊中，卵细胞不经受精作用，助细胞、反足细胞，甚至珠心和珠被都可直接发育成胚，进而产生正常的且有繁殖能力的种子，这种现象称为无融合生殖。锡金海棠的种子就是通过无融合生殖产生的。这种生殖不需要经过雌雄两个配子的融合，其后代的体细胞也不具有来自父系的半数染色体，而是由单倍体内的卵细胞自发地直接发育为胚的配子体。因此，这种生殖方式其实就是单倍体孤雌生殖。湖北海棠中的某些类型就是不经过受精，可由含双倍染色体的卵细胞直接发育成胚。此外，有的植物还能以珠心和珠被组织直接发育成胚（如柑橘类果树），是另一种无融合生殖方式。

无融合生殖不发生两性染色体的结合，在遗传上相对来说是纯合体，能最大限度地保持其单源亲系的基本性状。因此，无融合生殖的实生后代，也和无性繁殖系一样，其遗传性状是比较稳定的，这种特性在无性系砧和无毒苗的生产中都具有重要意义。但是在大多数果树的主要经济栽培品种中，具有无融合生殖能力的品种很少。

（六）影响授粉受精的因素

正常的授粉受精过程不仅要求发育正常的雌雄配子相互亲和，还要求在授粉受精过程中具备正常的环境条件。花粉的萌发具有集体效应，一般越密集萌发力越强，花粉管伸长也越快。因此，配置授粉树时要确保授粉树达到一定数量。此外，还应注意非亲和花粉对亲和花粉有一定的抑制作用。据研究，花粉间的相互作用是萌发初期钙从花粉扩散出来造成的，钙具有避免有害气体和拮抗各种抑制物的作用。适宜浓度的硼类化合物也有利于花粉萌发，硼在花粉萌发中对果胶质合成起重要作用，加硼时花粉管尖端不会破裂。维生素、氨基酸、植物激素和生长调节剂及微量元素都能促进花粉萌发和花粉管伸长。胺类物质、脂肪酸、臭氧抑制花粉管伸长。钴对授粉受精有一定作用。柱头和花柱钴的含量随花蕾成熟而显著增加，授粉后花柱钴的含量显著减少，钴对于花柱的物质代谢可能起一定作用。

凡是直接或间接影响树体贮藏营养和氮素营养的因素都会影响授粉受精。对于衰弱的树体而言，花期喷施尿素可提高坐果率，这可能是因为弥补了氮素营养不足，延长了花的寿命。应当指出，上年秋季施用氮肥也会提高光合作用，增加糖的积累，可提高坐果率；如果糖的贮藏量少，又不能由外部施用弥补，将降低坐果率。具有隔年结果倾向的苹果，在大年时有效授粉期长，小年时有效授粉期短，可从贮藏营养水平高低来解释。

温度可影响花粉发芽和花粉管伸长，不同树种和品种所要求的最适温度不同。苹果花粉发芽和花粉管伸长的适宜温度是10～25℃，祝光品种要求较低，国光品种要求较高；祝光品种和元帅系品种在25℃以上花粉发芽不良，国光、金冠、青香蕉等品种在30℃以上发芽不良。白玫瑰香葡萄花粉发芽的最适温度为25℃。温度也会影响花粉管通过花柱到达子房的时间。常温下苹果花粉要48～72h，高温时只要24h。若温度不足，花粉管伸长慢，到达胚囊前，胚囊已失去受精能力。如果花期遇到过低温度，还会使胚囊和花粉受到伤害。此外，低温时期长，开花慢而叶生长快，叶首先消耗了贮藏营养，不利于胚囊的发育和受精。低温影响授粉昆虫的活动，一般蜜蜂活动要求15℃以上的温度。花期大风（17m/s以上）不利于昆虫活动，干风或浮尘使柱头干燥，不利于花粉发芽。阴雨潮湿不利于传粉，花粉很快失去生活力。空气污染也可以影响花粉发芽和花粉管伸长。空气中氟含量增加，会使甜樱桃花粉管生活力下降；草莓由开花到结果，空气中的氟含量达到5 ~ 14μg/m^{3}就可降低坐果率；氟含量过多可使柑橘的花、叶脱落；花期酸雨可导致苹果、柑橘果实呈蒜头状。

多数果树坐果需要胚和胚乳的正常发育。如果由于某种原因使胚或胚乳发育受阻，果实常发育不全，呈畸形，易脱落。由于多倍体的染色体行为不正常，即使已受精的结合子也不能正常发育。缺乏胚发育所必需的营养物质（如糖分、氮以及水分）常是胚停止发育、引起落果的主要原因。缺乏营养物质的原因可能是树体虚弱、贮藏营养不够，也可能是器官间的竞争（如花和幼果量过多）、重修剪、水分和氮肥过多，导致枝叶旺长，与幼果竞争养分。水分不足、干旱、叶片渗透压高于幼果，也能引起果实脱落。氮与磷的亏缺也可使胚停止发育。因此，增加贮藏营养，或调节养分分配，抑制枝叶徒长，疏除过多花果等栽培管理措施，都可提高坐果率。胚的低温伤害会导致落果，如苹果胚遇到−1.7℃低温即受伤害，冷凉的气温使花粉管的生长、受精、胚和胚乳的发育延迟，甚至导致胚珠退化。胚珠先在合点处坏死，进而破坏了向胚珠输送营养的维管束系统，即使完全充分受精，也不能坐果。光照不足会造成多种果树的落果。据报道，大连市农业科学研究院选育的黄桃在浙江地区由于光照不足落果严重。此外，授粉期过多的降雨可促进新梢旺长，对胚的发育不利。

三、坐果与落花落果

（一）坐果的机制

在开花时，子房生长极慢。然而，一旦受精，子房又重新加速生长。单性结实和无融合生殖的果实也依赖花粉刺激或落花后子房生理活性的提高来推动其生长。不仅花粉中含有生长素和赤霉素等物质，花粉管也可释放出使色氨酸转化为生长素的酶。已经证实，受精后的苹果、葡萄、穗醋栗果实中含有较高的赤霉素和细胞分裂素，同时伴随着生长抑制物质下降。子房内部的这种变化构成了一个营养中心，使受精子房能连续不断地吸引外来同化产物，进而促进蛋白质合成和细胞迅速分裂。而那些未经受精或内源激素含量较低的果实，有时也能依赖自身的营养而在树上维持一段时间，但它们的生长速度缓慢，甚至出现停长和脱落现象。

影响坐果的激素因树种不同而异。生长素对草莓坐果有效，对李、桃、樱桃等核果类果树无效。油梨、芒果、无花果、猕猴桃不经授粉，用生长素可以促进坐果，但果实不能继续膨大。落花落果时生长素、赤霉素可以促进苹果、巴梨和枣的坐果。柑橘坐果对赤霉素反应较好，对生长素反应较差，但赤霉素有刺激柑橘果皮增厚的缺点。

（二）落花落果

果树开花多、坐果少是生物适应不良环境和营养条件的一种表现形式。即使充分授粉受精，落花落果现象依然存在。例如，苹果和梨最终坐果率为8%～15%；桃、杏为5%～10%；柑橘、杨梅、枣、荔枝、龙眼等果树只有0.5%～5%。只有猕猴桃的雌花，在没有败育的情况下，几乎所有受精雌花都能坐果，但依然存在采前落果。

1. 脱落机理

花、果的脱落是生理活动的结果，发生的部位因树种不同而异。脱落区多半在花的发育过程中已经出现。脱落之前，脱落区的远轴端生长素与细胞分裂素等植物激素含量下降，近轴端相对升高，形成一个浓度梯度，这时脱落区近轴端细胞开始生长，并合成各种降解酶通过细胞胞间连丝向脱落区的细胞分泌，使几层细胞的中胶层被溶解而形成离层。果实与母体的联系主要靠维管束联结，极易在风、重力等外力的作用下断裂而造成脱落。离层形成示意如图2-12所示。

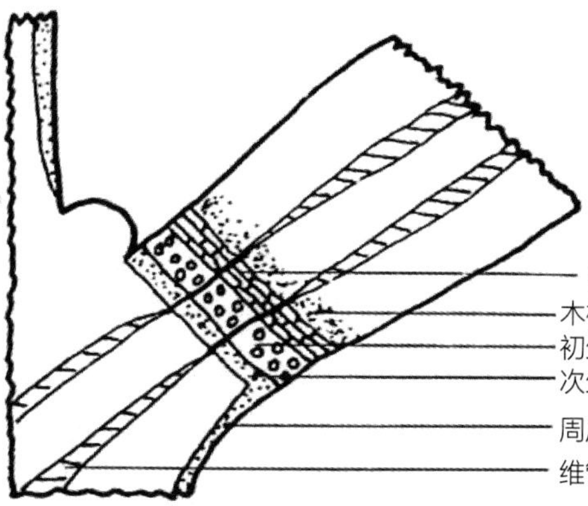

图2-12 离层形成示意

已有许多研究证实乙烯促进果实脱落，这一效应与乙烯促进纤维素酶和果胶酶等脱落相关水解酶的合成和分泌密切相关。乙烯诱导脱落的效应与组织对乙烯的敏感性高低有关，而这一敏感性又取决于组织内的生长素含量。同时，有些脱落过程与乙烯的相关性较差，如用西维因疏果并未见乙烯的上升，赤霉素过多可导致柑橘脱落，但未引起乙烯高峰出现。与乙烯类似，脱落酸参与脱落以及脱落酸与脱落无关的例子均很多。脱落酸可直接或通过乙烯介导间接诱导脱落相关水解酶的活性而促进脱落，但显然脱落酸的效应还受其他植物激素等影响。赤霉素类和细胞分裂素类生长调节剂也有延缓脱落的功效。赤霉素类和6-苄氨基腺嘌呤促进坐果的技术已在柑橘、梨、葡萄等果树生产上广泛应用。细胞分裂素类生长调节剂吡效隆可促进多种果树坐果及果实发育，但使用不当易导致果实品质严重下降，如容易使葡萄果实成熟延迟，着色不良，糖度下降，生产上对其使用浓度和次数等应严格控制。

值得指出的是，不同果树果实的脱落机理可能有所不同，果实脱落对同一生长调节剂的响应也有区别。6-苄氨基腺嘌呤是一个极典型的例子，在柑橘开花后喷施6-苄氨基腺嘌呤可提高坐果率，但它同时又是苹果开花后疏果的主要药剂之一，而且在柑橘上保果与在苹果上疏果所使用的浓度和时间较为相似。

2. 落花落果规律

落花落果呈多峰现象，如苹果落花落果动态出现4次高峰：盛花后2周左右；盛花后3~4周；盛花后6周（6月落果）；采前落果。有时第一和第二高峰连起来，梨大体与苹果相同。柿的脱落在花后2周、6月上旬和7月初共3次高峰。葡萄花后2周左右集中落果。柑橘也有多次落果，第一次落果从谢花后开始，持续2~3周，此期落果带果梗；第二次落果则是在第一次落果结束后10~15天开始，再过10~15天后达到高峰，高峰后迅速减少，此期落果不带果梗；如果树势弱或栽培管理不善，还可发生采前落果。第一次落花落果主要是由于授粉受精不良及幼果内激素平衡失调引起的，而幼果最后一次落果则通常是由于幼果之间或与树体其他器官之间存在激烈的养分竞争，而幼果的激素状态使其在竞争中失利。这种竞争关系受果树各种器官的数量和其养分吸收力的影响，那些发生早、发育快的果实抑制了出现晚、生长慢的果实，这种现象称为先行优势。这种现象产生的原因可能是先发育的库器官输出的生长素抑制了后发育器官生长素的输出。幼果期的最后一次落果一般称为生理落果。疏花疏果措施需要在生理落果结束后进行。

以发育时期或日期为横坐标，以脱落的果实数目或相对脱落率（当日脱落果实总数占未脱落前果实总数的比例）为纵坐标，可得到一个波动的曲线，曲线上出现数个高峰，称为落果波相。落果波相与果实或种子发育有关，并受内源激素控制。虽然授粉受精和树体养分影响落花落果，但落花落果波相具有固有规律，是果实群体竞争和抗御胁迫的表现。因此，正常的生理落果不可避免，但过度落花落果则影响产量。过度落花落果的原因包括花发育缺陷、授粉受精不良、幼果内激素平衡失调、树体有机养分及矿质养分缺乏、气候恶劣等，可通过改善环境条件、提高树体营养水平、适当使用生长调节剂、促进授粉受精等措施加以解决。

采前落果主要与树种、品种的遗传特性有关，环境条件恶劣可加剧采前落果。柑橘中的伏令夏橙品种，苹果中的元帅系品种和红玉品种，梨中的苍溪梨品种等有采前落果习性。采前落果的程度还与果实成熟度、采前气温、土壤干旱程度等因素有关。采前落果的主要原因是果实成熟时释放的乙烯诱导了离层产生，而乙烯产生能力的强弱决定于树种、品种以及果实的成熟度，也受环境等其他因素影响。实践中，通常采用喷施5~50mg/L的2,4-二氯苯氧乙酸控制柑橘、苹果和桃等果实的采前落果。

四、果实的品质形成

果实的品质由外观品质和内在品质构成。果实的外观品质，如大小、果形、整齐度、光洁度、色泽、硬度等；果实的内在品质，如风味、汁液、糖酸比、香气和营养等。此外，因国家、地区、民族、集团乃至个人的嗜好差异，常对果实品质有不同的需求。发展果树产业应注意果实的综合品质和消费者的具体嗜好。

（一）果实成熟

果实发育达到该品种固有的形状、色泽、肉质、风味和营养物质的可食用阶段，称为成熟。通常，果实成熟之后才可进行采收。但有时为了运输方便（如核果类或浆果类）或早上市的需要，可适当提早采收。

当果实开始成熟时，其内部生理会发生一系列变化。果实成熟是果实发育的一个重要阶段，这个阶段各种化学物质都会发生变化。现已明确，果实成熟不只是一个降解的生理过程，而是涉及果实内部为延缓衰老而产生一系列变化的复杂过程。其中，线粒体比其他细胞器更抗崩溃，而核糖体数目的减少是果实衰老的开始。与果实成熟有关的代谢过程见表 2–2。

表2–2 与果实成熟有关的代谢过程

生物合成	降解
线粒体结构的保持	解聚作用
核酸代谢（基因转录与复制）	底物作用
乙烯代谢增强	水解
三羧酸循环加强	酸分解
ATP增多	酚类物质钝化
芳香物质合成	果胶溶解
糖的转化	细胞壁软化
氨基酸结合进入蛋白质	叶绿素分解

（二）果实色泽

果实色泽包括果面的底色和表色。果实着色（或上色）通常是指表色的发育。即使是优良的品种也只有在充分表现出其典型色泽时，在市场上才具有吸引力。果实色泽因种类、品种而异，由遗传性决定。色泽的浓淡和分布则受环境影响较大。叶绿素、类胡萝卜素和酚类色素（主要有花色素、黄酮和黄酮醇等）是决定果实色泽的三大类植物色素。按溶解性不同，又可分为水溶性色素和脂溶性色素。果实成熟着色是果实叶绿素降解，同时形成或显现类胡萝卜素（对于多数黄色或橙色果实）或合成花色素苷（对于多数紫色或红色果实）的结果。

1. 植物色素

（1）水溶性色素

花色素是水溶性色素中的重要一员，它只存在于活细胞中，其前体是花色素苷，经水解生成花色素和单糖。花色素由3个苯环构成，根据B环上结合的羟基或羰基分为多种类型，其颜色不一。

不同种类果实所含花色素类型不同，见表2-3。不同种类果实所含花青素含量也有差异，见表2-4。不同品种的果实所含色素组成也不同。橙黄色的柑橘品种含有较多黄酮素，橙红色的品种含较多的花色素。

表2-3 不同种类果实所含花色素类型

果实种类	花色素类型
苹果	花青素
黑莓	花青素、飞燕草苷、天竺葵苷
酸樱桃	花青素、芍药素苷
甜樱桃	花青素、芍药素苷
欧洲葡萄	锦葵素苷、芍药素苷、飞燕草苷、花青素
美洲葡萄	花青素、飞燕草苷、芍药素苷、锦葵素苷、芍药素苷
甜橙	花青素、飞燕草苷
西洋梨	花青素
桃	花青素
李	花青素、芍药素苷
石榴	天竺葵苷
草莓	天竺葵苷

表2-4 不同种类果实所含花青素含量

果实种类	含量/（mg/kg）
黑莓	1150
越橘	825～4200
博伊森莓	1609
樱桃	20～4500
红莓子	600～2000
红醋栗	1300～4000
荔枝（果皮）	160～500
葡萄	86～1914
黑刺李	1600
草莓	150～350
李	160
油梨（果皮）	150

（2）脂溶性色素

类胡萝卜素是脂溶性色素中的重要一员，在果实成熟期间伴随叶绿素的降解而合成积累，是柑橘、枇杷等多种成熟果实的着色色素，其类型和含量随果实种类、品种不同而异。不同种类果实所含类胡萝卜素类型见表2-5。

表2-5 不同种类果实所含类胡萝卜素类型

果实种类	类胡萝卜素类型
猕猴桃	β-胡萝卜素、叶黄素、堇菜黄素、新黄质
凤梨	β-胡萝卜素
甜瓜	β-胡萝卜素
柿	二羟基柠黄质、玉米黄素、β-隐黄质、α-胡萝卜素和β-胡萝卜素
枇杷	果皮：β-胡萝卜素、叶黄素、β-隐黄质、金黄素、八氢番茄红素； 果肉：β-隐黄质、β-胡萝卜素、金黄素、八氢番茄红素

2. 果实色泽发育的调控

环境条件和树体营养对果实色泽发育有一定影响。通常条件下，糖的积累、温度和光照是3个重要因子。花色素的形成需要糖的积累。喷施多效唑使巨峰葡萄坐果率和产量大大提高，但会导致着色不良，甚至完全不着色，因为巨峰葡萄的着色要求含糖量达到

20%以上。苹果果实的红色发育在戊糖呼吸旺盛时才能增强，糖是花青素合成的前体。苹果成熟期，果皮中苯丙氨酸解氨酶（PAL）活性对花色素形成非常重要，其作用是阻止戊糖呼吸中形成的苯丙酮酸不与氨结合形成苯丙氨酸，并进一步形成蛋白质，而使它合成花色素。此外，有机酸也可能调节花青素合成，如柠檬酸可以刺激花青素的形成。已查明，红色苹果品种中的柠檬酸比黄色品种丰富得多，这种推测已在组织培养中得到证实。夜温影响苹果着色，夜温高呼吸消耗多，夜温低有利于糖的积累。元帅系苹果在日平均气温20℃、夜温低于15℃和日较差≥10℃时着色良好，夜温在20℃以上不利于着色。光对果实的着色有明显效果，但是高强度的全光照并不能导致花青素大量形成，红色苹果品种着色的光强达到30W/m^{2}时就已经足够实现良好着色。312nm的紫外线和44W/m^{2}的白炽灯光可以获得最佳的着色效果。柑橘采收前用红色透明纸对果实进行套袋或在果实贮藏期间用红光照射果实，都能促进色泽的发育。

相对而言，环境条件与栽培措施对类胡萝卜素合成积累的调控较不明显，机理也较不清楚。但已有研究表明，合理修剪改善光照条件以及植株感染菌根均可促进果实中类胡萝卜素积累。

（三）果实内在品质

1. 果实硬度

不同树种的果肉质地各异，浆果和柑橘的果肉柔软多汁，苹果、梨等则要求较高的硬度。果实成熟衰老过程中质地变化可以分为组织软化和组织木质化两大类型。组织软化是很多成熟果实成熟衰老的重要特征，也是一种普遍现象，果实组织软化导致的硬度下降直接影响果实内在品质和商品性。然而，某些果实（如枇杷等）在成熟衰老过程中，果实硬度持续增加，会发生组织木质化现象，导致果实粗糙少汁，严重影响果实内在品质。一般而言，这两种类型的质地变化均与果实组织细胞壁和细胞膜各组分物质的改变有关，其结果导致了细胞间的结合力、细胞构成物质的机械强度和细胞膨压的变化，同时伴随细胞壁结构改变和细胞膜完整性丧失。

以细胞壁组成成分果胶为例，随着果实的成熟，可溶性果胶增多，原果胶减少，原果胶与总果胶之比下降，果实细胞间失去结合力，果肉变软。不同种类果实果胶分解速度差异很大，最快的是浆果类，其次是核果类，苹果、梨最慢，这是果肉变软速度不同的主要原因。此外，细胞壁中纤维素、木质素和其他多糖类等物质均与细胞的机械强度有关，它们的含量和组成与果实硬度的关系很大。影响果实硬度变化的因素很多。研究表明，叶片中氮、磷、钾含量常与果肉硬度呈负相关。氮含量高，果实硬度低。钾肥也有类似效应。山东省果树研究所研究认为，钾多则红星、金冠苹果硬度下降，果实变软快。钙和磷可增加硬度。采前一个半月内日照良好，果实内糖分多，硬度高。水分多，果个大，果肉细胞体积大，果肉硬度低；干旱年份，旱地的果实比灌溉果园的硬度大。使用激素也会影响果实硬度，如用萘乙酸防止采收前落果，会使元帅系苹果果实硬度下降。使用硼与多效唑可以防止采前落果，也可以增加果实硬度。而果实采后成熟衰老过程中诸多物理因素（如温度、湿度、气体组成、辐射等）和化学因素（如乙烯、水杨酸等）都会显著调控果实的组织软化或者组织木质化进程。

2. 果实风味

风味是许多物质含量的综合影响，其中最重要的是糖酸比。各种物质综合形成了每种果实的独特风味，这种风味只有在果实成熟时才充分发挥出来。不同成熟度的芒果果实中各种化学物质含量的差异见表2-6。

表2-6 不同成熟度的芒果果实中各种化学物质含量的差异

名称	未成熟	开始成熟	成熟
淀粉[a]/%	14.0	—	0.3
纤维素[b]/%	4.92	2.05	1.12
果胶[c]/%	0.81	0.65	0.34
总糖[d]/%	6.1	10.9	17.1
蔗糖[d]/%	2.4	5.5	8.0
葡萄糖[e]/%	1.6	2.2	3.5
果糖[d]/%	1.97	3.04	5.60

果实中的糖主要有果糖、葡萄糖和蔗糖。苹果、梨、枇杷和柿含有上述三种糖；桃、杏、柑橘的蔗糖含量较多；樱桃和猕猴桃主要含有葡萄糖和果糖，可占总糖量的70%～90%；葡萄以葡萄糖最多，其次是果糖，无蔗糖。果实中还含有肌醇，这也是一种糖类。蔷薇科植物的糖都由山梨醇转化而来，因为它是光合产物运输的主要形式。山梨醇氧化酶可以把山梨醇转化为葡萄糖，葡萄糖是主要的呼吸底物。对于苹果与梨等跃变型果实，通常幼果淀粉含量很少，在细胞膨大期逐渐增多，随着果实的成熟淀粉水解为可溶性糖。桃、杏、樱桃的果实表皮有数层细胞含有叶绿素，淀粉的积累是向心进行的，而淀粉水解却由内向外逐渐消失。

果实中的可溶性有机酸主要是二羧酸与三羧酸。仁果类果树的果实含苹果酸多，柑橘、菠萝和芒果含柠檬酸多，葡萄含酒石酸多，猕猴桃含有柠檬酸、苹果酸和奎尼酸。奎尼酸至今在其他水果中很少见到，而在成熟的猕猴桃中，其含量可高达1mg/g。柿几乎不含有机酸。苹果一般含酸量为0.2%～0.6%，杏为0.8%～1.5%，黑醋栗为4%。果实发育初期含酸量很少，从细胞分裂期开始增高，成熟时下降，其原因是酸也可作为呼吸基质分解，如葡萄中的酒石酸在成熟时转化为游离态钾盐，使酸度降低。

糖和酸构成果实的风味，主要决定果实中的糖酸浓度和糖酸比。品种、砧木、采收早晚、树体营养与负载量、肥料种类和环境条件都能影响糖和酸的含量。

3. 果实香气

虽然果实中芳香物质含量极少，在苹果、柑橘、芒果等香味较浓的果实中也只占干物质的0.1% ~ 0.2%，但对果实内在品质影响极大。正是由于芳香物质的存在，才使果实具有其他食品无可比拟的风味。因此，香气是一个重要的特征性品质指标。随着分析技术手段的发展，特别是气相色谱（GC）和气相色谱-质谱（GC-MS）技术的精细分析，以及固相微萃取（SPME）技术的萃取与进样一体化操作，使得香气研究更加快速、准确和客观。相对而言，果实香气研究起步较晚，近几年才引起关注，并成为果实内在品质研究的新热点。

果实香气主要源自醛类、醇类、酯类、内酯类、酮类、醚类和萜烯类等挥发性化合物，目前已经鉴定出1000多种香气物质，其中番茄、苹果、柑橘、猕猴桃和桃分别约有400种、300种、120种、100种和100种。根据人们对上述挥发性化合物的感官效果，果实香气可分为果香型、清香型、辛香型、木香型、醛香型等类型。果实香气是由不同种类挥发性物质相互配合构成的，这些能够反映成熟果实特有香味的关键挥发性化合物被称为特征香气成分，它是人们用于判别不同种类或品种果实的重要依据。

香气物质对果实香味的贡献率可用风味阈值表示，它是指人的嗅觉器官能感受到该物质所需的最小浓度。风味阈值越大的香气物质越不易被感觉到，风味阈值越小的香气物质，即使微量的浓度也可以感觉到它们的存在。另外，香气物质的含量并非越高越好，某些化合物在低浓度时具有怡人香味，而在高浓度时的作用则相反。

在果实生长发育和成熟衰老的过程中，未成熟果实以清香型为主，成熟果实则以果香型为主。果树栽培过程中的套袋等处理方式可改变果实的香气物质含量，进而影响果实内在品质。内源激素乙烯与果实香气物质的生物合成具有正相关关系，它在促进果实成熟的同时，通过调控脂肪酸、萜类和氨基酸等代谢途径相关基因的表达和酶活性诱发了果实特征香气成分的形成。采后果实的处理方式，如低温和乙烯作用抑制剂1-甲基环丙烯等可通过调控乙烯的生物合成和相关基因表达水平显著改变香气物质的组分和含量。

4. 果实生物活性物质

果实富含多种维生素。其中，维生素C在果实营养方面极为重要，猕猴桃和枣的每100g果肉维生素C含量高达100mg，柑橘30 ~ 40mg，苹果只有5 ~ 10mg。果皮和向阳面果肉维生素C含量较高。含胡萝卜素的果实（如柑橘、杏、柿等）中维生素A的含量较高。

果实中富含植物生物活性物质，它们大多是植物次生代谢途径的中间产物或终产物，如酚类物质、类胡萝卜素、皂苷、萜类化合物、植物甾醇、有机硫化合物、植物雌激素，以及一些生物碱等。以果实酚类物质为例，不同果实所含的主要酚类物质在种类和含量等方面都有很大的不同。

此外，萜类化合物作为果实的次生代谢产物，广泛分布于果实的不同组织中，特别是在蔷薇科（山楂、枇杷、刺梨等）、鼠李科（枣）、石榴科（石榴）等果树中以三萜皂苷的形式普遍存在。以楝烷型四环三萜成分为例，柑橘中的柠檬苦素和诺米林就属于此类萜类化合物，它们是柑橘类果实苦味物质的主要来源。柠檬苦素在椪柑油胞层和胡柚囊衣中的最高含量分别达到1.53mg/g和3.52mg/g，诺米林在柚油胞层和胡柚囊衣中的最高含量分别达到2.82mg/g和2.92mg/g。抗氧化活性表明，胡柚、椪柑、柚和温州蜜柑4种柑橘类果实油胞层、囊衣和汁胞的柠檬苦素和诺米林粗提物均具有较高的抗氧化能力，显著高于等量维生素C，且油胞层中以椪柑的抗氧化能力最高，囊衣中以胡柚最高，汁胞中则以柚最高，可见，直接食用柑橘类果实汁胞具有良好的保健效应。

目前，有关果实生物活性物质的研究得到了全世界化学、生物学、医药学相关领域科学家的广泛关注。果实生物活性物质是结构非常多样的植物次生代谢产物的总和，不同植物代谢途径间的相互交叉与不同物质的体外、体内生物活性评价将会成为果树科学研究新的关注点。

任务五 果树器官间生长发育的相互关系

果树生长、结果、更新、衰老不仅表现出有序性，在这一过程中各种器官的相互作用也表现出节奏性。器官的消长规律主要是遗传性决定的，同时又受各种环境因素的影响。研究这些规律，有助于认识果实产量和品质的形成过程，以便科学地拟定管理技术措施。

一、根系和地上部分的关系

自根果树的各器官间完全处于由遗传性决定的相互关系中。嫁接果树则要复杂一些，接穗、砧木都力求保持自身遗传性决定的生长发育规律，同时又受对方的功能制约。例如，根系不得不利用地上部分送来的有机养分、赤霉素和生长素等，而根系也向地上部分提供无机营养、氨基酸和细胞分裂素。因此，嫁接后的新植株会出现既不同于接穗也不同于砧木的生长发育新规律。例如，嫁接在不同生长类型砧木上的同一品种，树体大小、生长势、果实品质和抗逆性都有所差别。其中，砧木对接穗的影响包括：寿命、树高和生长势；分枝角度和树形；生长过程；果实成熟期和品质；抗性。接穗对根系的影响包括：根系生长势和分枝角度；根系分布的深度与广度；抗逆性。

由于根系处在一个相对稳定的环境中，高级次根系不需要低级次根系重力支撑，所以根系的总质量比地上部分少得多。根系的长度和密度又远高于枝条的长度和密度。有学者对玫瑰露葡萄连续30年的研究表明，10年生单株平均鲜重达450kg，15年生和30年生分别达到600kg和700kg，而根系分别占总质量的17.7%、20.1%和30%。根系质量的增长主要是多年生根的增加，10年后每年新根质量趋于稳定，15年后增重略有减少。与此相应的多年生枝呈逐年增长趋势，而1年生枝则表现为少→多→少的趋势。

在一个生长周期中，从萌芽至落叶，地上部分和根系均呈增长趋势，主干增长较慢，当年生根、茎、叶、果实都增长较快。

根系和地上部分各器官之间表现出相互促进和调节，地上部分和根系的生长高峰交互出现。另外，损伤根系会抑制地上部分的生长，此时地上部分有机物向下运输量增加，以促进根系恢复。在不同时期分别对根系和地上部分进行干预（如冬剪、夏剪、根系修剪和疏果等），有利于获得产量，提高品质，达到现代果树栽培的目的。3年生巨峰葡萄根系与地上部分不同器官干物质的变化如图2-13所示。不同年龄时期玫瑰露葡萄根系与地上部分器官鲜重的变化如图2-14所示。

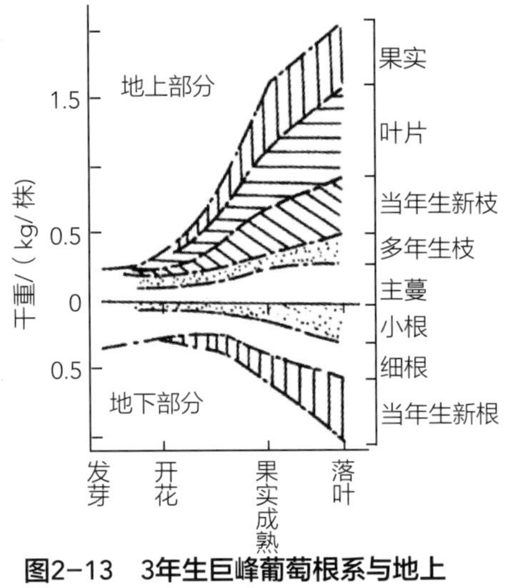

图2-13　3年生巨峰葡萄根系与地上部分不同器官干物质的变化

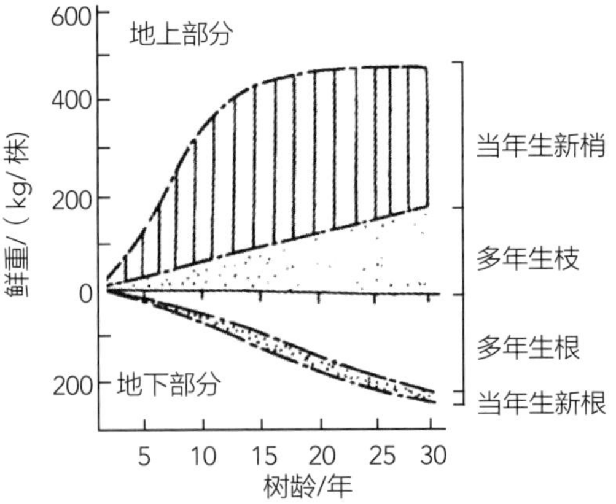

图2-14　不同年龄时期玫瑰露葡萄根系与地上部分器官鲜重的变化

二、营养生长和生殖发育

果树均属于种子植物，由根、茎、叶、花、果实和种子等器官构成。根、茎、叶的主要生理功能是吸收、合成和输导，称为营养器官。花、果实和种子从进化论观点看，主要是繁衍后代，所以称为生殖器官。1年生果树可以明显地划分出营养生长期和生殖发育期，营养生长在前，生殖发育在后，生命过程有序性强。多年生果树不仅营养生长和生殖发育交错进行，而且不同年份的生殖发育也有重叠发生，营养生长和生殖发育相互影响很大。栽培者的任务就是调节营养生长和生殖发育的时期和强度，保证果树节奏有序地生长发育。营养生长是生殖发育的基础，生殖器官的数量和强度又影响营养生长。

营养生长和生殖发育的相互依赖、竞争和抑制主要表现在营养物质分配上。为保证世代延续，生物会先将资源分配给生殖器官，这使得生殖器官成为影响物质分配最显著的部位。不同种类果树的生殖器官，由于发生早晚、发育质量和获得营养的范围差别，其花芽质量、坐果率和果实大小都不一样。苹果短枝上的顶芽碳素营养来自莲座枝上5片左右的大叶，而腋花芽需求的营养主要来自本节位的叶片，而且发生较晚，所以质量很差。果实发育的初期对营养调运能力大，中后期调运能力小，这时若新梢旺长常导致果实养分倒流而引起脱落。

枝条生长、花芽分化和果实生长三者存在密切关系，果树的花芽分化多在新梢生长缓慢期或停止生长以后开始。枝条健壮，单叶面积大，为果实生长和花芽分化提供了物质基础，但生长过旺反而不利于果实生长和花芽分化。

生殖器官之间也存在着竞争，开花或结果过多，树体消耗营养也多，常引起严重的落花落果，从而降低产量。果实生长与花芽分化之间的关系因树种而异，仁果类果树的果实生长与花芽分化重叠的时间长，果实发育对花芽分化影响大，易表现大小年；核果类果树的花芽分化与果实生长重叠时间短，对花芽分化影响不大，不易出现大小年。

三、有机营养和产量形成

果树组织和器官中干物质的90% ~ 95%来源于光合产物，称为有机营养。光合作用不仅是植物生命活动的基础，也是产量和品质形成的决定因素。

（一）果树的净光合速率

影响果树净光合速率的因素除了种类、品种、砧木及栽培措施外，还有叶片的发育阶段、生长调节剂、水分、温度、光强、CO_2浓度和病虫害等因素。例如，夏季净光合速率的变化常呈双峰曲线，高温和水分亏缺导致叶片气孔关闭，呼吸增强，出现光合作用的午休现象。喷药也影响净光合速率。少量的病虫不一定导致净光合速率降低。研究发现，每片叶片有15头叶螨，9天后苹果净光合速率才会降低。每片叶片有5头以下潜叶蛾或去掉单叶10%的叶面积，只要不破坏叶片主脉与侧脉，净光合速率不会明显下降。因此，病虫害防治也要全面权衡利弊。

（二）源与库器官的解析

为了分析光合产物的输导规律，相关学者首先提出源和库模型。所谓源指光合产物的给体，主要是那些可以为其他器官提供高能态光合产物的叶片，虽然植物体内还存在着非叶片光合作用与非气孔同化现象，但对整个光合产物的生产总量影响较小。所谓库指光合产物的受体，在这里光合产物被分解、消耗、转化或贮藏，库可能是茎和根的生长点，也可能是正在生长发育的叶、花、果实和种子。

光合产物以集流的形式输导，不同溶质在维管束中以不同速度向前流动，其中六碳糖的流动速度为20 ~ 100cm/h。光合产物的输导与电子学中的欧姆定律相似，维管束的阻力可能是碳素供应的限制因子，它的活性、分化和功能可能是早期碳素供应的限制因子。

高等植物由各种不同的器官和组织构成，是细胞有序分裂和分化的结果，而这种分裂和分化又与光合产物的输导分配相联系。叶片中光合产物的合成和输导都相当迅速，在给苹果饲喂$^{14}CO_2$后仅15min即可在叶柄中发现^{14}C的光合产物。通常同化后24h内输导最快，在这个范围内，外运量和时间呈指数相关。光合产物从同化叶向根系或茎尖输导主要采用同侧输导的方式，大体沿叶柄并顺韧皮部上下输导。

一片叶片可能同时供应几个库器官的生长，一个生长点或果实也可从多个源器官中得到营养，这种供给关系只存在相对稳定性，不会固定不变，这样就使得果树具有更强的适应性。从源与库学说分析，光合产物的流向决定库器官强度和源与库的距离，即源与库两端的力矩决定光合产物的流动方向和数量。

虽然有叶绿素的器官和组织都具有光合作用能力，但刚形成的幼叶光合产物不仅不能外运，而且还要消耗其他叶片的光合产物。随着叶片增大，吸取其他叶片光合产物的数量越来越少，当吸收量趋于0时，净光合速率为0，光合产物即可开始外运，叶面积达到成龄叶面积的65% ~ 70%时，即可达到转换期。成龄叶外运量最大，叶片衰老期又逐渐降低，如果健壮叶受到严重伤害或进行人工摘除，幼叶也可停止生长并提早外运。

光合产物的外运率不仅与叶龄有关，而且也受不同的生育阶段和源库比的制约。在允许的范围内，光合产物受体的比例增加，外运率也会增加。就整株植物来说，生育阶段初期往往外运率较大。就一片叶片而言，刚刚完成发育的叶片外运率高。据研究，光合产物外运率与遗传性关系密切，如仅4h甘蔗就能将80%的光合产物运输到植物体的其他部分。多数C_3植物远低于这个数值，如苹果6h后的外运率为48%，桃约为40%，猕猴桃为30%，葡萄为35%，梨为41%。光合效率和光合产物外运量呈正相关，有学者认为光合产物外运量可以作为鉴定高光效植物的方法。光合产物在叶片中累积可能是多数温带果树的一个特点。有学者从提高光能利用率的角度看，要增加果树的产量就必须抓住提高叶片净光合速率、光合产物外运率和用于生殖生长的光合产物比率。

仁果类果树在6月落果前，源器官很少受到限制，开花后30～35天内许多生长过程同时发生，对生长物质和碳源发生竞争。在这期间，果实的数目和单果的细胞数量不断增加，根系、多数枝条和叶片也成为库器官。多数贮藏物质主要为呼吸所消耗，很少用于构成萌芽后形成的器官，而当年生长的叶片是构成新器官的主要供应者。

（三）果树营养的分配特点

1. 物候营养中心

通常在某一物候期内，生长发育强度最大的器官或组织获得的营养最多，其他器官相应减少。一个物候期多半存在一个营养中心，但同时存在次强或较弱的生理活动中心，果树生长发育的节奏性与营养供给的特点相一致。

2. 就近供应与两极运输

同化产物的供应以就近供应为主要形式，新梢下部叶片的光合产物供根系生长，上部叶片供茎尖生长。苹果短果枝上的叶片供该枝花芽形成或果实生长，柑橘果实主要吸取果实下部几片叶片的光合产物。腋芽发育的营养主要来自本节位叶片。就近供应保证局部器官发育顺利进行，减少两极干扰，是一种生物适应性的表现。但树冠上部直立强旺新梢合成的光合产物主要运输到强旺根中，两极运输明显，可视为“养根枝”，对于维持根系功能、延缓树势衰弱具有重要意义。

3. 营养分配的局部相关

不论是根系吸收的营养物质上运，还是光合产物下运，地上部分的骨干枝或新梢都与地下骨干根或侧根存在对应关系，这种相对稳定的联系一旦破坏，短期内对相应部分会产生影响，但果树自身可以很快恢复，重新建立起新的对应关系，即果树器官间补偿作用较强。光合产物分配的局部性特点在地上部分更为明显，本枝的光合产物极少送至其他枝中，成熟叶片之间几乎看不到光合产物的相互交流，短枝叶这种表现尤其明显。

（四）果树产量形成

产量又称为生产能力。广义的产量概念称为生物学产量，指作物在单位土地上干物质总量。狭义的产量概念称为经济学产量，指单位土地上人为栽培目的物的那部分产量，理论公式见式（2-2）。

$$\text{经济学产量}=(\text{光合面积}\times\text{光合强度}\times\text{光合时间}-\text{呼吸消耗})\times\text{经济系数} \quad (2-2)$$

从式（2-2）右边构成因子不难看出，光合作用对经济学产量的形成至关重要。果树光合作用与经济学产量的关系如图2-15所示。加速积累、运转和有效转换，并尽可能降低消耗是提高经济学产量的途径。

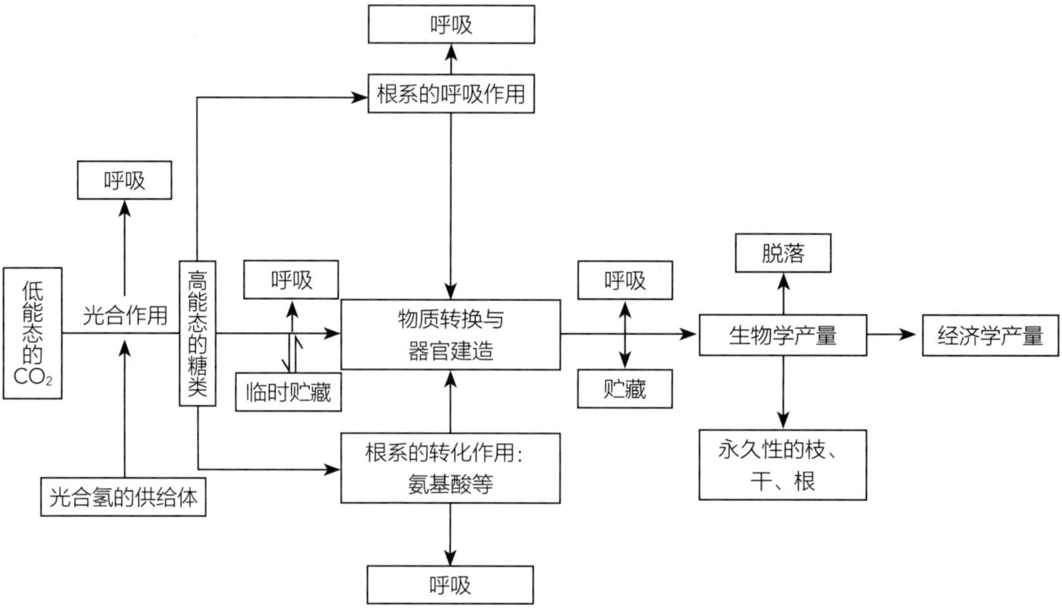

图2-15　果树光合作用与经济学产量的关系

1. 砧木和品种对产量的影响

砧木和品种对产量的影响主要由遗传性决定。据对旭苹果的研究，矮化树的果实干物质占全年生产干物质总量的比率比乔化树高。品种对产量影响更为明显。陕西渭北八县、市调查的研究表明，苹果各品种经济学产量的顺序为秦冠>金冠>国光>富士>元帅系。通常，晚熟品种比早熟品种产量高一些，这可能与生育期长、光合产物积累多有关。

2. 树冠体积和覆盖率

随着树冠体积增大，处于光合补偿点以下的体积也会增加。覆盖率太大，树体之间遮阴增加，都不利于提高产量。因此，必须找到一个最佳的树冠体积和覆盖率。不同种类和品种的树冠体积和覆盖率并不一样。研究认为，温州蜜柑的产量随树冠体积增大而增加，但每亩（约666.7m^2）不能超过1660m^3，树高3m左右，覆盖率90%左右较好。国光苹果丰产树的单株树冠体积为20 ~ 25m^3。日本长野县果树试验站经11年研究认为，嫁接在M_{26}品种上的不同苹果品种的合适株、行距为：富士2m × 4m，红星1.5m × 4m，津轻1.5m × 4m，金冠（1.25 ~ 1.50）m × 4m。这样8 ~ 10年生树每立方米产量分别达到3.4kg、3.0kg、3.3kg和3.4kg，单株产量分别为47.3kg、30.7kg、27.5kg和30.9kg。

3. 干周、枝量和叶片对产量的影响

主干是根系与地上部分一切物质交换的通道，通常把干周或主干横截面积增长率作为总产量的标志。干周与结果期、产量都有明显的相关性。例如，苹果干周达到15 ~ 20cm时，苹果多量结果是适宜的。

充足的枝叶量是保证丰产的基础，幼树期间的枝叶量与产量呈明显的正相关。成年树特别是大冠果树，枝叶量过多，首先影响果实品质，也会导致产量下降。据调查，结果盛期冬季修剪后，每立方米留枝量以25 ~ 40条、每平方米树冠投影留枝量110 ~ 120条为宜。调查认为，冠径4m的苹果，留枝量为4500条左右，6m的冠径，留枝量应达到1万条左右。各类枝条的比例对产量也有一定影响，特别是结果枝占有的比例一定要适当。有学者对6个苹果品种的调查结果表明，在每亩产量2200 ~ 2500kg的条件下，结果枝应占总枝量的1/3左右。由于影响产量的因素很多，这些研究结果可供生产参考。

项目二 生态环境对果树生长发育的影响

果树生长发育以及果树年生长周期和生命周期的顺利进行，都是在一定的生态环境下实现的。果树要实现优质、高产，与适宜的生态环境条件密不可分。果树的生态环境是指其生存空间一切因素的总和，包括气候条件、土壤条件和地势条件等。了解生态环境对果树生长发育的影响是实现果树优质、高产，以及促进农业可持续发展的关键。

任务一 气候条件对果树生长发育的影响

植物的生长与发育必须在一定的环境条件下进行，环境因素的变化直接影响植物生长发育的进程和生长质量。只有环境条件适宜，植物才能生长发育良好。环境因素包括直接因素和间接因素。直接因素是植物生长过程中不可缺少、不能替代的，又称为生存因素，如温度、光照、水分、土壤和空气等，无论哪个方面发生变化，都对植物产生影响。间接因素包括地形与地势等，它通过影响直接因素而对植物产生影响。这些因素不是独立的，是相互关联和互相制约的，综合地影响着植物生命活动的进行。

一、温度

（一）温度与果树分布

温度是影响果树分布的重要因素之一。各种果树在其长期演化的过程中，形成了各自的遗传、生理代谢类型和对温度的适应范围，因而形成了以温度为主导因素的果树自然分布地带。在诸多限制果树分布的温度因素中，最主要的是年平均温度、生长期积温和冬季最低温。

1. 年平均温度

各种果树适宜栽培的年平均温度都有各自的适应范围，这与其种类和品种有关，见表2-7。

表2-7　不同果树适栽的年平均温度

果树	年平均温度/℃
苹果	7～14
秋子梨	5～7
白梨	7～15
沙梨	15～20
桃（北方桃）	8～14
桃（南方桃）	12～17
葡萄	5～18
杏	6～14
西洋樱桃	7～12

2. 生长期积温

根据生物学意义不同，积温的计算方法可分为活动积温和有效积温两种，前者应用较为普遍。但实际上，有效积温比活动积温较为稳定，更能准确地反映落叶果树对热量的要求。在综合外界条件下，能使果树萌芽的日平均温度称为生物学零度，即生物学有效温度的起点。不同果树的生物学零度不同，落叶果树6～10℃，常绿果树10～15℃。果树的生长期（或生长季）是指一年中能保证果树生物学有效温度的持续时期，生长期中生物学有效温度的累积值为生物学有效积温，简称有效积温。

果树在一定温度下开始生长发育，为完成全生长期或某一生育期的生长发育过程，要求一定的积温。如果生长期内温度低，则生长期延长；如果温度高，则生长期缩短。以伏令夏橙果汁的固酸比达到市场成熟度要求的9：1为标准，栽培在热带的哥伦比亚帕尔米拉地区的伏令夏橙从开花到成熟只需要六个半月，而栽培在亚热带的加利福尼亚州圣保拉地区的伏令夏橙则需要13个月。在某些地区，由于长期的有效积温不足，则果实不能正常成熟，即使年平均温度适宜，冬季能安全越冬，该地区也失去该种果树的栽培价值。

不同种类、品种果树的积温需求不同，同一品种在不同条件下积温需求也有所变化，甚至同一品种、不同部位的积温需求也不同。有学者报道，在不同的温度条件下，不同品种的桑以及插条的不同部位其穗芽生长发育所需积温不同，总的表现趋势是：积温随试验温度的升高而增加，上部穗芽发育所需积温<中部穗芽发育所需积温<下部穗芽发育所需积温，发育时间与积温表现特点一致。

3. 冬季最低温

果树常年在露地越冬。判断一种果树能否抵抗某地区冬季最低温带来的寒冷或冻害，是决定该果树能否在该地区生存或进行商品栽培的重要条件。因此，冬季最低温是决定某种果树分布北限的重要条件，超越这个界限，将发生低温伤害。如果低温伤害发生严重且频繁，则可能丧失该果树的栽培价值。不同果树具有不同的抗寒力，见表2-8。

表2-8　不同果树越冬期的抗寒力

果树	抗寒力/℃
山定子	−52
小苹果类	−40
大苹果类	−35～−30
秋子梨	−52～−30
白梨	−25～−23
龙眼	−4～0
欧洲葡萄	−18～−16
美洲葡萄	−22～−20

从表2-8中可看出，同一种果树的抗寒力有一定的范围，这与生态类型、品种以及树体的生理状态有关。

落叶果树具有自然休眠的特性，在冬季（12月至翌年2月）进入自然休眠期后，需要一定低温才能正常通过休眠。解除自然休眠所需的有效低温时数称为果树的冷温需求量。如果冷温需求量不能满足，植株不能正常完成自然休眠全过程，必然引起生长发育障碍，即使条件适宜，也不能适期萌发，或萌发不整齐，并引起花器畸形或严重败育。例如，大久保桃在重庆潼南常发生花芽枯落；金冠、元帅系等苹果品种在四川攀枝花地区栽培，即使在海拔1900m左右也因冬季温暖、休眠期低温不足，导致翌春萌芽开花参差不齐。早开花果实临近采收时，还有一部分花陆续开放。由此说明冬季的暖温是落叶果树分布的南限。不同果树通过自然休眠的冷温需求量见表2-9。

表2-9　不同果树通过自然休眠的冷温需求量

果树	冷温需求量/h
美洲李	700～1700
苹果	250～1700
树莓	800～1700
欧洲榛	800～1700
梨	200～1500
穗醋栗和醋栗	800～1500
核桃	400～1500
梅	300～1200

续表

果树	冷温需求量/h
桃	50～1500
柿	100～400
葡萄	100～1500

同一品种其花芽和叶芽的冷温需求量不一致，一般花芽的冷温需求量高于叶芽，只有少数品种或年份下二者冷温需求量相同，这说明花芽、叶芽自然休眠过程对有效低温的累积要求存在差异。从内部花器发育和产量要求考虑，今后对某个品种冷温需求量的估算界定应以花芽为准。

（二）温度对果树生长发育的影响

1. 果树的三基点温度

果树的生命维持与生长发育皆要求一定的温度范围，不同温度的生物学效应有所不同，分为最低温度、最适温度与最高温度，即称为三基点温度。最适温度下果树生长发育正常，生长速率最快，效率最高。最低温度与最高温度是生命活动与生长发育终止时的下限与上限温度。当温度处于这两个极端之间但接近这些界限时，果树生长发育可能表现出异常，受到抑制，甚至完全停止。因此，过低或过高的温度对果树是不利的，甚至是有害的。例如，夏橙冬畏严寒，其最适宜区要求年平均温度为20～22℃，1月平均温度为13℃，极端最低温度不低于23℃。夏橙成熟期要求有较适宜的光照和温度条件，一般夏橙成熟期要求日平均温度在13～23℃，以日平均温度在18～23℃为最宜，温度过高，呼吸作用太强，对营养消耗太多，使果皮增厚，品质不佳。在计算有效积温时，当前方法将高于生物学零度的温度都视为有效积温，忽视了过高温度的负效应。显然，这种计算方法需要改进。果树的三基点温度因种类、品种、器官、发育时期、生理过程以及其他环境因素的变化而不同。不同种类果树生长发育的三基点温度见表2-10。

表2-10　不同种类果树生长发育的三基点温度

果树种类	最低温度/℃	最适温度/℃	最高温度/℃
苹果	5左右	13～25	40左右
葡萄	10左右	20～28	41左右
桃	10左右	21～28	43左右
柑橘	12左右	23～29	45左右
荔枝	16～18.5	24～30	46左右

2. 温度对果树生长量的影响

温度对果树的营养生长有明显的影响。在美国佛罗里达州奥兰多地区的亚热带条件下，伏令夏橙主干横切面生长量在月平均温度26.7 ~ 28.1℃的最热月（6 ~ 9月）为10.6 ~ 14.5cm^2，而在月平均温度16.2 ~ 19.3℃的最冷月（12月至翌年3月）仅为0 ~ 1cm^2。在控制环境下对不同砧木的尤力克柠檬嫁接苗进行液培实验发现，以粗柠檬、枳及葡萄柚为砧木的尤力克柠檬嫁接苗，24℃根温处理的苗木生长量大于18℃或32℃处理的苗木生长量，而以甜橙为砧木的苗木生长量则以32℃根温处理为最高。

3. 温度对开花坐果的影响

在温带和亚热带地区，果树春季萌芽和开花期的早晚，主要与早春温度高低有关。落叶果树通过自然休眠后，遇到适宜的温度就能萌芽开花。夏橙在平均温度12℃以上时才萌芽。温度越高，萌芽开花期越早。但高温抑制花芽形态分化速率，延缓形态分化进程。畸形花的发生与温度关系密切，温度越高，畸形花越严重。畸形花发生率具有品种差异性。

开花期间的温度与花粉发芽、花粉管伸长、受精及坐果状况等密切相关。关于龙眼春季开花坐果与温度的关系，有学者认为龙眼小花在18 ~ 26℃时开放最盛，花粉的发芽温度以20 ~ 28℃最适宜；有学者提出龙眼授粉受精时期的最适温度为20 ~ 30℃，太高或太低都会影响坐果率。甜樱桃和酸樱桃的花粉在柱头上萌发的最适温度为15 ~ 25℃，在该温度条件下授粉后24 ~ 48h，花粉管到达珠孔，但在5℃时，尽管胚珠寿命延长，但花粉管生长速率明显放缓，授粉72h后花粉管仍在柱头中。有学者发现葡萄在25℃条件下坐果率、果实大小比35℃或40℃条件下好得多。有学者绘制了用以估算苹果花粉管伸长所需时间的温度反应表。根据他们所提出的概念，开花50% ~ 100%，花粉管每天的伸长指数因平均温度而变化。在一定范围内，日平均温度较高，花粉管的伸长指数也较高；反之，日平均温度低，花粉管伸长指数也低。如果花粉管在有效授粉期之后才达到胚珠，则不可能正常受精，这将导致花或幼果脱落。

4. 温度对果实生长与品质的影响

研究发现，玫瑰露葡萄的果实生长与6月上旬至7月上旬生长期的夜温关系密切，22℃处理果实质量最高（平均49.6g），其次为27℃（38.9g）和15℃（31.8g），35℃最低（23.2g）。温度对果实品质有多方面的影响。有学者研究灵武长枣发现，如果花期阴雨，气温下降，花的开放延迟，寿命缩短。6月上中旬所坐的果实，其产量、果品等级率、品质、色泽、风味等俱佳，而且能充分成熟；6月下旬至7月上旬所坐的果实，果品等级率、品质、色泽、风味等均下降。

自然条件与控制环境中的试验证明，在旭苹果果实生长的第三期到采收前3天，平均温度与花青苷含量呈负相关，低温增强花青苷的形成。在13.9℃处理下，花青苷含量约为19.4℃时的4倍；当温度为25℃时，花青苷含量为0。有学者认为，巨峰葡萄在着色期时，温度维持在20～25℃是花青苷形成的最适温度，30℃或以上时，巨峰葡萄着色不良。采收时和采收后的温度对苹果果实硬度有很大影响。果肉变软的速度在21℃时比10℃快两倍，10℃又比4.0℃快两倍。采果时温度高，采收后又不能及时放入冷库贮藏，是当前我国元帅系苹果果肉变软较快，货架寿命短的重要原因。温度对果实的成分与风味有明显影响。冬季温度过低易造成夏橙大量落果，且糖积累少而酸味重，冬季温暖则果实肥大充分，果肉柔软，风味优良。

（三）温度对果树生理代谢的影响

1. 温度对果树光合作用的影响

温度对于果树光合作用的影响有两种情况：温度高于果树光合作用的最适温度时，果树的光合速率降低；温度低于果树光合作用的最适温度时，温度增加与CO_2浓度升高对果树光合速率的影响表现为协同作用，即温度增加时果树的光合速率加快。也有研究表明，在光照、CO_2浓度相同时，温度对光合作用的影响很大。在光合作用正常进行的温度范围内（10～35℃），光照、CO_2浓度充足时，温度高，则光合作用强。光照度高时，对光合作用影响最大的一个因素就是温度。因此，适当提高温度可以提高光合效率。

2. 温度对果树蒸腾作用、呼吸作用等生理过程的影响

温州蜜柑的研究证明，低温胁迫能导致Rubisco活性下降，表明低温胁迫降低了饱和条件下叶片RuBP的CO_2再生速率。众多试验研究证明，高温胁迫使果树光合速率降低、蒸腾速率降低、气孔阻力增加。在正常情况下细胞内活性氧的产生与清除处于一种动态平衡，不会引起果树受到伤害，但在高温胁迫条件下，活性氧积累会导致果树代谢失活、细胞死亡、光合速率下降、同化物形成减少，甚至造成果树品质下降和产量减低等严重后果。

3. 温度对果树矿质养分吸收及代谢的影响

温度可以通过影响果树对养分的吸收、分配、转移等特性直接影响果树养分浓度，也可通过影响其他环境因素来间接影响果树的养分浓度。研究发现，山定子幼苗叶片细胞膜透性随着温度的升高而逐渐增大，这表明随着温度的升高，植株受伤害的程度越来越大。有学者用采用枳砧木的温州蜜柑进行为期7个月的控制试验表明，不同的温度处理可导致矿质养分吸收出现差异，在20℃处理下的叶片内氮和磷含量最高（分别为干重的4.12%与0.276%），钙与钾的含量随温度升高而增加。矿质养分的总量在15～25℃随温度提高而增加，30℃时略有减少。

（四）温度与果树生态区划

果树生态区划是根据某种果树对生态条件的要求和不同地区的生态条件差异，对各地种植该果树的生态适宜程度进行评价并划分，进而为因地制宜合理利用自然资源、发展地区性支柱产业提供科学依据。进行果树生态区划的方法很多，评价和区划标准也不完全一致，以温度为主导因素的气候条件作为果树生态区划的主要标准却是普遍共识。在果树产业中，一些发达国家广泛推行的设施栽培制度，也是根据果树生长结果的需要，通过改变以温度为主导因素的生态条件，创造人工生态环境，进行促成栽培，以达到提早成熟、破季销售和优质、高产、高效的生产目标。

二、光照

光照是影响果树生长发育的直接因素之一，是果树光合作用的能量来源。果树生长发育与产量形成都需要来自光合作用形成的有机物。提高果园的光能利用是实现优产、高产的主要途径。

（一）果园的光照状况

太阳光是太阳辐射以电磁波形式投射到地面上的辐射线。太阳辐射经过大气的吸收、反射和散射作用，平均只有47%到达地面。其中，直接辐射占24%，来自云层的散射辐射（即云光）占17%，来自天空的散射辐射（即天光）占6%。散射辐射的强度只有直接辐射的1/4 ~ 1/3。在阴雨天，日出或日落时的散射辐射会相对增加。太阳辐射量及时间的长短因纬度、海拔、季节及云量等因素而变化。太阳辐射光谱组成的波长范围很大，主要波长范围在150 ~ 4000nm，约占太阳辐射总能量的99%。根据人眼能感受到的光谱段，光谱可分为可见光和不可见光。可见光光谱段的波长为380 ~ 760nm。大于760nm的光谱段为红外光，其具有热效应；小于380nm的光谱段为紫外光，其能抑制枝梢生长，促进花青素的生成。太阳辐射光谱中存在具有生理活性的光谱段，称为光合有效辐射，大致与可见光光谱段相对应。其中，600 ~ 700nm的橙、红光具有最大的生理活性，其次为蓝光，对绿光的吸收最少。一般认为，200 ~ 400nm对树体有损伤作用，400 ~ 750nm主要起促进和调节作用，750nm以上至微波主要是热效应，能使土壤和空气增热，升高树体温度。光质在苹果果实品质的形成过程中不仅为光合作用、有机物合成和生长发育提供能量来源，同时也作为一种环境信号来调控果实品质形成。例如，红光有利于糖类的形成，紫外光促进苹果果皮的红色发育，远红光与红光的比值影响果皮色素的合成和表达等。

根据投射光的来向，果园中的受光类型可分为上光、前光、下光和后光。上光和前光是太阳照射到树冠上方和侧方的直射光和散射光，这是果树接收的主要光源。下光和后光是土壤、道路、水面、梯田壁或周围其他物体反射的光，可改善树冠下部的生长与果实品质。

（二）光照对果树生长发育的影响

1. 光照对果树生长和形态结构的影响

树冠内的光照分布状况与树冠的形状、枝叶数量、枝叶密度和不同枝类的空间分布有密切关系，并直接影响花芽形成、开花、结果、果实发育及果实品质。光照强时易形成短枝密集和树姿开张的树冠，具体表现为顶芽枝向上生长较弱，腋芽生长分枝较强。喜光树种在光照不足时易徒长，具体表现为加长生长明显，节间变长，枝的干重降低。

叶片是截获光照并进行光合作用的器官。由于所处的光照条件不同，叶片的发育和生理功能将产生一定的光适应。同一树种在强光下发育成的阳生叶与在弱光下发育成的阴生叶相比，在形态结构与生理功能方面有明显差异。充分成熟叶的叶片厚、单叶重、氮含量均以全日照最高，遮阴90%最低。叶绿素含量以遮阴90%最高。当实生苗从全日照转移到遮阴50%处理后，其叶绿素含量也随之增多。在全日照条件下，葡萄柚叶片的CO_2最大同化率最高。低光强下葡萄柚叶片的水分利用系数低于高光强下的叶片，从低光强转移到高光强处理后两周内，葡萄柚叶片的水分利用系数增高，说明即使是充分成熟的叶，也能适应新的光照条件。此外，可见光中的蓝光、紫光、青光，能抑制植物伸长，使形态矮小。相反，远红光等长波光，则能促进营养生长，使枝梢节间伸长。

2. 光照对果树光合作用的影响

光照是光合作用的能源，对光合作用有很大影响。许多学者测定果树光合强度与光照度的相关性曲线时，都发现了光补偿点与光饱和点两个关键点，且它们都因果树种类、品种、叶片的生理特点及综合生态环境而变化。阳生叶在光照条件为全日照的75%相对光强下，可达到最大光合率；阴生叶在光照条件为全日照的44%～75%相对光强下，可达到光饱和点。研究发现，就全树而言，在全日照的25%相对光强下，其光合率可达到最大光合率的60%。有学者证明，苹果树冠内不同光照下生成的叶片有不同的光饱和点。具体而言，树冠外层位于1.0～1.5m处在全日照的50%～80%相对光强下生成的苹果叶片，光饱和点高达3.767～4.186J/（cm^2·min）；中间层1.5～2.5m处的叶片，光饱和点为2.5116～2.9302J/（cm^2·min）；树冠中心在全日照的8%～17%相对光强下长成的叶片，光饱和点为0.8372～1.2550 J/（cm^2·min）。根据不同树种的光补偿点与光饱和点的高低，可以判断其喜光或耐阴的程度。光补偿点与光饱和点高的树种，较为喜光。

（三）光照对果树成花与结果的影响

由于光照度与光合生产密切相关，一切和果树光合产物有关的生长发育过程，都可能受光照强弱的制约。不同的光照度对果树的花芽分化、果实产量及果面着色有明显的影响。果实质量与树冠内的光照分布有密切关系。光照不仅影响树体内的干物质生产，还与果实大小、可溶性固形物及果面色泽等商品性状密切相关。因此，改善树冠内的光照分布已成为生产优质果的关键。

三、降水与空气相对湿度

水分是果树生存的重要因素之一。水分是果树体内的重要成分，果树的含水量达50%～97%，因器官不同而有变化。足够的含水量使细胞保持膨压状态，以维持正常的生理活动。营养物质的吸收、转化、运输与分配，光合作用、呼吸作用等重要的生理过程，都必须在存在水分的环境中才能正常进行。田间条件下的水分以其热容量高、汽化潜热高的特性，调节树体与环境间的温度变动，从而保护树体，避免或减轻灾害。因此，果园的水分管理是实现优质、高产的重要保证。

（一）果树的需水量

需水量是指生产单位干物质所消耗的水分的单位数。其代表了果树在生长期或某一物候期所蒸腾消耗的水分总量与同一时间生产的干物质总量的比值，包括作物生理需水和生态需水两部分之和，即植株蒸腾与棵间土壤蒸发之和，不考虑深层渗漏所耗水量，二者总称为蒸散耗水或腾发耗水。果树的蒸散耗水在一年中随气候与树体的生长发育状况而变动。对果树田间需水量影响较大的是气象因素，其次是自身的生理活动、生长特性、土壤质地和特性以及灌溉方法。有学者报道了12年生锦橙各月需水量，见表2-11。

表2-11　12年生锦橙各月需水量

月份	月平均温度/℃	日蒸腾量/g	月蒸腾量/g	地面月蒸发量/g	蒸发量/g	相当降水量/mm
1	7.5	860.9	26687.9	44950	71637.9	12.5
2	7.6	1054.2	29517.6	58870	88387.6	15.5
3	12.9	2055.7	63726.7	155031	218757.7	38.2
4	17.4	6922.8	207684.0	161932	369616.0	64.6
5	21.7	7203.9	223320.9	281131	504451.9	88.2
6	26.0	11122.1	333663.0	253170	586833.0	102.6

续表

月份	月平均温度/℃	日蒸腾量/g	月蒸腾量/g	地面月蒸发量/g	蒸发量/g	相当降水量/mm
7	29.5	13248.2	410694.2	269700	680394.2	118.9
8	27.3	8100.0	251100.0	296670	547770.0	95.8
9	23.1	5025.2	150756.0	208800	359556.0	62.9
10	17.9	3619.5	112204.5	112375	224579.5	39.3
11	14.2	2635.6	79068.0	66330	145398.0	25.4
12	10.2	210.9	6537.9	53940	60477.9	10.6

果树的需水量在其生长发育过程中是不同的。通常落叶果树在春季萌芽前，树体需要一定的水分才能发芽。此期若水分不足，常延迟萌芽期或导致萌芽不整齐，影响新梢生长。花期干旱或水分过多，常引起落花落果，降低坐果率。新梢生长期需水量最多，对缺水反应最敏感，为需水临界期，如果水分供给不足，则削弱生长，甚至早期停止生长。花芽分化期需水相对较少，如果水分过多则削弱分化。果实发育期也需要一定水分，但过多易引起后期落果或造成裂果，还易造成果实病害。秋季干旱，会使果树枝条及根系提早停止生长，影响营养物质积累和转化，削弱果树越冬能力。冬季缺水常使枝干冻伤。

果树的需水量因种类而不同，按需水多少排列的顺序为：梨>李>桃>苹果>樱桃>酸樱桃>杏。苹果的蒸腾系数为113 ~ 140，低于某些果树的蒸腾系数，被认为是高效用水果树。桃一个时期的累计干重产量和实际蒸腾成正比。果树的水分蒸腾是果园耗水的重要部分，果树的蒸腾率由环境因素和果树因素共同决定。环境因素包括辐射、温度、空气相对湿度和风速，果树因素包括根系分布、树冠结构、叶面积和气孔导度等。

由于不同种类果树的需水量不同，且有一定变化范围，不同种类果树适宜栽培地区的降水量也有较大变动。根据我国果树区划所提出的适宜指标，苹果适栽地区的年降水量为20 ~ 1200mm，梨为190 ~ 1400mm。

（二）水分胁迫对果树生长结果的影响

在年生长周期内不同物候期，果树对水分的需求是不同的。温带落叶果树在休眠期蒸腾耗水少，当长出叶片和坐果之后，蒸腾耗水明显增多。到生长末期，蒸腾耗水又减少。常绿果树虽无明显休眠期，在冬季低温季节，其蒸腾耗水也明显降低。无论何时，当供水低于树体蒸腾需要而造成亏缺，都会影响果树的生长发育，甚至造成伤害。春季萌芽时水分不足，常延迟萌芽或发芽不整齐，影响新梢正常生长。花期干旱或遇降雨常引起落花落果，这与授粉受精不良有关。新梢生长期由于枝叶迅速旺盛生长，需水量多，对缺水反应最为敏感，称为需水临界期。若此期水分亏缺，将导致新梢过早停长，叶面积减小，使光合产物锐减，引起当年碳素营养亏缺，果实生长发育期缺水，将抑制果实生长。用暗柳橙进行的控制试验证明，8月下旬至9月上旬遭受干旱，果径明显收缩，以后灌水也不能逆转，也称此期为需水临界期。中期控水对暗柳橙果实生长的影响如图2-16所示。

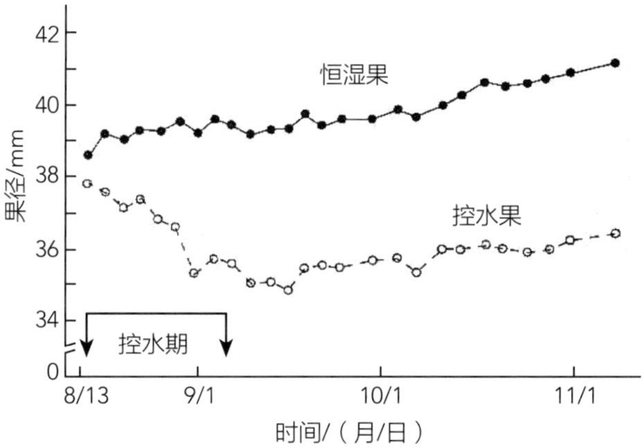

图2-16　中期控水对暗柳橙果实生长的影响

水分胁迫下，叶片是果树外部形态中反应最敏感的器官。有学者认为，幼叶可能比成龄叶对水分胁迫更敏感。水分胁迫使果树地上部分与地下部分的生长同时减弱，但水分胁迫可增大根梢比。根系越发达，分布越深，抗旱性越强。具有菌根的果树，由于增大了根系吸收面积，使果树抗旱力增强。此外，水分胁迫对花序和花柱的伸长有明显抑制作用。

品种间因抗旱性不同，对水分胁迫的反应也不同。抗旱力强的果树不仅在干旱条件下能存活下来，重要的是能获得正常的经济学产量。果树对干旱有多种适应能力，如本身具有某种旱生植物形态（叶片小、角质层厚、气孔小而下陷），需水量较少，或具有强大的根系，能吸收较多的水分。按抗旱力强弱划分，可将果树分为三类：

①抗旱力强。桃、扁桃、杏、石榴、枣、无花果、核桃、菠萝、枣椰、油橄榄等。

②抗旱力中等。苹果、梨、柿、樱桃、李、梅、柑橘等。

③抗旱力弱。香蕉、枇杷、杨梅等。

水分过多或水涝是果树面临的另一种水分胁迫形式。各种果树都有一个较宽的耐土壤水分饱和（水涝）范围，但其耐涝能力不同。落叶果树中杏和桃对水涝很敏感，梨和苹果的根系则较耐水涝。梨淹水一个月还能活下来，而桃的实生苗则会死掉。连续淹水20个月，杜梨全部存活，豆梨和西洋梨存活60%～70%，苹果存活50%，沙梨与秋子梨存活30%，常绿果树以椰子、荔枝等较耐涝，柑橘中等，菠萝不耐涝。果树受涝害较轻时表现为叶片萎蔫、早期落叶、落果、细根死亡、大根腐烂，随水涝时间延长，进一步出现枝干木质部变色、叶片失绿、枝枯、植株萎蔫直到死亡。

（三）空气相对湿度对果树生长结果的影响

空气相对湿度对果树生长结果以及果实品质有多方面的影响。空气相对湿度降低，果树蒸腾强度增高，影响果树体内的水分平衡，从而影响多种生理作用。有学者指出，在高空气相对湿度下，叶内外水汽压差小，能缓解高温对光合作用的不良影响，而低空气相对湿度则不利于植株的光合作用，植株不能有效地利用光能。

过强的蒸腾作用易引起果树叶片凋萎，柱头干燥，抑制花粉发芽，影响受精，加重幼果脱落。研究表明，以色列海岸平原的沙莫蒂甜橙和甜来檬植株的落果优势峰与5月29日29%的低空气相对湿度相联系，低空气相对湿度诱导落果比37.8℃的高温更为有效。有学者对猕猴桃试管苗移栽条件进行了研究，指出7～8月气温高，低空气相对湿度下苗易萎蔫，高空气相对湿度下苗易腐烂，移栽成活率最低。

不同的树种和品种对空气相对湿度的要求和反应不同。扁桃、苹果、欧洲葡萄等原产干燥地区或夏干地带的果树，适应较低的空气相对湿度；猕猴桃、杨梅、香蕉、枇杷、柑橘等原产湿润热带、亚热带的果树，适应较高的空气相对湿度。但通常过高的空气相对湿度易导致病虫害。在对夏橙绿斑病的病原鉴定及其生长特性研究时发现，当空气相对湿度较高时，夏橙绿斑病迅速发展。优质苹果产区的空气相对湿度大多较低。美国华盛顿州的斯波坎地区是优质苹果的著名产地，其年平均空气相对湿度为57%，果实发育成熟期（6～9月）的月平均空气相对湿度为32%～42%，加上温度、光照适宜，所产苹果果皮光亮，全面浓红，堪称佳果。我国的优质苹果产地如四川小金、甘肃天水，年平均空气相对湿度分别为56%和63%。在空气相对湿度大于80%的地区，丰产性虽好，但果实着色差，果面多锈斑，影响果实品质，且早期落叶严重，削弱树势，最终导致减产。

甜橙一般适宜在空气相对湿度较高的地区栽培，而甜橙中的华盛顿脐橙则适于夏干地带或空气相对湿度较低的地区。在重庆奉节等年平均空气相对湿度低于70%的地区，华盛顿脐橙表现出优质、高产的特性，这些地区成为我国华盛顿脐橙的商品栽培基地；而在空气相对湿度高于80%的地区，则因落花落果严重，产量很低，难以进行商品性生产。

任务二 土壤条件对果树生长发育的影响

植物生长在土壤中，土壤起着支撑植物和提供水分、矿质养分、氧气、土壤温度的作用。土壤的结构、理化性质与土层厚度影响土壤中的水、肥、气、热状况，进而影响到植物的生长。

土壤质地与土层厚度关系着土壤肥力的高低以及含氧量的多少。当土壤含氧量在12%时，根系才能正常生长和更新。因此，大多数植物要求在土质疏松、深厚、肥沃的壤土上生长。壤土通透性好，利于微生物活动，有机质分解快，养分释放强度高，所以壤土肥力水平高，又能保持肥分。同时，深厚的土层能促使根系向下层生长，根系分布深，能增加植物的抗逆能力。

植物种类繁多，喜肥、耐瘠薄能力不同。对喜肥沃、深厚土壤的植物，如梅花、梧桐、核桃、樟树等，应栽植在深厚、肥沃和疏松的土壤上。耐瘠薄的植物，如马尾松、油松等，可在土壤质地稍差的地点种植。当然，能耐瘠薄的植物，栽在深厚、肥沃的土壤上会生长得更好。

一、土层厚度

多年生木本果树大多属于深根性植物，适宜根系生长的土层厚度直接影响根系垂直分布的深度。一般来说，根系分布深，吸收水分与养分的有效容积大，水分与养分的吸收量多，树体健壮，利于抵抗环境胁迫（如水分、营养、高温或低温胁迫等），有助于优质、高产。但土层较浅，也有有利的一面，如可以控制土壤肥水供应，限制垂直根生长，促进水平根延伸，利于果树矮化和提早结果，便于调控果实品质等。

根据土壤的形成过程，可分为自然土壤和农业土壤。自然条件下，未经人类开垦耕作的土壤称为自然土壤；经过人类开垦耕作以后，原有性质发生变化的土壤称为农业土壤（或耕作土壤）。深根性的多年生果树，其大多根系通常分布在淋溶层和淀积层内，但土壤母质疏松、基岩层半风化有裂缝时，果树根系可深入至土壤母质甚至基岩裂缝中生长。

旱地农业土壤从地表向下一般分为四层，即表土层、犁底层（亚表土层）、心土层和底土层，如图2-17所示。果园土壤属于旱地农业土壤，其表土层由于接近地表，干湿交替频繁，温度变化大，属于根系生态不稳定层，加上耕作的影响，果树根系易受损伤，不能充分利用这一土层土壤的良好条件。因此，栽培上应仿照自然群落，采用覆盖、生草、免耕等土壤管理制度，为表土层根系的生长创造较好的土壤环境。犁底层土壤紧实，水肥通透性差，严重妨碍果树根系的伸展。通过深翻熟化和土壤改良等措施，可以增加有机质含量，提高微生物活性，从而改善心土层根际环境，为果树根系的垂直生长创造条件。

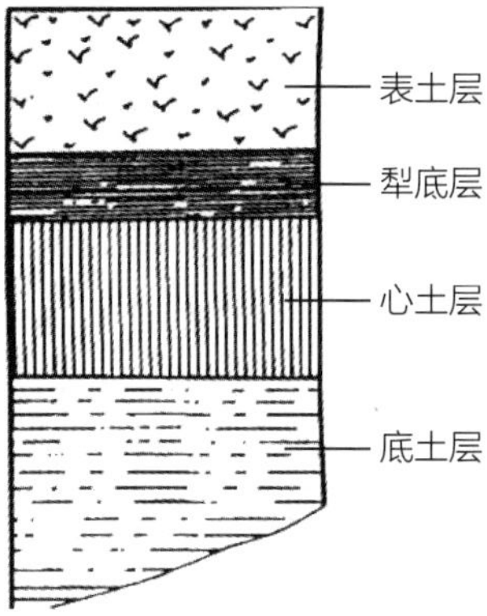

图2-17　旱地农业土壤土体构造示意

二、土壤质地和结构

土壤由不同粒级的石砾、沙粒、黏粒和粉粒组成。不同土壤各粒级土粒含量不同，土壤中各粒级土粒的配合比例称为土壤质地。土壤质地与土壤肥力关系非常密切，土壤质地类型决定土壤蓄水性、导水性、保肥性、供肥性、保温性、导温性、土壤呼吸、通气性和土壤耕性等。不同质地的土壤具有不同的肥力特点，对果树生长发育有不同的影响。

1. 沙质土

沙质土泛指与沙土性状相近的一类土壤，主要分布于广大的北方地区，如新疆、青海、甘肃、宁夏、内蒙古、北京、天津、河北等地区的山前平原以及各地沿江、沿河或沿海地带。沙质土含沙多，黏粒少，保水性差，通气透水性强，吸附、保持养分能力低；好气性微生物活动旺盛，有机质分解快且含量较少；热容量小，昼夜温差大，俗称热性土。但沙质土松散易耕，耕后疏松不结块，利于种子扎根及苗木根系生长，常用作苗圃地扦插育苗和培育实生苗。沙质土栽培果树，根系分布深而广，植株生长快而高大，早期优质、高产。梨、桃、山楂、杏、李、枣等果树适应于沙质土栽培。针对沙质土的缺点，要注意防旱、防冻、防土壤过热，基肥与追肥并重，强化肥水管理，可采取营造防风固沙林、客土压沙、生草、覆盖、深翻压绿肥等措施加以改良。

2. 黏质土

黏质土中沙粒含量少，黏粒和粉粒较多（黏粒含量常超过30%），主要分布于我国地势相对较低的冲积平原、山间盆地、湖洼地区。黏质土颗粒细小，质地黏重，保水性，保肥性好，供肥性比较平稳，矿质养分丰富，特别是钾、钙、镁等含量较高，但养分转化速度较慢；通气透水性较差，易积水，湿时泥泞干时硬，宜耕范围较窄；热容量大，温度稳定，但春季土壤温度上升慢，俗称冷性土。黏质土较紧实，易板结，受干湿影响，常发生龟裂。土层较厚的黏质土比较适宜于栽培板栗、柿、酸樱桃、李、柑橘等果树，而不适于桃、扁桃、杏等果树的栽培。生长在黏质土上的果树根系入土不深，易受环境胁迫的影响，在生产上常采取掺沙、深翻、种植绿肥、增施有机肥等措施改良土壤。

3. 壤质土

壤质土广泛分布于黄土高原和华北平原、松辽平原、长江中下游、珠江三角洲等冲积平原上。壤质土是介于沙质土和黏质土之间的一种土壤质地类型，兼有沙质土和黏质土的优点，沙黏适中，通气透水性好，土壤温度稳定。养分丰富，有机质分解速度适当，既有较好的保水性、保肥性，供水性、供肥性也强，且耕性表现良好。适种范围较广，是果树生产较为理想的质地类型，适宜栽培多种果树。

4. 砾质土

砾质土在山地林区比较常见。含石砾较多，土层较薄，保水性、保肥性较低。一般情况下，石砾含量超过土壤总体积的20%时，就会使土壤温度剧烈变化，持水能力降低，产生诸多不良影响。因此，应根据砾质程度不同进行性质分析和处理。少砾石土，对机具虽有一定磨损，但不影响土壤的管理，果树可以正常生长；中砾石土，应将土壤中粗石块除去；多砾石土，需要进行调剂和改良。闻名于世的新疆吐鲁番葡萄沟的优质葡萄就是在砾质土上栽培成功的。

由于土壤母质的层次性，或土壤物质的淋溶和淀积，或人为耕作管理等原因，同一土壤上下层之间的质地粗细和厚度有较大的差异，有通体均一型（通体黏、通体壤、通体沙）、上轻下重型（沙盖黏）、上重下轻型（黏盖沙）、中间夹层型（黏夹沙、沙夹黏）等。有研究表明，土壤剖面中的黏土夹层厚度超过2cm时就会减缓水分的运行，而超过10cm就能阻止来自地下水的毛管水上升运行。因而，土壤质地层次排列方式和层次厚度对土壤水分运动和肥力发挥有重要的影响。果园土层下若存在坚硬的黏土层、沙砾层等，根系向下生长会受阻，果树根系分布则较浅。沙砾层会使肥水淋失，黏土层易造成积水，使果树生长变弱，导致生长与结果不良。在这类土壤上建园，通常要通过爆破或深耕等措施，使适宜根系活动的土层加厚到80 ~ 100cm。

土壤结构是指土壤颗粒排列的状况，可分为团粒状、柱状、片状、核状等。其中，团粒结构最适于果树生长与结果。团粒结构主要靠土壤有机质；特别是腐殖质胶结而成，有机质丰富，土壤孔隙较大，毛管与非毛管孔隙比例适当，能协调土壤中水分、空气、养分的矛盾，保持水、肥、气、热等土壤肥力诸因素的综合平衡及其与果树生长发育节奏的协调配合。因此，加强土壤管理，促进团粒结构的形成，可为果树生产创造优质、高产的土壤条件。

三、土壤的理化性质

（一）土壤温度

土壤温度与矿质养分的溶解、流动与转化，有机质的分解，土壤微生物的活动等密切相关，直接影响果树根系的生长、吸收及运输能力，进而影响果树的生长发育。果树根系的生长、水分和矿质养分的吸收都与土壤温度有关。甜橙、酸橙、葡萄柚、柠檬等果树的根系在土壤温度12℃左右时开始生长，23 ~ 31℃时生长、吸收最好，当土壤温度降到19℃以下时生长衰弱，在9 ~ 10℃仍能吸收养分，但当土壤温度降至7.2℃时则失去吸收能力；土壤温度达37℃以上时，生长极微弱甚至停止，若土壤温度长时间在40℃以上时，则根群死亡。国外研究认为，苹果根系一般在0.5 ~ 1.3℃时开始活动，土壤温度在14 ~ 21℃时生长最旺；0 ~ 7℃和21 ~ 30℃时根系的生长减弱；土壤温度低于0℃或高于30℃时，根系不能生长。可见，不同果树对土壤温度的要求是不一样的。

全天日出前土壤温度最低，日出后土壤温度逐渐升高，14时左右达到最高峰，以后逐渐下降。全年土壤最低温度出现在1 ~ 2月，最高温度出现在7 ~ 8月。随着土层深度的增加，土壤温度的日变化、年变化幅度逐渐减小以至不变，最高、最低温度出现的时间也逐渐推迟。土壤温度在一定土壤深度下则趋于稳定。由于不同层次土壤在温度、水分等条件下存在差异，所以同一时期处于不同深度土层中的根系活动状况不同，有交替生长现象。土壤温度受太阳辐射的制约，也与纬度、海拔、坡向、土壤质地及土壤含水量等有关。通过灌溉、排水以及采用不同的土壤管理等措施可对土壤温度进行调节，从而为果树根系活动创造良好的温度环境。土壤温度的年变化曲线如图2-18所示。土壤温度的日变化曲线如图2-19所示。

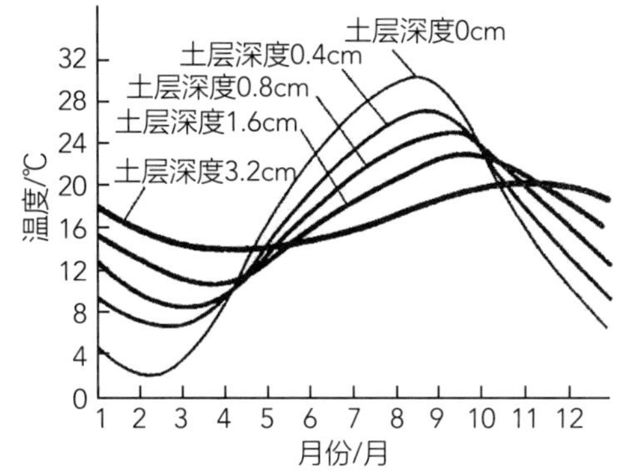

图2-18 土壤温度的年变化曲线

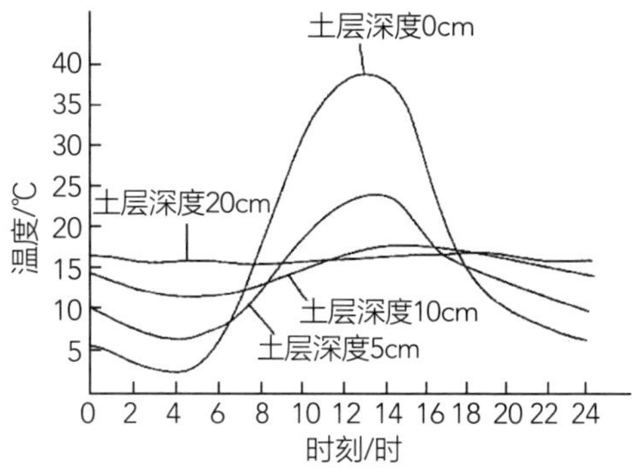

图2-19 土壤温度的日变化曲线

（二）土壤水分

土壤水分是果树生长发育所需水分的主要来源。根据水分子受力情况的不同，土壤水分可划分为吸湿水、膜状水、毛管水和重力水等类型。吸湿水又称为束缚水，是干燥土壤颗粒吸附的气态水分子，不能自由移动，没有溶解溶质的能力，是植物不能吸收利用的无效水。膜状水在吸湿水分子层外，所受的吸附力比吸湿水小，具有一定的移动性和溶解养分的能力，其中一部分对植物有效。当土壤含水量降低到以吸湿水类型存在时，植物可能发生凋萎现象。被保持在土壤毛管孔隙中的水称为毛管水，毛管水在土壤中移动性强，能溶解并携带养分运输到植物根际，是最有效的水分。在地下水位较浅的土壤中，地下水可借助毛管力升至上层土壤中，甚至可到达土壤表面，这种毛管水称为毛管上升水或毛管支持水；在地下水位比较深的土壤中，毛管水与地下水不相连接，这种毛管水称为毛管悬着水。毛管悬着水的最大含量称为田间持水量。土壤含水量达到田间持水量后，多余的水在重力作用下沿非毛管孔隙向下运动，这部分水称为重力水。重力水虽然能被植物吸收，但在一般土壤中会很快渗漏到根层以下，不能持续为植物所利用，过多的重力水不仅造成浪费，还会造成养分流失或形成内涝，生产中应尽量避免大水漫灌。土壤水分形态与土壤水分常数、有效性划分如图2-20所示。

果树根系大多适宜田间持水量60% ~ 80%的土壤水分环境。当土壤含水量低到高于萎蔫系数2.2%时，根系停止吸收，光合作用受到抑制。土壤有效水含量降低时，首先是根细胞伸长减弱，短期内根毛密度加大；若进一步缺水，根系停止生长，新根木栓化，根毛死亡；此后，由于水分在植物体内的重新分配，根生长点死亡。田间条件下，由于不同层次土壤墒情不同，当土壤深层有水时，仍可使浅层缺水土层内的根系存活。这一方面是由于处于土壤深层的根系提供了水分，另一方面也是深墒对底墒和表墒的补充作用。土壤含水量超过田间持水量时，会导致土壤缺氧，抑制根系对离子的吸收，也会妨碍根部细胞分裂素和赤霉素的合成，从而影响果树地上部分激素的平衡和生长发育。

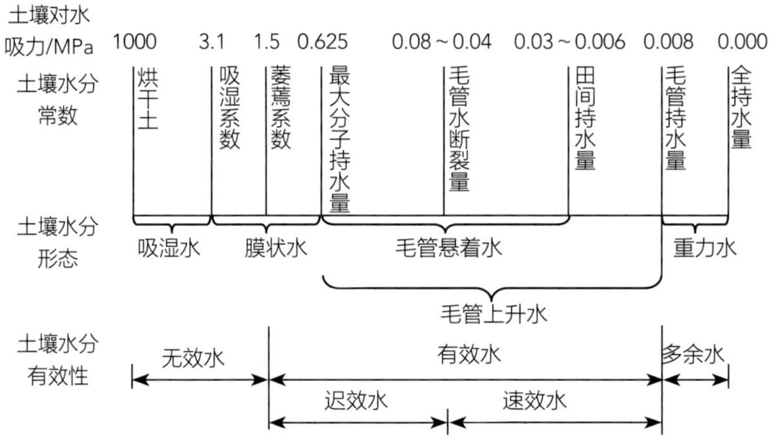

图2-20　土壤水分形态与土壤水分常数、有效性划分

土壤地下水位的高低是限制果树根系分布深度、影响果树生长结果的重要因素。据报道，栽培在海涂的9年生尾张温州蜜柑，地下水位深达100cm以上的果树与46cm的果树相比，前者须根量比后者多264%，根系深度达58.5cm，后者根系深仅为26cm，地上部分生长也明显不及前者。

我国地域辽阔，气候多样，不同地区土壤水分状况差异很大。以北方地区为例，冬季至早春（11月中旬至翌年3月）为土壤湿度相对稳定期，这期间气温低，土壤表层冻结，而下层土壤中的水汽向上扩散并冷凝，出现冻后聚墒现象，表土以下的含水量不断增加。4～6月（春、夏之间）为强烈蒸发干旱期（即春旱跑墒期），这期间降水少，蒸发大，土壤水分迅速损失，土壤含水量降低到全年最低水平，很多地区出现春旱威胁，影响果树的萌芽、开花与生长。此时加强保墒、及时灌水尤显重要。7～9月（夏、秋之间）为土壤水分收集期（即雨季收墒期），此期正值夏、秋多雨季节，土壤含水量达到全年最大值，土壤底墒和深墒得到恢复，这个时期应在注意蓄水保墒的同时，适当控制土壤水分，防止新梢徒长，以提高树体越冬贮藏营养水平。同时，果园控水对促进花芽分化、提高秋熟果实质量都有重要作用。部分地区在降水量集中的时期会出现短期的内涝，应注意排水。10～11月（晚秋至冬初）为土壤失水期，这期间降水量少，但土壤水分蒸发仍较快，土壤含水量降低，有时形成秋后旱，要补充水分。土壤结冻前灌水，可以增加土壤含水量，促进冻后聚墒，防止果树抽条及冻害的发生。可通过改良土壤、覆盖和增厚土层等措施，并根据果树对水分的动态需求和土壤水分实际状况及时进行排灌，从而调节土壤水分。

（三）土壤通气性

土壤通气性是指土壤空气与近地面大气之间以及土体内部的气体交换的性能。土壤空气与大气进行交换，使土壤空气得到更新；土体内部的气体交换，可使土体内部各部分的气体组成趋向均一，从而为土壤微生物的活动、有机质的分解、养分和水分的吸收等创造条件。土壤通气不良，土壤空气中的含氧量由于根系和土壤微生物的呼吸消耗而下降，CO_2浓度增加，会直接影响根系的正常生长和生理代谢，进而影响果树的生长结果。据测定，在温度为20～30℃、土壤不通气的条件下，土壤中的氧气将在12～40h内被耗尽。当土壤通气严重受阻或渍水的情况下，土壤空气中常会出现一些土壤微生物嫌气分解有机质的产物，如H_2S、CH_4、H_2、PH_3、CS_2等还原性气体，积累到一定程度会对果树产生毒害作用，严重时造成根系伤害，直到死亡。有学者在对多种盆栽果树生长与土壤空气含氧量的关系进行研究后发现，各种果树对土壤空气中含氧量要求不同，对低氧土壤空气的反应敏感性不同。桃对低氧最敏感，缺氧时易枯死；苹果、梨居中；温州蜜柑和枳的实生苗则极耐缺氧。果树根系入土深，对深层土壤空气有更高要求，各项有利于改善土壤深层通气性的措施，如果园深翻熟化、中耕除草、黏土掺沙、增施有机肥、坡地改梯田、开排水沟降低地下水位等，都对果树生长结果有良好作用。

（四）土壤pH

土壤pH会影响土壤中各种矿质养分的有效性，进而影响树体的吸收和利用。土壤中的氮绝大部分以有机态存在，参与有机质分解的微生物大多数在接近中性的环境中生长发育，因而在土壤pH为6～8时有效性最高。在酸性环境中时，由于可溶性铁、可溶性铝增加，有效磷易被固定；当土壤pH为7.5～8.5时，磷酸根又易被钙离子所固定；土壤pH高于8.5时，磷虽成为溶解性磷酸钠，但碱性过强不利于植物生长，故磷在土壤pH为6.5～7.5时的有效性最高。在酸性土壤中，钾、钙、镁盐可以溶解，也易被H^+从土壤胶体表面交换出来，容易随淋溶而流失。在土壤pH高于8.5时，土壤中的钠离子含量大，能把钙、镁离子交换出来生成钙、镁的碳酸盐而沉淀。因此，钙、镁的有效性在土壤pH为6～8时最好。铁、锰、铜、锌等微量元素在酸性土壤中因可溶而提高有效性，而在石灰性土壤中则容易产生沉淀而降低有效性。硼在强酸性条件下易流失，在石灰性土壤中生成硼酸钙而降低有效性，在盐碱土中生成硼酸钠而溶解度提高。钼在酸性条件下，因土壤活性铁、活性铝较多而生成不溶性的钼酸铁、钼酸铝而降低有效性。

微生物在有机质转化中，尤其是氮、磷、硫及其他灰分元素的分解与转化中起着重要作用。土壤pH影响土壤微生物的区系和分布。不同微生物适宜活动的土壤pH范围不同。土壤细菌和放线菌适宜中性和微碱性环境，氨化作用适宜的土壤pH为6.5～7.5，硝化作用适宜的土壤pH为6.5～8.0，固氮作用适宜的土壤pH为6.5～7.8。真菌最适宜在酸性条件下活动。土壤pH不同，微生物的数量、种类有差异，进而影响到土壤养分的转化和土壤肥力水平。

不同种类果树对土壤pH的适应范围和最适范围不同（表2-12），在园地选择时应该注意。值得指出的是，在生产实践中，不同的砧木对土壤pH有特异的敏感性。四川甜橙产区，以枳作砧木的甜橙，在土壤pH为7.5时即表现缺铁黄化，而红橘砧木则能正常生长，当土壤pH为7.5～8.0时，红橘砧木也出现缺铁黄化，而用香橙砧木或枸头橙砧木，则生长结果正常。因此，选择适宜的砧木，可扩大土壤pH的适应范围。

果树对土壤pH的适应范围较广，但有些植物只在一定的酸碱范围内生长，这些植物能对土壤pH起指示作用，称为土壤pH的指示植物。石松、茶树、杜鹃、柑橘等只能在酸性土壤中生长，称为酸性土指示植物；盐蒿、灰菜、蓬等只能在碱性土壤中生长，称为盐碱土指示植物。这些植物对于野外鉴别土壤pH很有帮助。

表2-12　不同种类果树对土壤pH的适应范围和最适范围

果树种类	适应范围	最适范围
苹果	5.3～8.2	5.4～6.8
梨	5.4～8.5	5.6～7.2
桃	5.0～8.2	5.2～6.8
葡萄	5.0～8.3	5.8～7.5
板栗	4.6～7.5	5.5～6.8
枣	5.0～8.5	5.2～8.0
柑橘	4.8～7.5	6.0～6.5

（五）土壤含盐量

土壤含盐量决定着根区土壤溶液渗透压的高低，直接影响根系对水分的吸收，进而影响果树的生长发育。土壤中过量存在的可溶性盐类对果树所造成的危害称为盐害。不同盐类对果树产生毒害的程度不同，几种常见可溶性盐类对果树危害程度由大到小的顺序为：碳酸钠>氯化镁>重碳酸钠>氯化钠>氯化钙>硫酸镁>硫酸钠。若将硫酸钠的危害程度视为1，则碳酸钠∶重碳酸钠∶氯化钠∶硫酸钠＝10∶3∶3∶1。

当可溶性盐类增加时，土壤溶液渗透压也随之升高，根系吸水困难，造成生理干旱，影响生长与结果。土壤溶液中某种离子的浓度过高时，就会妨碍根系对其他离子的正常摄取，引起植株营养紊乱。例如，过量的钠离子能阻碍根系对钙、镁、钾的吸收；高浓度的钾离子会妨碍根系对铁和镁的摄取，从而导致叶片出现缺铁症和缺镁症。土壤盐分过多，还会抑制土壤微生物的活动，影响土壤养分的有效转化。例如，当土壤中氯化钠或硫酸钠含量达到0.2%时，氨化作用大为降低；达到1.0%时，氨化作用几乎完全被抑制。硝化细菌比氮化细菌对盐类的危害更敏感。土壤中的碱性盐水解时，土壤呈强碱性反应，磷酸盐及铁、锌、锰等营养元素易形成溶解性很低的化合物，导致养分的有效性被降低，因而树体营养失调。土壤中的钠盐对胶体具有强大的分散能力，可破坏土壤结构，使土粒高度分散，导致土壤湿时泥泞，干时坚硬，通透性差，耕性不良，严重妨碍根系生长，也不利于微生物的活动。碳酸钠等强碱性物质还会破坏根部的各种酶类，并且对幼嫩根有很强的腐蚀作用，可直接产生危害。

果树种类不同，耐盐性不同。即使是同一种类、品种的果树，也能通过改变砧穗组合提高植株的耐盐能力。有研究报道，柑橘不同砧木耐盐性存在差异，印度酸橘的耐盐性最强，酸橙、柚居中，枳及某些枳橙耐盐性弱。我国气候多样，各地降水量及蒸发量不同，所以土壤中盐分的淋洗程度和累积量及变化过程也不同。由于降水和蒸发的季节性，雨量年际分配的不均匀性，土壤中水盐产生季节性和多年的动态性变化。因此，在园址选择及随后的果园土、肥、水管理中应予以足够重视。

盐渍土的形成是自然因素和人为活动综合作用的结果。盐渍土的改良措施可以概括为4个方面：水利措施（包括排水、灌溉洗盐、引洪灌淤）；农业技术措施（包括种稻、平整土地、耕作、客土、施肥等）；生物措施（包括植树种草、发展绿肥等）；化学措施（包括施用石膏及其他化学改良物质）。盐渍土是我国分布面积很广的土壤，多分布在平原地区，具备不少发展果树生产的有利条件，如土层深厚、地形平坦、地下水资源丰富，同时还有许多荒地可以开发。如果能采取有效措施消除土壤中过多的盐碱，改良盐渍土，就可充分发挥盐渍土的潜在肥力，增加果树种植面积与产量。因此，盐渍土的改良利用对保证果树生产的可持续发展、改善生态环境具有重要意义。

任务三 地势条件对果树生长发育的影响

地势主要指栽植地的海拔、坡度、坡形、山脊和山谷等，它们虽不是影响果树生长发育的直接因素，但它们影响所在地区的小气候和土壤。因此，它们与果树的生长发育关系也是很密切的。

一、海拔

海拔是影响果树分布及其生长发育的重要因素，太阳辐射量、有效积温、昼夜温差、空气相对湿度、土壤类型、养分有效性等常随海拔的变化而发生显著变化。随着海拔增大，日平均气温下降，积温有效性增强，降水量增大，空气相对湿度增大，日照率上升。在相同纬度下，海拔每升高100m，平均气温降低0.5 ~ 1.0℃。气温递减的速率因气候条件和季节而异，在气候干燥的山地变化更有规律。据报道，在潮湿的四川山地，1月平均气温和最低气温在1200m以下受云量的影响变化不大，其递减率为每100m递减0 ~ 0.2℃，1200m以上递减率增加为0.56 ~ 0.67℃。7月的递减率一般为每100m递减0.40 ~ 0.50℃。

受温度变化的影响，无霜期随海拔升高而缩短。海拔高的果园，光照条件好，遇倒春寒时，只有轻微的平流霜，受害轻，坡脚和山腰海拔相对低，地势低洼，冷空气聚积，对开花坐果有严重影响。山地果树的物候期随地势升高推迟，而生长结束期随海拔升高而提早。海拔与生长季的关系如图2-21所示。

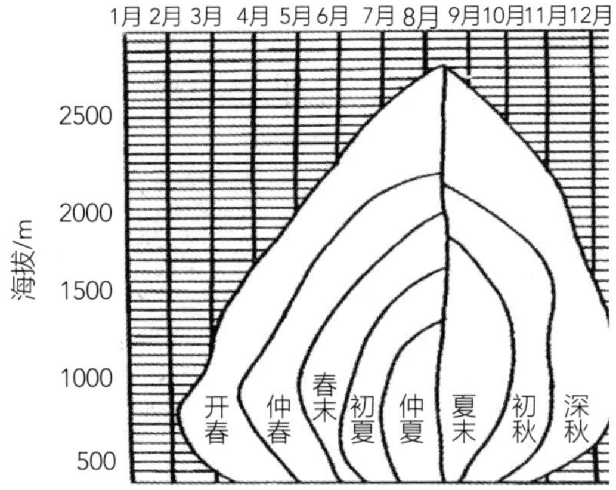

图2-21 海拔与生长季的关系

海拔对光照有明显影响。海拔的变化，影响光质分布的变化。总辐射、长波紫外线和可见光随着海拔的升高呈极显著增加；中波紫外线也随着海拔的升高而升高，海拔为1720m、2020m比海拔为1420m增加显著，但是海拔为1720m与海拔为2020m之间差异不显著；红外线随着海拔的升高而降低，海拔为1720m、2020m比海拔为1420m降低显著，但是海拔为1720m与海拔为2020m之间差异不显著。研究证明，在秦岭太白山，太阳直接辐射和总辐射随海拔升高都增大，散射辐射则减少。太阳的实际日照时数受云雾影响而实际变化较为复杂。在山的下部、低的山谷或盆地中，由于云雾较多，实际日照时数较少；在山的上部，云雾较少的坡向上，实际日照时数较多。

海拔的变化影响降水量与空气相对湿度。就降水量而言，如山东泰安在海拔为160.5m时，年降水量为859.1mm，而海拔升高到1541m时，则为1040.7mm。因此可知，降水量随海拔升高而增多。而在暖温带条件下，海拔降低，降水量反而增多，当经过山脉的气团非常潮湿而又不稳定时，最大降水量常在山麓。

与海拔引起的气候因素垂直变化相适应，山地的果树也呈垂直分布。低海拔处生长的需热量较高的果树，随海拔升高，逐渐被需热量较低的果树代替。这一过程与纬度地带性由低纬度到高纬度的变化相类似，果树种类由热带果树逐渐过渡到亚热带果树、温带果树，直到寒温带果树。

海拔与果树生长结果的关系较为复杂。有研究对海拔为500～900m地带栽培的朋娜脐橙进行了生态习性观察和果实品质测定，对比分析和直线回归关系显著性测验的结果表明，朋娜脐橙适宜于低纬度高海拔环境条件生长。海拔升高，树冠矮化，从坡脚到坡顶6个海拔带，果皮由橙黄色趋于橙红色。随着海拔升高，全糖下降，可溶性固形物与海拔的相关性不明显，差异不显著（$P>0.05$）；含酸量、维生素C含量与海拔呈正相关，高海拔带果实品质比低海拔带下降快。同一果树在其垂直分布带的不同海拔上的表现是不一样的。研究证明，在川滇横断山脉区，苹果多分布在海拔为1300～3500m的地方，而其生态最适带多集中在海拔为2000～2600m的地方。在生态最适带中，苹果表现出树势健壮、寿命长等特点。

二、坡度

坡度影响太阳辐射的接收量、水分的再分配及土壤的水热状况，因而对果树的生长结果有明显的影响。其影响的大小又与坡度的大小相关。斜坡的坡度变化很大，但学者们对斜坡的划分繁简不一。同一坡向的地面，坡度的变化影响太阳辐射强度。15°的南坡得到的太阳辐射强度比平地（坡度为0°）要高，而在15°的北坡则较低。

坡度影响土层的厚度。通常表土层厚度与坡度呈负相关。坡度越大，土层越薄，含石量越多，土壤水分与养分越少。然而，我国黄土高原地区的研究表明，坡度对黄土的厚度影响不大，但对土壤水分的差异仍有明显的影响。研究证明，在连续晴天时，坡度为3°，表土含水量为75.22%；坡度为5°，表土含水量为52.38%；坡度为20°，表土含水量为34.78%。同一面坡上，坡的上段比下段的土壤含水量低。坡度不同，土壤冻结的深度也有差异。坡度为5°时，冻结深度在20cm以上；坡度为15°时，冻结深度则为5cm。

三、坡形

坡形是指斜坡顺切面的形态，具有直线形坡、凹形坡、凸形坡及阶形坡等不同类型。直线形坡的坡面流速最大，曲率半径与凹形坡相同的凸形坡次之，凹形坡坡面流速最小；在同等坡形条件下，坡面流速随雨强、坡度增加而增加。大量研究表明，坡地土壤养分以坡的顶部和坡的底部较高，坡面较低。

不同坡形的坡面，由于耕作和水力搬运的结果，土壤的厚度和肥力不同，表现出不同的地形肥性。阶形坡平坦或缓斜部分的地形肥性较高，直线形坡下部1/2、凹形坡偏下2/3部分、宽顶凸形坡坡偏上2/3部分的地形肥性也较高。

如果长坡的中部出现凹地或槽谷，则春、冬夜间空气下沉，往往形成冷气湖或霜眼，使早开花的果树易受晚霜危害，不耐寒的果树易受寒害。

项目三 果树育苗

果树苗木是果树生产的基本材料。果树具有多年生特性，苗木质量不仅直接影响果树栽植成活率、果园整齐度、幼树生长状况，还关系到果树树形培养、栽培模式建立等技术措施的实施，是决定果园优质、高产和经济高效的重要条件之一。培育和生产品种纯正、砧木适宜、生长健壮、根系发达、无检疫对象或病毒病的优质苗木，是果树育苗的基本要求，也是建立早果、高产、优质、低成本果园的先决条件。

任务一 苗圃地的选择和规划

苗圃是苗木生产的基地。苗圃选择是否得当，直接影响苗木的产量、质量和育苗成本以及城市生态景观。建立起足够数量并具有较高生产水平和经营水平的苗圃，培育出品种繁多、品质优良的苗木，是生产的重要环节。苗圃一般为固定苗圃，使用年代长久，基本建设、技术设备条件较好，生产效益也高。

一、育苗的意义和任务

苗圃是培育和生产优质果树苗木的基地。苗圃地势、土壤pH、施肥及灌溉条件、病虫害防治及管理技术水平，对培育优质苗木具有极为重要的影响。近年来，随着果树栽培制度体系的不断变革，对优质果树苗木的需求愈加迫切。生产中存在的小型、短期、无序生产的苗圃，因育苗技术水平较低，缺乏统一管理和标准化生产与质量监控体系，导致苗木质量较差，不能满足生产要求，将随着人们对苗木质量认识程度的不断提高和苗木市场的不断规范化而被淘汰。大型、中型、长期商品性专业苗圃，可生产高规格、多种类和品种的优良纯正苗木，信誉较高，是今后育苗的主要形式和方向。

二、苗圃地的选择

苗圃地的选择应从当地具体情况出发，因地制宜建立规范化苗圃。在选择确定苗圃地时，应着重考虑地点、地势、土壤和灌溉条件。

1. 地点

苗圃地应设在需用苗木的中心，以减少苗木运输费用和运输途中的损失。同时，所育苗木应对当地环境条件适应性较强，栽植成活率高，生长发育良好。此外，还应将苗圃地设置在交通方便的地段，从而有利于苗木的运输。苗圃地应尽量选择在远离果树病虫害较严重的地区，有利于健康苗木的繁育并减少病虫害的传播。

2. 地势

苗圃地应选择背风向阳、光照良好、稍有坡度的缓坡地。近年来，我国苗圃机械研发有了长足进展，如起苗机的应用可有效减少根系在起苗过程中的损失，大大提高了苗木质量，同时也提高了劳动生产率。但大型苗木机械的应用对苗圃地势提出了更高的要求。平地苗圃地下水位宜在1.5m以下，并且应保证一年中水位升降变化不大。地下水位过高的低地，要做好排水工作，否则不宜作为苗圃地。低洼盆地不但易汇集冷空气形成霜眼，造成冷害，而且排水困难，易受涝害，不宜作为苗圃地。

3. 土壤

以沙质壤土和轻黏壤土为宜。因其理化性质好，适于土壤微生物活动，对砧木种子发芽、幼苗生长都有利，而且起苗省工，伤根少。黏重土、沙土、盐碱土都必须先进行土壤改良，分别掺沙、掺黏和修筑高畦或高垄，并大量施用有机肥后，方能作为苗圃地。土壤pH对苗木生长有明显影响，不同树种对土壤pH的适应性不同。例如，板栗、沙梨、柑橘和枇杷喜微酸性土壤；葡萄、枣、扁桃、无花果等则较耐盐碱；苹果在盐碱度过高的土壤中常生长不良或发生死亡现象。因此，盐碱地必须经过土壤改良后才能作为苗圃地。

4. 灌溉

灌溉设施是苗圃地建立的必要条件。砧木种子萌芽、扦插及压条生根和苗木生长，都需要充足的水分供应。幼苗生长期间根系浅，耐旱力弱，对水分要求较为突出，如果不能保证水分及时供应，会造成苗木停止生长，甚至枯死。我国北部地区容易发生春旱，必须根据苗圃地面积准备水源，如引水挖井或筑塘坝等，以供灌溉之用。此外，还应注意灌溉水质，忌用不利于苗木生长的污水灌溉。

三、苗圃地的规划

为了培育和生产规格化的优质苗木，应设立各种类型的专业性苗圃。大型专业苗圃的规划应根据苗圃的性质和任务，结合当地的气象、地形、土壤等资料进行。

1. 母本园

母本园的任务是提供良种繁殖材料，如砧木种子、自根砧繁殖材料、自根苗繁殖材料和优良品种接穗等，母本应和砧木、品种区域化的要求相一致。当前我国设有母本园的苗圃较少，一般均从品种园采集接穗或插条，砧木种子则采自野生植株。为了保证种苗的纯度和长势，防止检疫性病虫害的传播，各级专业苗圃均应建立母本园（包括采种母本园和采穗母本园）。

2. 繁殖区

繁殖区根据所培育的苗木种类分为实生苗培育区、自根苗培育区和嫁接苗培育区。为了方便耕作和管理，应结合地形采用长方形小区，长度不短于100m，宽度可为长度的1/3～1/2。在苗圃中的繁殖区实行轮作是十分重要的。因为连作（重茬）会引起土壤中某些营养元素缺乏、病虫害严重以及有毒物质积累，从而使苗木生长不良。在制订果树育苗轮作计划时，同一种果树在繁殖区的同一地块上，轮作年限为2～5年。

3. 道路

可结合规划要求设置道路。干路为苗圃与外部联系的主要道路，大型苗圃的干路宽度约6m。支路可结合大区划分进行设置，一般路宽3m。大区内可根据需要分成若干小区，小区间可根据需要设小路。

4. 排灌系统和防护林

排灌系统可结合地形及道路统一规划设置，以节约用地。沟渠比降不宜过大，以减少冲刷，通常不超过0.1%，否则应采用硬化渠道。防护林设置可参照模块三的相关部分。

5. 房舍

房舍包括办公室、宿舍、农具室、种子贮藏室、化肥农药室、包装工棚、苗木贮藏窖、车库、厩舍等，应选择位置适宜、交通方便的地点。

四、育苗方式

育苗方式可分为露地育苗、保护地育苗、组织培养育苗等。

1. 露地育苗

露地育苗是指在大田条件下完成育苗全过程的方式。这种方式只能在适于苗木生长和有利于培养优质苗木的环境条件下进行。露地育苗是我国当前采用的主要育苗方式。

2. 保护地育苗

保护地育苗是指在人为控制条件下利用保护设施完成培育果树苗木的方式。它可以在不良的外界环境下，人为创造适宜的温度、湿度和光照小环境，满足果树苗木生长发育的必要条件，完成苗木培育过程。保护设施的类型较多，如地热装置、地膜覆盖、塑料拱棚、温室、地下式棚窖等。各种设施可单独应用，也可多种类型结合设置。为了延长苗木生长期，生产上常将保护地育苗与露地育苗相结合，育苗前期采用保护地育苗方式，后期则利用自然条件，撤去保护设施或移栽露地后继续培育。

3. 组织培养育苗

组织培养育苗是指在无菌的人工培养基中，以果树茎尖、茎段、叶片、叶鞘或胚作为外植体进行培养，使其成为完整植株的繁殖方法。组织培养育苗具有繁殖速度快、繁殖系数高、不受季节限制等特点。在草莓、葡萄、苹果、柑橘、菠萝、猕猴桃等果树中，采用组织培养育苗的技术较为成熟，已在生产上广泛应用，并用组织培养苗木建立了果园。

五、苗圃地档案制度

为了积累资料，统筹生产，掌握进度，利于苗木生产可持续发展，专业苗圃必须建立档案制度。苗圃地的档案内容包括：

①苗圃地原来的地貌特点，建成后的平面图、高程图和附属设施图。

②苗圃地的土壤类型。各区的土壤肥力原始水平，土壤改良档案和各区土壤肥水变化档案。

③苗圃地各区的树种、品种和母本园品种引种档案。每次育苗后均应画出分布图，按树种、品种标明育苗面积、数量，嫁接或扦插的品种区号、行号，以利出圃时核查。母本园品种栽植图要复制数份。

④苗木销售档案。将每次销售的苗木种类、数量、去向记入档案，以了解各种苗木的市场需求、果树种类和品种流向。

⑤苗圃土地轮作档案。将轮作计划和实际执行情况以及轮作后的苗木生长情况都归入档案，作为今后调整轮作计划的依据。

⑥繁殖管理档案。将繁殖方法、时期、成活率和主要管理措施记入档案，以利改进育苗方法。同时，记录主要病虫害及防治方法，以利制订苗圃周年作业管理历。

任务二 砧木的选择和繁育

嫁接苗由砧木和接穗两部分组成，砧木是嫁接果树的基础，对接穗有重要影响。因此，采用嫁接方法育苗时，除认真选择优良品种作为接穗外，慎重选用适宜的砧木以及砧穗组合也非常重要。正确选择并利用砧木及砧穗组合，是果树经济栽培获得成功的重要因素。

一、砧木的种类和利用

砧木的选择和利用经历了显著的演变，最初主要与接穗同种作为共砧，逐渐发展到采用近缘种（如杜梨作为梨的砧木）或不同属野生种作为砧木（如枳作为柑橘砧木）。这一演变过程中，砧木种类的发掘和不同砧穗组合的应用，大大促进了果树生产的发展。新中国成立以来，各地开展了果树和砧木资源调查及利用研究，同时根据我国实际情况，从国外引进了多种果树砧木进行试验和研究。尤以苹果砧木的试验研究较为深入，现已初步选育出适于各地的优良乔化砧和矮化砧。使用矮化砧，有利于高效利用土地资源，提高投入产出比，促进果树栽培向集约化方向发展，在世界各国广泛推广应用。此外，梨和柑橘的矮化砧也已进入实用阶段，桃、杏、樱桃等果树的矮化砧研究和培育正在发展中。

我国果树种类繁多，随着科学技术和果树生产不断发展，作为嫁接用的砧木，其种类和利用形式也在不断增加。

（一）按照砧木的繁殖方法分类

1. 实生砧

实生砧是指利用种子播种繁殖的砧木，是当前广泛应用的砧木繁殖方法。

2. 无性系砧

无性系砧又称为营养系砧，是指利用植物的某部分营养器官（枝、根、茎尖等），经过培养发生不定根或不定芽而形成完整植株的砧木，是矮化砧的主要繁殖方法。

（二）按照砧木对树体生长的影响分类

1. 乔化砧

乔化砧是指嫁接后树体生长较快而高大的砧木，是我国传统的果树砧木。这类砧木根系发达、抗逆性强、固地性好、生长健壮、进入结果期较晚。既包括实生乔化砧（如山定子、海棠、杜梨等），也包括无性系乔化砧。

2. 矮化砧

矮化砧是指嫁接后树体生长缓慢而矮小，有效控制树体生长速度，促进树体提早开花结果的砧木。采用矮化砧有利于实现密植栽培、高效利用土地资源、提高早期经济效益、便于果园管理，是当前果树栽培发展的总趋势。

（三）按照砧木的利用方式分类

1. 共砧

共砧又称为本砧，是指与接穗同属一个种的砧木。可以是实生苗，也可以是自根苗。因其与接穗属于近缘关系，故嫁接亲和力强，成活率高。但共砧多为栽培品种的实生苗，变异率较高，抗逆性较差。近年来，我国采用近缘野生种或半野生种为砧木的情况日益增多。我国核桃、板栗、荔枝、龙眼、枇杷等常用共砧嫁接繁殖；欧美西洋梨常用冬香梨、安久梨、巴梨为共砧嫁接繁殖。

2. 自根砧

自根砧是指采用砧木植物的某一器官或自身体细胞，经过人工培养生根并能繁殖和具有自身根系的砧木。因从母株分离而生，其阶段发育年龄和遗传特性均与母株相同，但缺少主根，侧根发达，根系分布浅，抗逆性较差。除用扦插、压条、分株等方法培养自根砧外，近年来采用人工培养基，外植茎尖、茎段、胚乳或叶片等，使其生根并成为独立完整植株的砧木，也称为自根砧。

3. 中间砧

中间砧是指位于接穗和基砧之间的一段砧木。矮化砧常因根系浅、固地性和抗逆性差或与接穗嫁接亲和不良等缺点，而作为中间砧使用。这样，既可保留原来基砧的优良特性，提高嫁接亲和力，克服矮化基砧固地性、抗逆性差的缺点，又利用了中间砧的某种特性，达到矮化、早果、优质和嫁接改良的目的。利用中间砧繁殖的苗木称为中间砧果树苗木。中间砧果树苗木由品种接穗、中间砧、基砧三部分组成，利用中间砧繁殖矮化果树苗木，可培育具有某种抗性的果树苗木，也可作为解决某些品种与基砧嫁接不亲和的方式，目前已在很多国家广泛应用。

二、砧木的适应性及其在嫁接繁殖中的作用

砧木是嫁接组合中不可缺少的部分，也是生产嫁接苗的基础。不同种类砧木因起源不同、长期生长环境差异以及自然变异等因素的影响，具有不同的生理和生态特性。砧木种类与接穗品种的搭配，与嫁接成活率、栽植成活率、树体大小、生长势、始果年龄、果实品质、抵御外界不良环境条件、树体寿命以及抗病虫害能力均有密切关系。因此，了解砧木的特性，对不同地区发展的果树选配适宜的砧木、发挥果园的最高生产能力等具有重要意义。

（一）砧木的适应性

1. 对低温的适应性

不同砧木种类对低温的适应性与砧木原产地和长期自然选择有关。根系是对低温敏感的器官，一旦受到寒害或冻害，将直接影响地上部分正常生长和结果，甚至全株死亡或全园毁灭。在容易发生冻害的地区，选用抗寒砧木是十分重要的。以山定子为砧木嫁接苹果，可以忍耐−40℃左右的低温；君迁子和秋子梨耐寒力强，可分别作为柿和梨的抗寒砧木；枳作为柑橘砧木，在−7～−5℃低温下，受害率仅为10.8%。

2. 对干旱的适应性

砧木对干旱的适应性主要与原产地生态条件和砧木的根系发育程度有关。根系分布深而广的砧木种类，抵御干旱的能力也较强。例如，海棠、山定子、山桃、山杏、扁桃、杜梨、核桃楸、枳橙等，均有较强的耐干旱能力。

3. 对水涝的适应性

不同种类砧木的根系对水涝的适应和忍耐能力差别悬殊，这与砧木生理特性和根系构造有关。例如，毛桃比山桃耐涝力强；椪柑砧木，可栽植于水稻田中；以海棠果、平顶海棠作为苹果砧木较其他种类砧木具有较强的耐涝能力。

4. 对盐碱的适应性

在果树栽培中，利用耐土壤盐碱的砧木种类，对于发展盐碱地果树具有重要意义。苹果砧木中小金海棠、八棱海棠、湖北海棠、新疆野苹果以及柑橘砧木枸头橙等表现出较强的耐盐碱力。原产较潮湿酸性土壤中的山定子，在盐碱地则易出现缺铁症。此外，杜梨、酸枣、山桃、山杏、葡萄均属于较耐土壤盐碱的砧木。

5. 对病虫害的抵抗能力

多年以来，国内外已筛选出一批能够抵抗不同病虫害的优良砧木。例如，利用圆叶海棠、君袖苹果和MM系类型作为苹果砧木抵抗苹果绵蚜；用河岸葡萄和沙地葡萄作为砧木抵抗根瘤蚜；用枳作为温州蜜柑砧木，可明显提高抵抗柑橘溃疡病的能力。

（二）砧木在嫁接繁殖中的作用

砧木对果树的生长与结果具有显著的调控作用。不同种类、不同特性的砧木，对果树生长发育和适应性可能具有单一或综合的影响。因此，在嫁接繁殖果树苗木中，应该了解各种砧木的特性，从而正确选择砧穗组合，达到生长健壮、早果、丰产、适应性和抗逆性强、经济寿命长的目的。

1. 提高植株抗性

果树砧木多属于野生或半野生种类，具有较广泛的适应性，表现出不同程度的抗寒、抗旱、抗涝、耐盐碱和抗病虫害等特性，利用这些砧木可提高嫁接果树的抗逆性和适应性，有利于扩大栽培范围和适应栽植地区的生态环境。例如，苹果砧木已由共砧发展为适于各地气候条件的八棱海棠（华北南部）、山定子（东北、华北北部）、楸子（西北地区）、新疆野苹果（新疆）等苹果近缘种和野生种；嫁接在GM_{256}砧木上的苹果、β砧木上的葡萄植株抗寒性得到很大程度提高，可有效防止冻害的发生，并使适生栽培区域向北推移；因君迁子较耐寒，北方多用君迁子作为柿的砧木；枳是柑橘良好的抗寒砧木；用八棱海棠和小金海棠作为苹果砧木，对缺铁症抵抗力较强，而且抗旱、抗涝；杜梨作为梨砧木抗盐碱能力增强；毛桃比山桃砧木更耐水涝；李作为桃的砧木能提高耐水涝能力；红檬檬具有很强的耐水涝能力，广东多用它作为砧木在水稻田栽培椪柑、蕉柑；红橘作为甜橙的砧木，较甜橙砧木耐旱；枸头橙作为温州蜜柑的砧木，较枳砧木抗盐碱。美国为了有效解决已构成威胁的核桃黑线病问题，多年来一直致力于抗黑线病砧木的育种和选种工作，并已取得进展。目前，抗葡萄根瘤蚜、抗柑橘线虫砧木以及抗寒性强和抗缺素症砧木等正在不断推出并应用于生产。

2. 调控树体生长与结果

20世纪以来，随着果树砧木的应用和研究迅速发展，对有效控制树体生长的矮化砧要求日益迫切。为了高效利用土地资源、方便管理、促进果树提早结果、改善果实品质、提高经济效益，推动农业向集约经营方向发展，矮化砧的研究已成为各国研究热点和应用重点。其中，苹果矮化砧研究和应用最为广泛和深入；梨和柑橘的矮化砧也已进入实用阶段；核果类（桃、杏、李）矮化砧正在研究和试用中。由于矮化砧果树用于建造营养器官所消耗的光合产物较乔化砧果树少（苹果可减少光合产物总量的20% ~ 25%），用于成花和果实生长的光合产物相对增加，在同样投入的情况下，经济学产量明显高于乔化砧果树，因而颇受科技界和果农的重视和欢迎。

3. 提高繁殖系数与嫁接亲和力

为克服某些矮化砧繁殖困难、繁殖系数低或根系生长发育不良等缺点，将具有某种特性的枝条作为中间砧，利用基砧根系发达、固地性强、适应性强和繁殖容易等优点和中间砧对接穗的矮化性能，共同作用于接穗，以达到矮化树冠、提早结果、增强适应性的目的。例如，用安托诺夫卡品种或法国海棠枝条作为中间砧，可提高苹果主干的抗寒性和抗树皮腐烂病能力。

三、砧木区域化

（一）砧木区域化的意义

不同气候和土壤类型对果树砧木的适应范围有一定要求，不同果树砧木对气候和土壤环境条件也有所选择。在果树生产区域，根据各地生态环境，选用适宜的果树砧木，才能充分发挥果树品种的优良特性，达到优质、高产、高效和低成本的目的。果树砧木区域化是在总结经验的基础上，选择某一地区的生态适应性和生长结果表现良好的砧木，并成为建立果园的指标，是现代果树发展和集约化经营的重要内容。

砧木区域化的原则是：因地制宜，适地适树，就地取材，育种和引种相结合，经过长期试验比较确定当地适宜的砧木种类。从当地原产树种中选择适宜砧木种类，因其风土适应性强，通常表现良好，也适于环境条件差异不大的地区应用。从外地引入砧木种类，应该首先对其生物学特性进行充分了解并进行栽植试验，证实其对当地土壤、气候条件的良好适应能力后，再行大量引用推广。我国主要果树常用砧木种类及主要特性见表2-13。

表2-13　我国主要果树常用砧木种类及主要特性

砧木种类		主要特性
山定子		抗寒性强，根系发达，抗瘠薄，不抗盐碱，抗旱性较海棠果差
海棠果		抗旱、抗涝、抗寒、抗盐碱，其中崂山柰子有矮化效果
西府海棠		较抗旱、耐涝、抗寒、抗盐碱，其中八棱海棠适于华北地区
湖北海棠		适应性强，抗病性强，有一定抗涝和抗盐碱能力
新疆野苹果		较抗寒、抗旱、抗盐碱
SH_{40}（国光×河南海棠）		半矮化砧，抗寒、抗抽条，须根少，结果早，适宜作为中间砧
SH_{28}（国光×河南海棠）		半乔化砧，抗寒、抗抽条，结果早
GM_{256}（红海棠×M_9）		半矮化砧，抗寒性强
国外引进的矮化砧	M_7	半矮化砧，抗寒、较抗旱、抗涝，根系深，结果较早
	M_9	矮化砧，抗寒、抗涝，抗旱性稍差，根系浅，固地性差，结果早
	M_{26}	矮化砧，抗寒、抗涝，抗旱性稍差，在华北地区易抽条，结果早
	M_{27}	极矮化砧
杜梨		根系发达，抗旱、抗涝、抗盐碱，与中国梨和西洋梨亲和力强，结果早，寿命长
秋子梨		乔化砧，抗寒、抗腐烂病，丰产，寿命长
沙梨		南方梨主要砧木，根系发达，抗涝、耐热，抗腐烂病能力中等，嫁接巴梨、冬香梨，易患铁头病
榅桲		西洋梨矮化砧，分为A型、B型、C型，A型亲和力强，扦插易发根，抗寒性较差，不抗盐碱，C型矮化效果显著
山桃		抗寒、抗旱、抗盐碱、抗瘠薄，嫁接亲和力良好
毛桃		抗盐碱、抗瘠薄、较抗涝，嫁接亲和力良好
杏		嫁接成活力较低，进入结果期较迟，结果良好

（二）区域化砧木的选择条件

我国地域辽阔，各地气候、土壤条件差别较大，各种果树要求适宜的砧木范围也较广。各种果树砧木种类繁多，适于同一种果树的砧木可有多种，每种砧木中又有多种类型或单株，对外界环境条件的适应性也多种多样，确定不同区域果树砧木前应对砧木特性、砧穗组合生长结果表现有详细的了解，具体应掌握以下几个条件：

①与接穗品种有良好的亲和力，接口愈合良好，嫁接成活率高。

②对当地风土、气候适应性强，根系发达，生长健壮。

③适应该种果树的栽培模式，有利于接穗品种生长和结果，或能提早结果，增进品质。

④具有抗病虫害、抗寒、抗盐碱能力，或能控制树体生长等特性。

⑤砧木材料来源丰富或易于大量繁殖。

四、砧木苗的繁殖

用于果树嫁接的苗木统称为砧木苗，包括实生苗和无性系砧。此处仅介绍实生苗的繁殖方法及特点。

（一）实生苗的特点和利用

用种子播种培育的苗木称为实生苗。在我国，实生苗的繁殖主要用于果树苗木的砧木嫁接。实生苗的主要特点如下：

①根强大，根系发达，入土较深；对外界环境条件适应能力强。

②实生苗的阶段发育是从种胚开始的，具有明显的童期和童性，进入结果期较迟，有较强变异性和适应能力。

③因大多数果树为异花授粉植物，故其后代有明显的分离现象，不易保持母树的优良性状和个体间的相对一致性。

④少数果树种类具有无融合生殖特性，苹果属中的湖北海棠、锡金海棠、变叶海棠、三叶海棠等，可产生无配子生殖体，其后代生长性状整齐一致。

⑤柑橘和芒果的同一粒种子内有多胚现象，除一个有性胚外，其余均为珠心胚。表现为生长势强，能较稳定地遗传母本特性。柑橘珠心胚的发育如图2-22所示。

⑥在隔离条件下，培育的实生苗是不带病毒的。利用实生苗繁殖脱毒苗木或用无配子生殖体的营养胚繁殖，是防止感染病毒病的途径之一。

许多果树属于异花授粉植物，在系统发育过程中形成了亲缘关系比较复杂的群体，后代杂合性很强，遗传变异较大，采用种子繁殖很难保持母树固有的优良特性。因此，实生苗直接作为果树苗木在生产上的应用越来越少，实生苗繁殖应用最为广泛的是利用近缘野生种或半栽培种作为嫁接果树的砧木来源，用以增强抗逆性和适应性。

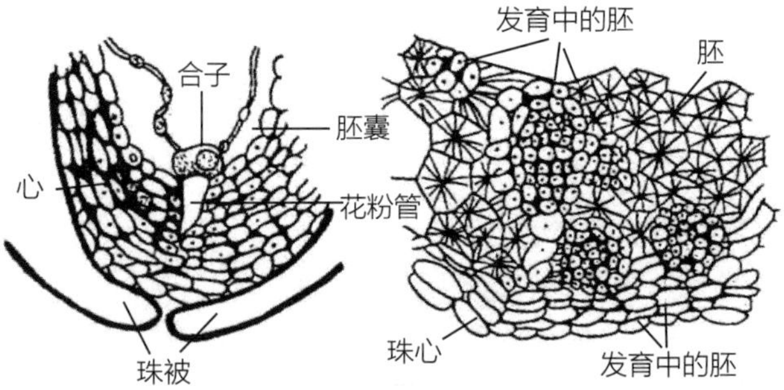

图2-22　柑橘珠心胚的发育

（二）实生苗的繁殖原理和方法

1. 种子的采集

种子的质量关系到实生苗的长势和合格率，优良种子的采集是培养优良实生苗的重要环节。为确保繁殖出纯正品种、类型一致的砧木苗，应当选择那些品种纯正、砧木类型一致、生长健壮且无严重病虫害的植株作为采种母树。同时，还应注意采种母树的丰产性、优质性和抗逆性。种子的采集时期至关重要，必须在母树上充分成熟时才能采集。

果树种子成熟分为生理成熟和形态成熟两个时期。生理成熟是指种子内部营养物质呈易溶解状态，含水量高，种胚已经发育成熟并具备发芽能力，这类种子采后播种即可发芽，而且出苗整齐。然而，需要注意的是，由于种皮容易失水，并渗透出内部有机物，从而容易遭受微生物侵染，霉烂，不宜长期贮藏。形态成熟是指种胚已完成生长发育阶段，内部营养物质大多转化为不溶解的淀粉、脂肪、蛋白质状态，生理活动明显减弱或进入休眠状态，种皮老化致密，不易霉烂，适于较长期贮藏。生产苗木所用的种子多采用形态成熟的种子。采集种子必须适时。为了鉴别种子是否形态成熟，通常会观察果实颜色是否转变为成熟色泽、果肉是否变软、种皮颜色是否变深并具有光泽、种子含水量是否减少、干物质是否增加并显得充实等。多数果树种子在生理成熟以后进入形态成熟，只有银杏等少数果树，是在形态成熟以后再经过较长时间，种胚才逐渐发育完全。

在收取果实内的种子时，应注意堆沤腐烂果肉时防止温度过高损伤种胚，及时翻动降温。果实经加工处理取种，温度超过45℃时，不能作为种子使用。种子经过晾晒和阴干后，应按照标准要求进行精选和分级，使种子纯度达到95%以上，以提高出苗率、苗木整齐度并便于苗木管理。

2. 种子的贮藏

经过精选分级后的种子要妥善贮藏。在贮藏过程中，影响种子生理活动的主要条件是种子的含水量、温度、空气相对湿度和通气状况。多数果树种子的安全含水量和充分风干的含水量大致相等。例如，海棠果、杜梨等种子含水量在13%～16%；李、杏、毛桃等种子含水量最高可达20%～24%；而板栗、银杏、柑橘、龙眼、荔枝等种子则要保持30%～40%。贮藏环境空气相对湿度大，常使已干燥种子的含水量增高，酶的活性增强，呼吸旺盛，消耗物质增多，并放出大量热能和CO_2而引起霉烂。温度高可使种子呼吸加强，消耗大量贮藏物质而降低生活力。因此，贮藏期间的空气相对湿度宜保持在50%～80%，温度0～8℃为宜。大量贮藏种子时，应注意种子堆内的通气状况，通气不良会加剧种子的无氧呼吸，积累大量的CO_2，使种子中毒。在高温、高湿的情况下，更要注意通气和防止虫、鼠害。

种子贮藏方法因果树种类不同而异。大多数落叶果树种子在充分阴干后贮藏。但板栗、甜樱桃、银杏和绝大多数常绿果树的种子，采种后必须立即播种或湿藏，才能保持种子的生活力。否则，干燥后将丧失生活力或降低发芽力。人工低温、低湿、氧气稀少的环境条件，也可使不适于干藏的种子延长生活力。

3. 种子的休眠与层积处理

种子的休眠是果树在长期系统发育过程中形成的一种抵御外界不良条件的特性，是指有生命力的种子即使吸水并置于适宜的温度和通气条件下也不能发芽的现象。北方落叶果树的种子大都有休眠特性，南方常绿果树种子则无明显的休眠期或休眠期很短。

种子在休眠期间，经过外部条件的作用，使种子内部发生一系列生理生化变化，从而进入萌发状态，这一过程称为种子的后熟。种子完成后熟阶段需要满足一系列综合条件以及一定的时间积累。通过后熟的种子如遇不良环境条件可再次进入休眠状态，称为二次休眠或被迫休眠。落叶果树种子的休眠具有积极的意义，是经过长期系统发育而形成的特性。因为在自然条件下，落叶果树的种子成熟后很快就遇到寒冷的气候，如果种子萌发则幼苗很难越冬，休眠特性保障了树种的生存和繁殖。造成种子休眠的主要原因有：

①种胚发育不完全。有些果树种子外观已成熟并已脱离母体，但种胚尚处于幼小阶段，还要继续生长发育，才能正常发芽生长，如银杏、桃、杏早熟品种和油棕等。

②种皮或果皮的结构障碍。例如，山楂、桃、橄榄及葡萄的种子虽已成熟，但因其种壳坚硬、致密，具有蜡质或革质种皮，不易透水和透气，而妨碍种子吸水膨胀和气体交换，造成发芽困难而处于休眠状态。只有使用物理或化学方法，才能使其种壳或种皮软化，从而增加透水通气性，并在一定的条件下，才能萌发。

③种胚生理休眠或尚未通过后熟过程。苹果、梨、桃、杏等许多温带果树砧木种子成熟以后，需要在低温、通气和一定湿度条件下，经过一定时间才能促使种胚内部发生一系列生理生化变化。这些变化包括将复杂有机物水解为简单可利用物质，同时增强种子吸水能力。只有种胚通过后熟阶段，种子才能萌发。需注意，大多数常绿果树种子没

有后熟阶段。

需要经历后熟阶段的种子，在较低的温度和一定的湿度下，会发生一系列变化，包括种皮软化（仁果类）和种壳胀裂（核果类），从而改善种皮通气状况，增强种胚呼吸强度，提高细胞膜透性，减少酶活性；种胚中抑制胚活动的根皮苷及内种皮中的脱落酸，增加核糖核酸（RNA）及脱氧核糖核酸（DNA），淀粉转化为糖，蛋白质转化为氨基酸，脂肪转化为脂肪酸。只有当这些变化发生，种胚才能开始并进入旺盛的生理活动。

层积处理是指落叶果树种子在适宜的外界条件下，完成种胚的后熟阶段，解除休眠、促进萌发。因处理时常以河沙为基质，与种子分层放置，又称为沙藏处理。层积处理多在秋、冬进行。多数落叶果树种子需要在2～7℃的低温、基质湿润和氧气充足条件下，经过一定时间完成其后熟阶段。层积处理期间，高温会减弱低温处理的效果，降低氧气浓度也会影响层积处理效果。此外，基质湿度对层积处理效果有重要作用，通常沙的湿度以手握成团而不滴水（约为最大持水量的50%）为宜。层积处理的时间长短主要由不同果树种类、品种的遗传特性所决定（表2-14），但也与层积处理前的贮藏条件有关。

表2-14　不同果树砧木种子的层积处理时间（2～7℃）

果树	层积处理时间/天
湖北海棠	30～35
海棠果	40～50
山定子	25～90
八棱海棠	40～60
秋子梨	40～60
杜梨	40～60
沙果	60～80
核桃	60～80
山杏	45～100
杏	100

4. 种子的生活力鉴定

种子的生活力鉴定是判断种子发芽力和预测发芽率的一种方法，为确定播种量提供依据。种子的生活力受采种母树营养状况、采收时期、贮藏条件和贮藏年限等因素的影响。新采收的种子生活力强，发芽率高；放置时间较长的种子则因贮藏条件和贮藏时间长短，其生活力有所不同。鉴定种子生活力的方法有目测法、染色法和发芽试验法。目测法是指直接观察种子的外部形态。凡种粒饱满、种皮有光泽、种粒重而有弹性、种胚及子叶呈乳白色的种子，为有生活力的种子。核果类种壳坚硬，应检查种胚及子叶状况，然后计算有生活力种子的百分数。染色法是将待测种子浸入染色剂溶液一定时间后，利用细胞膜的选择性吸收或活体细胞的氧化还原反应，根据种胚及子叶染色情况，判断种子的生活力强弱和百分数的一种方法。常用的染色剂有靛蓝胭脂红、曙红和四唑，根据所使用染色剂不同，分为种胚及子叶着色和不着色两种类型。其中，使用靛蓝胭脂红或曙红时，种胚及子叶完全不染色或稍有浅斑的为有生活力种子；使用四唑时，种胚及子叶全面均匀着色的为生活力强的种子。发芽试验法是将无休眠期或经过后熟阶段的种子，均匀地放在衬垫滤纸的二重皿中，并给予一定水分，置于20 ~ 25℃条件下促其发芽，计算发芽百分率。此外，还有用X光照相测定种胚及子叶发育状况与损伤程度、用分光光度计测定光密度判断生活力等方法，但目前应用较少。

5. 播种

（1）播种时期

播种时期分为春播、秋播和采后立即播种。应根据当地气候和土壤条件以及不同果树种类的种子特性决定播种时期。冬季严寒，干旱，风沙大，鸟、鼠害发生严重的地区，宜行春播。春播的种子必须经过层积处理或其他处理，使其通过后熟阶段解除休眠，才能播种，从而保证出苗正常并整齐一致。冬季较短且不甚寒冷和干旱，土质较好又无鸟、鼠害的地区，则可秋播，这样种子可以在土壤中完成后熟阶段。秋播种子翌春出苗早，生长期较长，苗木健壮。然而，对于冬、春较长和土壤容易干旱的地区，应适当增加播种深度或进行畦面覆盖保墒，以保持土壤湿度。许多常绿果树种子，采后干燥失水易丧失发芽力，应立即播种。柑橘产区利用枳的种子发芽高峰在7月中下旬、发芽率达90%以上的特性，常用嫩籽播种，第二年秋季即可嫁接，且出苗整齐，长势健壮；福建、广东一带多于6 ~ 9月播种荔枝、龙眼和芒果；枇杷播种通常在4 ~ 6月。

（2）播种地准备

应选壤土或沙壤土作为播种地，并施入足量的腐熟有机肥，然后整平除去杂物，作畦或作垄。多雨地区或地下水位较高时，宜用高畦，以利排水。少雨干旱地区宜作平畦或低畦，以利灌溉保墒。畦的宽度以有利苗圃作业为准，长度可根据地形和需要而定。为防治地下害虫，应在播种前撒施农药或毒土。

（3）播种方法

条播是指在地面或畦床内按计划行距开沟播种，出苗后密度适当，生长比较整齐，容易进行施肥、中耕、除草、起苗出圃等作业，应用较为广泛。小粒种子，如山定子、海棠、杜梨等，多行条播。对于大粒种子如桃、李、核桃、龙眼、荔枝等，常按一定距离点播于苗床（或垄沟）内。此法用种量较少，苗木生长健壮，田间管理方便，起苗出圃容易，但单位面积产苗量较少。

（4）播种深度

播种深度与出苗率和整齐度有密切的关系。播种过深，土壤温度低，氧气不足，种子发芽困难，出土过程中消耗种内养分过多而出苗晚，甚至不能出土；播种过浅，种子得不到足够、稳定的水分而影响出苗率。播种深度因种子大小、气候条件和土壤性质而异，覆土深度以种子最大直径的1～5倍为宜。干燥地区比湿润地区播种应深些。秋播、冬播比春播、夏播应深些。沙土、沙壤土比黏土应深些。

（5）播种量

播种量是指单位面积内计划生产一定数量的高质量苗木所需要种子的数量。播种量不仅影响产苗数量和质量，也与苗木成本有密切关系。在育苗过程中，影响成苗出圃数量的因素很多，如播种质量、田间管理和病虫害等。因此，实际生产播种量均高于理论计算播种量。不同果树砧木每千克种子粒数及播种量见表2-15。

表2-15　不同果树砧木每千克种子粒数及播种量

果树	每千克种子粒数/粒	每亩的播种量/kg
山定子	150000～220000	1.0～1.5
海棠果	40000～60000	1.0～1.5
沙果	44800	1.0～2.3
秋子梨	16000～28000	2.0～6.0
杜梨	28000～70000	1.0～2.5
毛桃	200～400	30.0～50.0
山桃	260～600	20.0～50.0
山杏	800～1400	15.0～30.0
酸枣	4000～5600	4.0～6.0
枣	2000～2600	7.5～10.0
毛樱桃	8000～14000	7.5～10.0
甜樱桃	10000～16000	7.5～10.0
山楂	13000～18000	7.5～15.0

任务三　嫁接苗的繁育

嫁接是广泛应用于生产的果树苗木繁育方法。其将优良母株的枝或芽嫁接到另一植株的枝、干或根的适当部位，经过双方愈合而组成新的独立植株。

一、嫁接苗的特点和利用

嫁接苗由砧木和接穗两部分组成。用作嫁接繁殖的枝段和芽称为接穗，承受接穗的部分称为砧木。生产中常利用砧木的乔化、矮化、抗旱、抗寒、抗涝、抗盐碱和抗病虫害等特性，以增强树体的适应性和抗逆性，并调节生长势，从而扩大栽培范围并适应不同的栽培模式。利用接穗品种稳定的优良性状，可以保持其固有的生物学特性和果实经济性状。对于采用扦插、压条、分株不易生根的种类、品种和一些无核、少核种类或品种，可以通过嫁接繁殖大量苗木。因此，嫁接是生产果树苗木最主要的繁殖方法。此外，果树育种中利用嫁接，可以保存并繁殖芽变或枝变等无性变异，促进杂交幼苗提早结果，早期鉴定育种材料。生产中利用嫁接对劣质品种大树高接换优，对病、损树桥接补枝，对空膛树嫁接填补空间，对单一品种嫁接授粉品种等应用也极为广泛。近年来，在微体嫁接、脱毒苗检测等方面也都应用嫁接。利用嫁接研究植物组织极性，砧木与接穗的相互影响及亲和力，营养物质在果树体内的吸收、合成、转移和分配以及内源激素对果树生长、开花和根系生理活动的影响等也日益深入和广泛。

二、嫁接苗的繁育原理

（一）嫁接愈合成活过程

嫁接双方能否愈合成活，除砧木与接穗的亲和力外，双方产生愈伤组织，接口愈合是关键。

1. 愈伤组织形成

果树砧木和接穗在嫁接时都会造成伤口，双方伤口内部一些细胞壁开始木栓化，并把死细胞和活细胞隔离开来。残存活细胞与伤口平行多次分裂，被覆伤面，这些新分裂形成的组织称为愈伤组织。愈伤组织主要由形成层细胞形成，也可由已经失去细胞分裂作用的薄壁细胞重新恢复分裂能力形成。薄壁细胞重新恢复分裂能力并形成愈伤组织，是由受伤细胞内产生的一种创伤激素，刺激周围未受伤永久组织细胞进行分裂所致。

2. 愈合及成活过程

在嫁接操作中，砧木和接穗的削面受损伤变褐死亡，这些死细胞的内容物和细胞壁的残余形成褐色隔膜（隔离层），封闭和保护伤口。此后，双方形成层开始分裂，隔膜以内的细胞受创伤激素的影响，使伤口周围细胞开始生长和分裂，形成愈伤组织，将隔膜包被于愈伤组织之中，直到输导组织形成和连通。除来自形成层和伤口周围的细胞团外，木射线、未成熟的木质部、韧皮部、韧皮射线等均可产生愈伤组织。砧木和接穗切面的愈伤组织几乎同时产生，但二者增长速度不同。一般，砧木形成和产生愈伤组织快而多，接穗则较慢而少。芽接的愈伤组织在嫁接后7天左右逐渐填满砧木和接穗的接口空隙后，开始形成愈伤形成层。10天左右由老形成层恢复分裂，形成弯曲的新形成层环。砧木和接穗双方的新形成层环联结后，接穗开始生长活动，双方愈伤组织的薄壁细胞逐渐靠近并互相联结。这时，新形成层逐渐分化，向内分化新的木质部，向外分化新的韧皮部。从纵切面观察，砧木和接穗开始形成管胞分子和管胞束，在以后继续分化生长的过程中，将砧木和接穗双方木质部导管和韧皮部筛管连通，最终达到全面愈合，成为新的独立植株。

河北农业大学丁平海等通过解剖观察核桃枝接愈合过程，将其分为5个阶段（图2-23）。

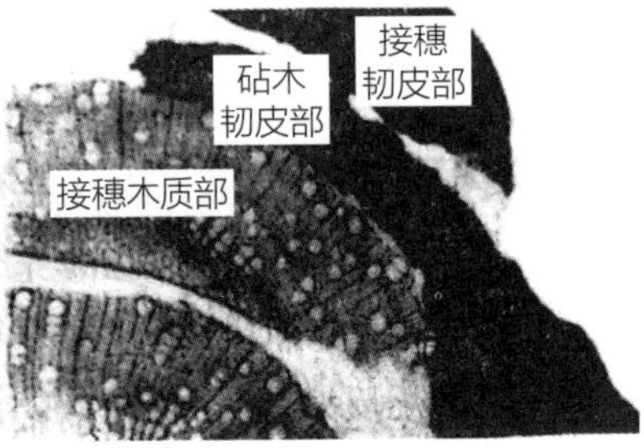

（a）未形成愈伤组织

（b）开始形成愈伤组织

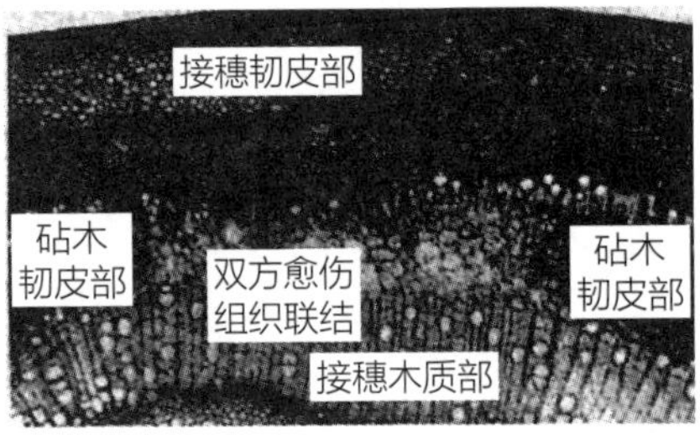

（c）愈伤组织联结

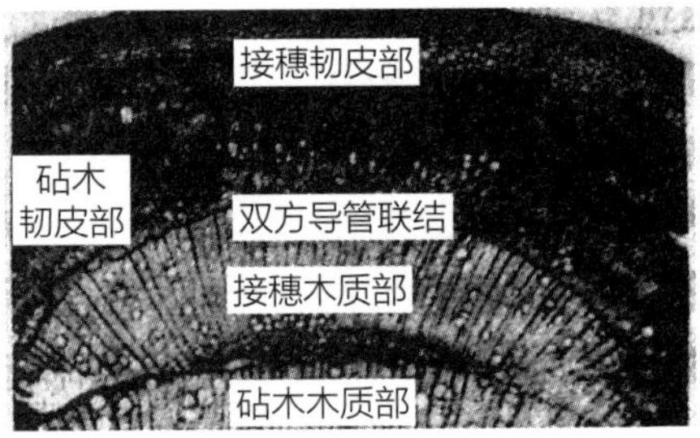

（d）原形成层分化与联结

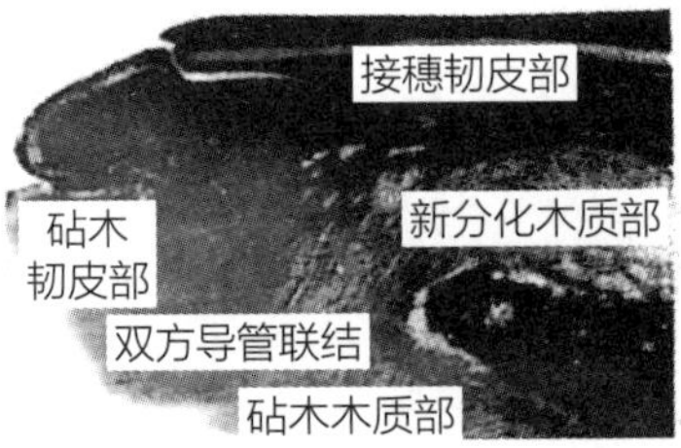

（e）输导组织分化与联结

图2-23　核桃枝接愈合过程

①未形成愈伤组织。嫁接后1～5天。

②开始形成愈伤组织。嫁接后6～17天，韧皮射线、韧皮细胞、未成熟的木质部射线细胞、形成层、周皮和韧皮部间薄壁细胞开始产生愈伤组织和细胞。

③愈伤组织联结。嫁接后15天左右，由砧木外皮层与接穗内皮层、接穗木质部外层与砧木韧皮部内层形成的愈伤组织靠近并联结。

④原形成层分化与联结。嫁接后15～20天，砧木和接穗的原形成层各自分化出新形成层细胞并联结成为弯曲的新形成层。

⑤输导组织分化与联结。嫁接后35～45天，联结完善的砧木和接穗形成层，受邻近细胞的影响，开始向内分化木质部细胞并形成导管，向外分化韧皮部并形成筛管，最后新分化的输导组织联结贯通。

（二）影响嫁接愈合成活的因素

影响嫁接愈合成活的因素主要是砧木和接穗的亲和力、砧木和接穗的质量、嫁接技术和嫁接时的外部条件等。

1. 砧木和接穗的亲和力

砧木和接穗的亲和力是指砧木和接穗经过嫁接愈合成活和正常生长结果的能力，是嫁接成活的关键因素和基本条件。砧木和接穗的亲和力强弱是复杂而多样的，通常分为：亲和良好（砧木和接穗生长一致，接合部愈合良好，生长发育正常）；亲和力差（砧木粗于或细于接穗，接合部膨大或呈瘤状）；短期亲和（嫁接成活，但生长几年以后枯死）；不亲和（嫁接后砧木和接穗输导组织不能连通，接穗随之干枯死亡）。晚期不亲和对果树生产和经济效益将造成严重影响。嫁接亲和力强弱是植物在系统发育过程中形成的特性，主要与砧木和接穗双方的亲缘关系、组织结构、生理生化特性和携带病毒等有关。

（1）亲和力与亲缘关系

通常亲和力与亲缘关系呈正相关。例如，同品种间的亲和力最强，嫁接成活率高；同属异种间则因果树种类而异，但多数果树亲和力都很好（如苹果嫁接在海棠或山定子砧木上；白梨嫁接在杜梨砧木上；甜橙嫁接在酸橘砧木上；柿嫁接在君迁子砧木上等）；同科异属间的亲和力则比较弱（如山楂砧木嫁接苹果）。属间嫁接亲和力良好，并广泛应用于生产中。例如，榅桲砧木嫁接西洋梨，枳壳砧木嫁接柑橘，石楠砧木和榅桲砧木嫁接枇杷等。如果西洋梨砧木嫁接榅桲，中国李砧木嫁接欧洲李，则亲和力低。但也存在特殊情况，如同属于湖北海棠的平邑甜茶和泰安海棠，分别作为苹果砧木时，前者与苹果亲和力很强，后者亲和力较弱。又如，同样用泰安海棠作为砧木，嫁接金冠苹果成活率很高，而嫁接青香蕉苹果、伏花皮苹果则成活率很低，表明亲和力是一个较为复杂的问题。

（2）亲和力与砧木和接穗组织结构的关系

砧木和接穗双方的形成层、输导组织及薄壁细胞的组织结构相似程度越高，相互适应能力越强，越能促进双方组织联结，亲和力越强；反之，亲和力低，表现为嫁接成活率低或嫁接后生长不良。有学者在电子显微镜下观察榅桲砧木上嫁接西洋梨组合中的亲和与不亲和两类植株接合部细胞壁构造时发现，各亲和组合中细胞壁木质素含量基本相同，不亲和组合中砧木和接穗相邻细胞壁中则不含木质素，双方不能愈合联结。因此，该学者认为接合部附近细胞壁的木质化过程是西洋梨和榅桲愈合成活所必需的关键环节。桃嫁接在马里安娜李（Mariana）砧木上，虽然初期能够成活生长，但从解剖中看到双方韧皮部未能愈合，从而导致根系死亡，叶片枯萎脱落，进而植株死亡。

（3）亲和力与砧木和接穗生理生化特性的关系

当砧木和接穗任何一方不能产生对方生活所需要的生理生化物质，甚至产生抑制或毒害对方的某些物质时，双方生理活动差异就会受到阻止或中断。这主要源于砧木和接穗双方的生理机能和生化反应方面的差异，具体表现在双方对营养物质的制造、新陈代谢以及酶活性等方面，从而造成砧木和接穗间不亲和。有学者在葡萄、苹果上的试验发现，接穗所合成的物质不能通过不亲和的接合部。研究认为不亲和的组合中，缺少有利于简单物质再度合成的适当酶类。例如，以榅桲为砧木嫁接中国梨，双方过氧化氢酶活性相近（0.1 ~ 1.5）时亲和力强；大于1.5时，亲和力差或不亲和。另外，由于榅桲砧木产生一种含氰苷的物质进入梨接穗的韧皮组织后，分解出氢氰酸而阻碍接合部形成层活动，引起接合部韧皮部和木质部解剖上的异常，从而阻碍上下养分和水分的输导。这种游离的氢氰酸还可损害大面积韧皮部，从而导致全株死亡。

某些生理机能的协调程度也可影响亲和力。有研究用硝酸钾溶液原生质分离法测定细胞渗透压，当砧木的渗透压高于接穗时不会引起生理反常现象；反之，则可引起生理障碍。例如，将日本梨和西洋梨嫁接在褐梨砧木上则生长良好，因为接穗比砧木的渗透压低或相等，而用秋子梨和日本梨作为西洋梨砧木时，则表现出不亲和。如果砧木吸收无机盐数量超过接穗所能忍耐的程度时，也可导致接穗死亡。例如，中国板栗嫁接在日本栗砧木上，后者由于吸收无机盐较多而产生不亲和，而中国板栗嫁接在共砧上则亲和力良好。

（4）亲和力的预测鉴定

通过一些可靠的方法预测嫁接组合是否亲和具有一定的生产实践意义，因为有时外部形态不正常并不能说明嫁接不亲和，有些组合的不亲和现象要到15 ~ 20年以后才表现出来。为了克服田间试验判断亲和力时间过长的缺点，可采用实验室测定的方法来进行亲和力的预测，如通过解剖测量砧木和接穗的最小细胞的大小相似度、用显微镜检查接合部的组织结构是否正常来推测亲和力。研究指出，依据砧木和接穗形成层细胞生长速率和分生能力与木质化相互适合程度可以预测砧木和接穗的亲和力。有学者提出用目测检查嫁接2年生幼树接合部内皮层断续性的方法，可以确定嫁接亲和力的强弱，凡在内皮层产生纹孔式纹路则属于亲和力差的类型。这个方法简便易行，而且不损毁幼树。此外，也可通过测定接合部的水分传导能力、断裂强度、上下部分淀粉分布和积累情况来推断亲和力的强弱。

（5）亲和力与砧木和接穗携带病毒的关系

砧木和接穗任何一方带有病毒、病毒复合物类菌质体，都可使对方受害，甚至死亡。这些病毒或病毒复合物类菌质体均可通过嫁接传播。例如，苹果嫁接带有病毒的接穗2～3年后，植株长势变弱，树皮龟裂，木质部异常或叶片褪绿、花叶等，明显影响树体生长发育。在美国，人们发现用黑核桃作为砧木嫁接核桃时，由于樱桃卷叶病毒的传播危害，使接合部产生一圈黑色木栓组织，称为黑线病，这种病毒会割断上下营养和水分通路而造成树势衰弱，最终死亡。

2. 砧木和接穗的质量与嫁接技术

砧木和接穗的愈合过程需要双方贮藏充足的营养物质作为保证，才能有利于双方形成层正常分生愈伤组织、接口愈合和嫁接成活。其中，尤以接穗的质量（营养物质和含水量）具有更重要的作用。不同果树嫁接成活时对接穗含水量的要求有差异，但多数果树表现为接穗失水越多，愈伤组织形成量越少，嫁接成活率也越低。

河北农业大学丁平海等曾以容易嫁接成活的苹果和较难成活的核桃枝条为试材，观察接穗失水率与愈伤组织形成的关系。结果表明，接穗失水率与愈伤组织形成呈负相关，且苹果接穗失水率超过19.89%、核桃失水率超过11.75%时，愈伤组织形成能力显著降低，不宜用于嫁接。当春季土壤解冻后，某些果树（如核桃、葡萄、杨梅、枇杷等）的根系开始活动且根压增大，容易出现过多伤流而影响或窒息接合部伤面细胞呼吸作用，妨碍愈伤组织生成和增殖，导致成活率降低。

良好的嫁接技术是嫁接成活的重要条件。砧木和接穗削面平滑，形成层密接，操作迅速准确，接口包扎严密者，嫁接成活率高；反之，削面粗糙，形成层错位，接口缝隙较大和包扎不严等均可降低成活率。

3. 温度、水分和接口湿度

（1）温度

温度是影响果树嫁接成活的主要因素之一。温度与砧木和接穗的分生组织活动程度有密切关系。早春温度较低，形成层刚刚开始活动，愈合缓慢。但嫁接过晚，气温升高较快，接穗芽易萌发，也不利于嫁接愈合和成活。各种果树愈伤组织形成的适宜温度不同。苹果形成愈伤组织的适宜温度为22℃左右，3～5℃时愈伤组织形成甚少，超过32℃

时不利于形成愈伤组织并可引起细胞受伤，40℃以上时愈伤组织死亡。核桃形成愈伤组织的适宜温度为22～27℃，低于17℃时愈伤组织形成很少，超过35℃时枝条变黑。葡萄形成愈伤组织的适宜温度为24～27℃，超过29℃时愈伤组织柔嫩易损，低于21℃时愈伤组织形成缓慢。因此，根据不同果树愈伤组织形成对温度的要求，选择适宜嫁接时期，是嫁接成功的另一个重要条件。

（2）水分和接口湿度

土壤水分与砧木生长势和形成层分生细胞活跃状态有关。当砧木容易剥离皮层，接穗含水量充足时，双方形成层分生能力都较强，愈伤组织形成和接合较快，砧木和接穗输导组织容易连通。当土壤干旱缺水时，砧木形成层活动滞缓，必然影响嫁接成活率。但若土壤水分过多，将导致根系缺氧而降低组织的愈伤形成能力，也不易嫁接成活。

接口湿度为砧木和接穗双方愈伤组织的形成和联结创造了适宜条件。由于愈伤组织由薄壁而柔嫩的细胞群所组成，在愈伤组织表面保持一层水膜（饱和湿度），才有利于愈伤组织分化。例如，苹果接穗切面形成愈伤组织的适宜湿度为95%～100%。接口保湿措施是为接口双方大量形成愈伤组织并进一步愈合成活创造有利条件。而对于某些伤流较多的果树，为避免浸泡接口而降低成活率，应尽量避开伤流期嫁接或采取减少接口伤流的措施。

4. 嫁接的极性

愈伤组织具有明显的极性，砧木和接穗双方愈伤组织的极性影响接合部生长。任何砧木和接穗都有形态学的顶端和基端，愈伤组织最初发生在基端部分，这种特性称为垂直极性。常规嫁接时，接穗的形态学基端应插入砧木的形态学顶端部分（异极嫁接），这种正确的极性关系有利于接口愈合、嫁接成活和接穗的正常生长。如果桥接时将接穗极性倒置，虽然也能愈合并存活一段时期，但接穗不能加粗生长；而极性正确，嫁接的接穗则正常加粗。桥接中正接与倒接的加粗情况如图2-24所示。

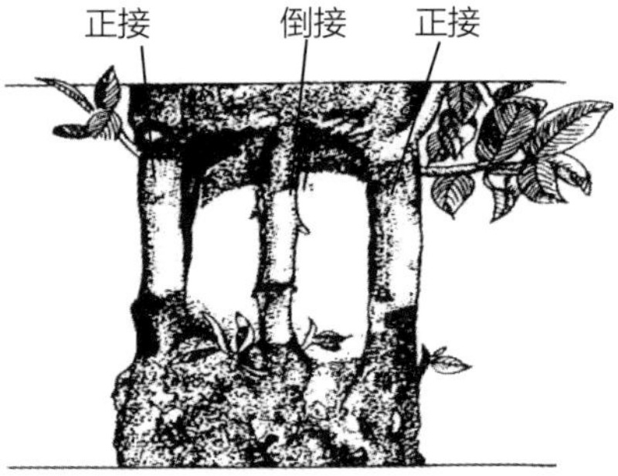

图2-24　桥接中正接与倒接的加粗情况

寄根接时，当接穗嫁接到一个极性倒置根段上时（同极嫁接），由于接合不良，可能促使接口以上的接穗部分生根。这种方法虽也可接活，但是接穗不能供给砧木所需的有机养分，砧木将逐渐死去。

丁字形芽接时，接芽倒接也能永久成活。开始时芽向下生长，以后新梢弯曲向上生长，这时接芽的形成层仍能继续生长，但从形成层分化出来的导管和筛管却呈扭曲结构，水分和养分流通不畅，常造成生长缓慢、成花过早而导致树体早衰。

三、砧木与接穗间的相互关系

嫁接成活后，砧木和接穗双方成为一个新的植株，在以后生活过程中将会互相产生影响。

（一）砧木对接穗的影响

砧木对接穗影响范围较广，如对生长发育、结果能力、抗逆性和对环境的适应能力等方面均有着重要的作用和影响。

1. 对生长的影响

嫁接在不同砧木上的果树品种，其树冠大小会有很大差异，有些砧木能促使树体生长高大，称为乔化砧。例如，海棠果、山定子是苹果的乔化砧；山桃和山杏是桃的乔化砧；青肤樱、野生甜樱桃是甜樱桃的乔化砧；酸橙是甜橙和宽皮柑橘的乔化砧。有些砧木能使树体生长短小，称为矮化砧，如以崂山柰子作为砧木，嫁接伏花皮苹果、倭锦苹果、红星苹果等品种，可使树体矮化。烟台沙果（属海棠果）、武乡海棠（属河南海棠）嫁接苹果后，表现为半矮化。从国外引入的许多苹果砧木如M_{27}为极矮化砧，嫁接苹果品种后树体大小只有嫁接在实生砧上的25%，M_0、M_{26}等为矮化砧，M_7、M_4、M_2等为半矮化砧；榅桲是西洋梨的矮化砧；枳和枳橙是多种柑橘的半矮化砧。由我国自行选育的苹果砧木SH_{38}、SH_5、SH_{40}等均对树体大小表现出良好的控制作用。砧木生长势不同，对接穗枝条总生长量的影响明显不同。用酸柚、红橘为乔化砧嫁接柠檬，枝条总生长量为嫁接在矮化砧枳、宜昌橙上的2～3倍。砧木还可影响树体寿命，矮化砧能缩短果树的寿命。例如，浙江黄岩用枸头橙作为乔化砧嫁接朱红橘，寿命可达百年以上；嫁接在小红橙砧木上寿命仅70～80年，嫁接在枳砧木上，30年后根系出现衰退。用共砧嫁接的枇杷寿命不过40～50年，而用石楠作为砧木，80年生以上还能盛产果实。

2. 对结果的影响

砧木对果树进入结果期的早晚、果实的成熟期、色泽、品质、产量和贮藏性等都有一定影响。通常嫁接在矮化砧和半矮化砧上的苹果和嫁接在榅桲上的西洋梨开始结果早。例如，嫁接在M_{26}、M_9、SH_{38}、富士苹果上较嫁接在海棠砧木上的树体始花年龄早2～3年。同时，即使同为乔化砧但种类不同，对同一品种接穗的结果期早晚有影响。河北农业大学的苹果砧木试验表明，金冠苹果嫁接在难咽（属西府海棠）、茶果（属海棠果）、河南海棠、山定子砧木上结果较早，而嫁接在三叶海棠砧木上则结果期较晚。桃嫁接在毛樱桃砧木比用其他砧木（毛桃、李、杏）开始结果早、成熟期早。甜橙嫁接在红檬檬或四季橘砧木上，比嫁接在酸橘砧木上结果早。

苹果矮化砧有使果实早着色、色泽好、提早成熟的作用。用林檎（中国苹果）砧木嫁接红玉苹果，果实品质较好；用武乡海棠砧木嫁接红星苹果，果实色泽鲜艳；用酸橙作为砧木嫁接甜橙、宽皮橘和葡萄柚，果实皮薄而光滑，多汁质佳而且耐贮藏；用葡萄柚作为柑橘的砧木，在多肥条件下可得优良的果实，但用粗柠檬作为砧木则果实大而皮厚，肉粗质劣，糖和酸含量低。另外，正如前文砧木在嫁接中的作用所述，砧木对果树的抗性有很大影响。

（二）接穗对砧木的影响

不同果树品种对砧木根系的生长特性有不同影响。例如，嫁接红魁苹果的砧木须根非常发达且直根发育很少；而嫁接初笑苹果或红绞苹果，则砧木为具有2～3叉深根性的直根根系；林檎砧木嫁接祝光苹果，其根系分布多，须根密度大；而同砧木嫁接青香蕉苹果则次之，嫁接国光苹果又次之。此外，在接穗的影响下，砧木根系中的淀粉、糖类、总氮、蛋白氮的含量，以及过氧化氢酶的活性都有一定变化。

（三）中间砧对基砧和接穗的影响

如果以山定子为基砧，M_9矮化砧为中间砧，其上再接红星苹果接穗，这种矮化中间砧苹果苗栽植后树冠较矮小，进入结果期早，则表明中间砧和矮化砧一样能使树体矮化和提早结果。矮化中间砧的矮化效果和中间砧的长度呈正相关，中间砧越长，矮化效果越明显，一般使用长度为20～25cm。

（四）砧木和接穗间相互作用的机理

砧木和接穗之间的相互关系是很复杂的。从已有的材料看，砧木对接穗影响的研究较多，主要包括营养和运输方面、内源激素方面、解剖结构和代谢方面。

1. 营养和运输方面

矮化砧果树通常比乔化砧果树含有较多的有机和无机营养，贮藏水平较高。嫁接在M_9矮化砧上的苹果幼树结果较早，与其新梢内较早积累淀粉有关，因而有利于花原始体的分化；嫁接在M_{12}乔化砧上的苹果幼树，因其强旺的根系吸收较多水分和养分，刺激新梢的生长，缺少早期淀粉积累，进入结果期较晚。

2. 内源激素方面

在应用矮化砧或在幼树的树干上倒皮接时，会出现接穗生长减弱的现象，这是因为从叶片运送到根部的生长物质和养分受到了干扰。

矮化砧之所以能使树体矮化，是由于其本身产生的促进生长的内源激素数量少，或者不能传递和利用接穗所产生的促进生长的内源激素所致。矮化砧幼树的内源生长素含量较多，在苗圃里尚可强旺生长1～2年，但以后可能由于内源生长素减少、缺乏或不能供给接穗的正常生长而表现矮化。

不同类型的矮化砧和乔化砧含有不同数量的促进生长和抑制生长的内源激素，并且一年中其含量也有变化。它们不仅能控制自身的生长，也能通过嫁接部位对接穗部分的生长发挥作用。

3. 解剖结构和代谢方面

砧木根韧皮部和木质部之间的比率称为根皮率。一般韧皮部所占比例较大，即根皮率较高的砧木，其矮化效果比较明显，砧木地上部分的生长势与其皮层和木质部直径的比值成反比。例如，苹果矮化砧M_9的皮层和木质部直径的比值是1.82，而半矮化砧M_7只有0.91。同时，生长势较弱的矮化砧，其根系木质部的髓射线细胞较生长势强的砧木多。例如，具有贮藏营养物质功能的细胞，M_9占81%，M_7则为50%。可据此判断砧木的生长势和矮化效果。

四、主要嫁接方法和苗木培育

（一）主要嫁接方法

果树嫁接的方法很多，依嫁接接穗所用材料主要分为芽接、枝接和根接。

1. 芽接

以芽片为接穗的嫁接繁殖方法称为芽接，是现代果树繁殖中最常用的嫁接方法。芽接时间长，成活率高，有利于大量繁殖苗木。芽接又可根据芽片是否附带木质部分为带木质芽接和不带木质芽接两类。在皮层与木质部容易剥离时，可用不带木质部的皮芽嫁接。皮层不易剥离时，可采用带少量木质部的皮芽嫁接。芽接多在形成层细胞分裂旺盛时进行，此时容易愈合和成活。因此，在我国，无论南方还是北方，在春、夏、秋三季，只要接芽发育充实，砧木达到嫁接粗度，砧木和接穗双方形成层细胞分裂活跃，均可进行芽接。但因我国北方冬季气候寒冷，当年接芽萌发生长时间很短，冬季容易受冻和抽条，故多在夏季（7月上旬）至早秋（9月上旬）芽接，成活后第二年萌发生长。华东、华中地区通常于7月中旬至9月中旬芽接成活率最高，华南、西南地区的落叶果树于8～9月芽接成活率最高，柑橘等常绿果树于6～10月芽接成活率最高。各地具体芽接时，应根据不同果树特点和当地气候条件而定。芽接分为T形芽接、嵌芽接和方形贴皮芽接等。

（1）T形芽接

T形芽接又称为盾片芽接，以盾状芽片为接穗，芽片长1.5～2.5cm，宽0.6cm左右，通常不带木质部。T形芽接如图2-25所示。

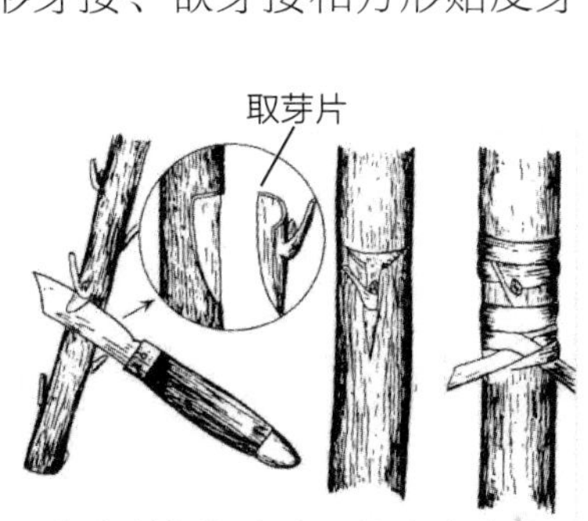

（a）削芽片（b）插芽片（c）绑缚

图2-25　T形芽接

（2）嵌芽接

对于枝梢具有棱角或沟纹的果树种类，如板栗、枣、柑橘等果树的接穗或砧木不易剥离皮层时，可用带木质部的芽片进行嵌芽接。嵌芽接如图2-26所示。

（3）方形贴皮芽接

该方法要求砧木和接穗双方都容易剥离皮层。其特点是从接穗枝条削取不带木质部的方形皮芽，紧贴在砧木上的一个与芽片大小相同且去掉皮层的方形切口上。

此外，各地根据具体条件和需要，还可采用倒T形芽接、环状芽接等方法。

（a）削芽片　（b）削砧木接口　（c）插芽片　（d）绑缚

图2-26　嵌芽接

2. 枝接

以枝段为接穗进行嫁接繁殖的方法称为枝接。每个接穗带有1～3个芽。与芽接相比，操作技术比较复杂，工作效率较低。但在砧木较粗、砧木和接穗处于休眠期而不易剥离皮层、幼树高接换优或利用坐地苗建园时，采用枝接较为有利。枝接根据嫁接地点可分为露地枝接和室内枝接；根据接穗的木质化程度分为硬枝嫁接和嫩枝嫁接。硬枝嫁接是指用处于休眠期的完全木质化的枝条为接穗，于砧木树液流动期至旺盛生长期前进行嫁接；嫩枝嫁接是指以生长期中尚未木质化或半木质化的枝条为接穗，在生长期进行嫁接。

枝接时期通常分为春、秋两季。春季枝接在树液开始流动、芽尚未萌发时进行，直至砧木展叶为止。北方落叶果树春季枝接多在3月下旬至5月上旬，南方落叶果树春季枝接多在2～4月进行。常绿果树枝接以早春发芽前为宜，其他季节可在每次枝梢成熟后和萌发新梢之前枝接。北方寒冷地区可在落叶后将砧木与接穗贮于窖内，在冬季进行室内枝接，春季成活后栽到苗圃。枝接分为劈接、切接、腹接、皮下接和舌接等。

（1）劈接

先于近地面剪（锯）断砧木后，在砧木横断1/2处下切3～5cm长劈接口，再将削好的接穗插入砧木劈口一侧或两侧，接穗对齐砧木一侧形成层，严密包扎接口。

（2）切接

当砧木较粗时，可以在砧木横断1/3或1/4处下切，其余嫁接步骤同劈接，称为切接，如图2-27所示。

（a）接穗的长削面和短削面　（b）切开的砧木　（c）绑缚

图2-27　切接

（3）腹接

于砧木中下部与枝条纵轴30°斜切至枝条横径1/3处。接穗为具有2个饱满芽的枝段，下端削成一侧厚（与顶芽同侧）一侧薄的削面。将砧木切口拉开后插入接穗，砧木和接穗形成层对齐，剪去接穗以上砧木，然后绑缚严紧。

（4）皮下接

皮下接又称为插皮枝接。在砧木容易剥离皮层的条件下，先剪断砧木，在砧木横断面边缘嵌开皮层，将削好的接穗插入砧木皮层与木质部之间。在此基础上，又发展出插皮舌接和插皮腹接等方法。

（5）舌接

舌接常用于葡萄硬枝嫁接和成活较难的果树种类，要求接穗和砧木的粗度大致相同。将接穗和砧木分别削一马耳形削面，并分别于马耳形削面1/3处向下切入1.5 ~ 2.0cm，然后将两者的削面插合在一起，并严密绑缚。舌接如图2-28所示。

3. 根接

以根段为砧木的嫁接繁殖方法称为根接，如图2-29所示。多采用劈接、切接或倒腹接等方法进行根接。根接应于休眠期进行，但切勿倒置极性。若根段较接穗细，可将1 ~ 2个根段倒腹接插入接穗。根接完成后严紧绑缚。

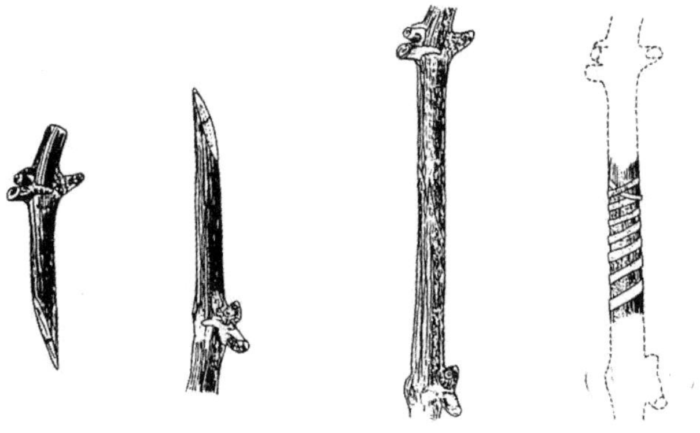

（a）削接穗　（b）削砧木　（c）插接穗和砧木　（d）绑缚

图2-28　舌接

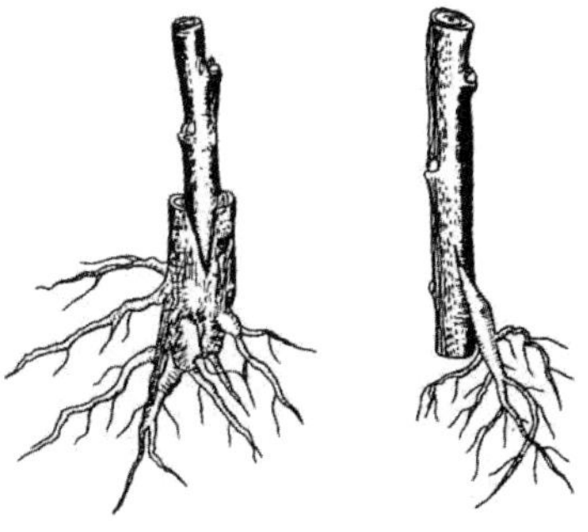

（a）劈接　（b）倒腹接

图2-29　根接

（二）苗木培育

1. 芽接苗的管理

（1）检查成活和补接

芽接15天后接芽新鲜、叶柄一触即落表明已经成活。未成活的砧木应及时进行补接，过迟则砧木不宜剥离皮层而影响成活。

（2）培土防寒

冬季严寒干旱地区，为防止接芽受冻或抽条，在封冻前可培土防寒。培土高度以超过接芽6～10cm为宜。春季解冻后及时扒开，以免影响接芽的萌发。

（3）剪砧和补接

越冬后，已成活的半成苗应在萌芽前将接芽以上砧木部分剪去，以集中养分供给接芽生长。但剪砧不宜过早，以免剪口风干和受冻。越冬后嫁接未成活的砧木，春季可用枝接进行补接。

（4）除萌

剪砧后从砧木基部容易发出大量萌蘖，应及时除去，以免和接芽争夺养分。

2. 枝接苗的管理

枝接后砧木上容易萌发萌蘖，应及早除去，如果枝接接穗多，成活后应选留方位合适、生长健壮的一个枝条进行整形培养，其余的可先控制生长，待接口基本愈合后及时去除。在风大和易折枝的地方应注意防风或立支柱。

3. 圃内整形

在圃内完成树形基本骨架的苗木称为整形苗。用整形苗建园，果园整齐，成形快，结果早，在国外应用广泛。但育苗时间较长，成本较高，包装运输较困难。圃内整形效果与不同果树种类和品种的芽的萌芽率和成枝力有关。有的果树种类，如桃大多数品种当年可萌发2～4次副梢，可利用副梢进行圃内整形。一般情况下，萌芽率高、成枝力强、易发生副梢的果树种类和品种较有利于进行圃内整形。对于不易发生副梢的树种，国外苗木生产商采用培养2～3年生大苗的方式，实现圃内整形，取得良好效果。利用圃内整形的苗木需要较大的营养面积，砧木株、行距应适当加大，单位面积出苗数相应减少。

任务四　自根苗的繁育

自根苗包括采用扦插、压条、分株和组织培养培育的苗木，我国早在东汉时期就有压条繁殖自根苗的记载。自根苗由优良母株的枝、根、芽等营养器官生根成株繁殖而来，它保持了母体的遗传特性而变异较少，苗木生长一致，进入结果期较早，繁育方法简便。

一、自根苗的特点和利用

自根苗无主根，且根系分布较浅，适应性和抗逆性一般不如实生苗和实生砧嫁接苗。葡萄、榅桲、无花果、石榴等用硬枝扦插繁殖；某些柑橘类可用绿枝扦插繁殖；苹果矮化砧、荔枝、龙眼、柚、杨梅等可用压条繁殖；枣、银杏、石榴、草莓、香蕉、菠萝等多用分株繁殖。利用组织培养繁殖果树苗木，具有占地面积小、繁殖周期短、繁殖系数高和周年繁殖等特点。该方法对于大量繁殖优良品种苗木、脱毒果树苗木和砧木、建立高标准和无病毒果园，适应果树生产向现代化发展，具有重要意义。欧美许多国家在此方面开展研究较早，我国虽然起步较晚，但进展迅速。目前，已在苹果、柑橘、葡萄、草莓、猕猴桃、菠萝、枇杷、香蕉等果树中开展了组织培养脱毒和苗木快速繁殖工作，先后建立了苹果、葡萄、草莓、猕猴桃等果树组织培养快速繁殖体系。

自根苗也可用作砧木，称为自根砧，常用于因实生变异大而不能保持一致性的砧木种类，也可用于种子甚少且发芽率较低的种类。我国果农利用砧木根蘖嫁接苹果、梨、杏、山楂历史悠久，应用广泛。

二、自根繁殖生根原理

自根繁殖生根主要是指利用果树营养器官的再生能力，发生新根或新芽而长成一个独立的植株，其再生不定根和不定芽的能力与不同果树种类在系统发育过程中形成的遗传特性有关。

（一）不定根的形成

不定根由植物的茎、叶等器官发出，因发根位置不定，故称为不定根。多年生木本植物的不定根通常在枝条的次生木质部发生，有的果树的不定根是从形成层和髓射线交界处发生的，而葡萄的不定根则主要由中柱鞘与髓射线交接处的细胞分裂发生。

大多数果树在扦插过程中，茎内某部分细胞恢复分裂能力，进行细胞反分化形成根原体，进一步发生不定根。有些果树是在枝条生长期间未离开母株时，在茎组织内就已形成根原体，并多从形成层与髓射线交界处发生不定根。

插条形成愈伤组织和发生不定根，多数情况下同时发生而又各自独立进行，但有时先形成愈伤组织是扦插发生不定根的主要条件，但有些果树种类插条基部在适宜的湿度和温度条件下能较快地形成许多愈伤组织而并不发生不定根。例如，沈阳农学院（现沈阳农业大学）扦插苹果、梨等果树枝条，愈伤组织形成比葡萄插条快且非常发达，但却不发生不定根。在扦插葡萄枝条中，也可见到插条基部未形成愈伤组织，就在节间或节部发生不定根。虽然愈伤组织与不定根不存在直接关系，但愈伤组织对于防止病菌入侵和伤口腐烂、减少营养物质流失都有重要作用，为发生不定根创造了良好条件。

（二）不定芽的形成

定芽是指发生在茎的叶腋间的芽；不定芽是指不确定位置分化发生的芽，如根、茎、叶上分化发生的芽。不定芽的形成在繁殖上有重要意义，许多植株的根在未脱离母体时，特别在根受伤的情况下都容易发生不定芽。在年幼的根上，不定芽在中柱鞘靠近维管形成层的地方发生；在老年根上，不定芽从木栓形成层或射线增生的类似愈伤组织中发生；在受伤的根上，主要在伤口面或切断根的伤口愈伤组织中发生不定芽。

（三）极性

植物器官的生长发育均有一定的极性现象，即枝条总是在其形态学顶端抽生新梢，下端发生新根。用根段扦插时，在根段的形态学顶端（远离根颈部位）发生新根，而在其形态学基端（靠近根颈部位）抽生新梢。因此，扦插时要特别注意不能倒插。能够用根插成活的果树有中华猕猴桃、面包树、无花果、苹果属的某些种（如森林苹果、山定子、海棠果等），以及梨、枣、柿和树莓等果树的一些品种。葡萄扦插的极性现象如图2-30所示。

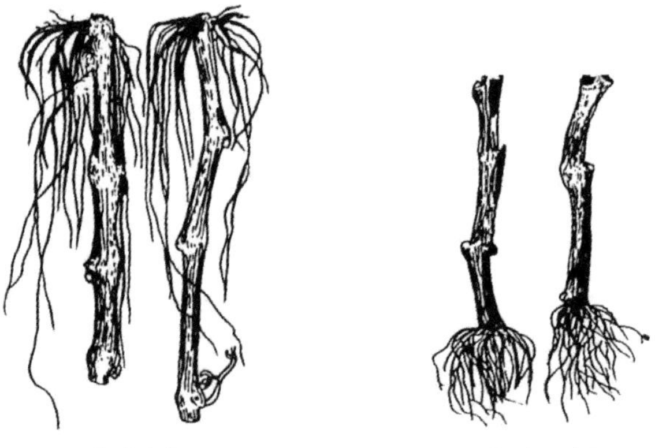

（a）倒插　　（b）正插

图2-30　葡萄扦插的极性现象

（四）影响扦插与压条生根成活的因素

1. 内部因素

（1）种类与品种

果树枝上发生不定根或根上发生不定芽的难易程度因种类不同而异，如山定子、秋子梨、枣、李、山楂、核桃等，其枝条再生不定根的能力很弱，而根再生不定芽的能力较强，因而枝插不易成活而根插则易成活。同一个属不同种的果树，枝插生根难易程度也不一样，如欧洲葡萄和美洲葡萄比山葡萄、圆叶葡萄生根容易；同一种果树不同品种枝插生根难易程度也有差别。

（2）树龄、枝龄和枝条着生部位

通常从实生幼树上剪取的枝条扦插较易生根，但随着树龄的增大，生根率降低。枝龄较小的插条扦插容易成活，因其皮层中幼嫩分生组织的生活力强。但醋栗中大多数的种，用2年生枝扦插容易生根，主要原因是醋栗1年生枝纤细，营养物质含量较少。西洋樱桃采用喷雾嫩枝插时，用梢尖部分作为插条比用新梢基部作为插条成活率高。

（3）营养物质

枝条所贮藏的营养物质含量与扦插、压条生根成活有密切的关系。首先，糖类对生根有良好的作用，如葡萄插条中淀粉含量高的生根率达63%，含量中等的为35%，而含量低的仅为17%。氮素化合物也是生根必要的营养物质，如用人工合成的色氨酸处理葡萄插条可提高生根率。苹果、酸樱桃和穗状醋栗插条中含有14种氨基酸，其中最多的是天门冬氨酸和脯氨酸，它们在生根的过程中起促进作用。

生产中通过施用适量氮肥、使植株生长在充足的阳光下、对果树枝条进行环剥或环缢等措施，都可使枝条积累较多的营养物质和生长素，从而有利于插条或压条生根。

（4）植物激素

植物激素对不定根的发生具有一定的调节作用，且因激素种类的不同其作用有所差异。生长素对植物茎的生长、根的发生和形成层细胞的分裂有促进作用，吲哚乙酸、吲哚丁酸、萘乙酸可促进不定根的发生，细胞分裂素在无菌培养基上可促进根插中不定芽的发生，脱落酸在矮化砧M_{26}扦插时有促进生根的作用。因此，生产上常用生长调节剂（如吲哚丁酸或ABT生根粉等）来促进生根。

（5）维生素

维生素是植物营养物质之一，其在植物叶中合成并输导至根部参与整个植株的生长过程，已知维生素B_1、维生素B_2、维生素B_6、维生素C和烟碱为生根必需物质。维生素和生长素混合使用，对促进生根有良好的效果。

无论硬枝扦插还是绿枝扦插，凡是插条带芽或叶的，其扦插生根成活率都比不带芽或叶的插条生根成活率高，这与叶和芽可制造生长素和维生素，并输送到插条下部促进根的分化和生长有关。

2. 外部因素

（1）温度

一般情况下，白天气温21 ~ 25℃、夜间约15℃时，有利于硬枝扦插或压条生根。北方春季气温升高快于土壤温度，所以解决春季插条成活的关键在于采取措施提高土壤温度，使插条先生根后发芽或尽量缩短发芽与生根的时间差，以利于根系的水分吸收和地上部分的水分消耗趋于平衡。插条生根的适宜土壤温度一般为15～20℃，但各树种插条生根的适宜土壤温度不同，如葡萄在20～25℃的土壤温度条件下生根最好，中国樱桃则以15℃最为适宜。

（2）湿度

湿度对扦插压条成活影响很大。插条生根前，芽萌发往往比根的发生早得多，而细胞的分裂、分化、根原体的生成，都需要一定的水分供应，所以扦插或压条后，土壤含水量最好稳定在田间最大持水量的50%～60%，湿度越大越好，以减少蒸腾失水。

（3）光照

扦插生根前及生根初期，强烈的光照加剧了土壤及插条中的水分消耗，易使插条干枯，应避免强光直射。夏季带叶绿枝扦插，应搭棚遮阴并经常喷水。

（五）促进生根的方法

1. 机械处理

对枝条进行剥皮、纵刻伤和环剥处理，可以促进生根。这主要是由于生长素和糖类积累在伤口区或环剥口上方，提高了过氧化氢酶活性，从而促进了细胞分裂和根原体的形成。

（1）剥皮

对于枝条木栓组织比较发达的果树，如葡萄中难生根的种和品种，扦插前先将表皮木栓层剥去，对生根有良好的促进作用。

（2）纵刻伤

在插条基部1～2节的节间刻3～4道纵伤口，深达韧皮部（见到绿色皮为度）。刻伤后扦插，不仅使葡萄在节部和茎部断口周围生根，而且在通常不生根的节间也生出不定根。

（3）环剥

在枝条的某部位剥去一圈皮层，宽3～5mm。环剥时间为压条繁殖前，也可在采插条前15～20天对欲作为插条的枝梢进行环剥，待环剥伤口长出愈伤组织而未完全愈合时，剪下扦插。

2. 黄化处理

在新梢生长初期用黑布或纸条等包裹基部，使叶绿素分解消失，枝条黄化，皮层增厚，薄壁细胞增多，生长素积累，有利于根原体的分化和生根，黄化处理宜在扦插前3周进行。浙江奉化果农对桃枝条进行黄化处理，能使桃扦插生根；国外对旭苹果黄化处理后扦插生根率达70%，花嫁、黄魁、醇露、金冠苹果可达30% ~ 40%。

3. 温度控制处理

早春扦插因土壤温度较低而生根困难，因此提高插条基部温度可促进插条生根，辅以降低插条顶部温度延迟萌芽措施，可大大提高扦插成活率。例如，在葡萄扦插前利用薯炕增温的办法可促进插条生根，插条基质温度保持在20 ~ 28℃，气温在8 ~ 10℃以下，为保持适当湿度要经常喷水，使根原体迅速分生，芽延缓萌发。也可用阳畦、塑料薄膜覆盖，或利用电热温床等热源增温，从而促进生根。

有研究对葡萄插条采用冰底冷床催根法进行催根处理，取得良好效果。具体操作为：先将葡萄插条倒置于冰底冷床内，用木屑埋好，使其极性顶端处于5℃以下；插条的极性下端向上，在锯木屑上面铺上马粪，用喷水调节温度，保持在20 ~ 28℃，经过20多天处理即可生根。华南农学院（现华南农业大学）进行室内插条催根的方法为：用湿锯木屑、湿椰糠（椰子外壳的纤维碎末）作为插条基质，用塑料薄膜卷成一小包，内装基质和插条，每10枝一小包用塑料袋盛装，创造一个温度、湿度和通气条件较稳定的环境，促进早生根及根系良好生长，然后移植到苗圃继续培养。

4. 植物生长调节剂处理

对不易生根的种类、品种，采用药剂处理加强插条的呼吸作用，提高酶的活性，促进分生细胞的分裂，从而生根。常用于促进插条生根的植物生长调节剂中以吲哚丁酸、吲哚乙酸和萘乙酸效果较好。此外，中国林业科学研究院研制的ABT生根粉对促进插条和苗木生根均有良好效果。药剂使用方法可分为液剂浸渍和蘸粉剂。

（1）液剂浸渍

硬枝扦插所用浓度一般为5 ~ 100mg/kg，浸渍12 ~ 24h；绿枝扦插所用浓度一般为5 ~ 25mg/kg，浸渍12 ~ 24h。也可采用短时间浸渍处理，所用浓度一般为300 ~ 1000mg/kg，浸渍3 ~ 5s。福建采用500 ~ 1000mg/kg的吲哚丁酸溶液处理荔枝插条2h，生根率达100%。

（2）蘸粉剂

一般用滑石粉作为稀释填充剂，配合量为500 ~ 2000倍，混合2 ~ 3h后即可使用。先将插条基部用清水浸湿，然后蘸粉剂即行扦插。

三、主要繁育方法

（一）扦插

1. 枝插

枝插分为硬枝扦插和绿枝扦插。

（1）硬枝扦插

硬枝扦插是指用充分成熟的1年生枝条进行扦插（落叶果树于早春休眠期进行，常绿果树于生长期进行），方法简单，且成本低。当前果树生产上应用硬枝扦插最广的是葡萄，其次为油橄榄、无花果等。葡萄落叶后结合冬剪采集插条，剪成长约50cm，分层埋在湿沙中，温度保持1～5℃，于春季扦插。扦插前将葡萄枝条剪成带2～4个芽的插条，长15～25cm（珍贵品种或插条较少，也可剪成一芽一条），剪截时应在下端近节部呈45°斜剪，节部具横隔膜，贮藏营养物质较多，有利于生根。插条上端距最上芽2cm左右平剪，以便扦插时识别插条方向。

（2）绿枝扦插

绿枝扦插又称为嫩枝扦插，是指利用半木质化的新梢进行扦插，柑橘、油橄榄、葡萄、猕猴桃等已在生产上应用。绿枝扦插比硬枝扦插容易生根，但绿枝扦插对空气和土壤的湿度要求严格，因此，多用室内弥雾扦插繁殖，使插条周围保持100%湿度，叶片被有一层水膜，叶片温度比对照低5.5～8.5℃，室内气温平均21℃，降低蒸腾作用、增强光合作用、减少呼吸作用，从而使难生根的插条保持较长时间的生活力，以利生根。

露地绿枝扦插多在生长季进行。例如，葡萄在6月中下旬选取具有2～4节的新梢，去掉插条下部叶片，保留上部1～2片叶片作为插条；南方柠檬、枳、紫色西番莲等，可选取当年生绿枝，保留顶部2～3片叶片作为插条，插后遮阴并合理灌水，待生根后逐渐除去遮阴设备；大面积露地绿枝扦插以雨季进行效果最好。

2. 根插

对枝插不易成活或生根缓慢的果树种类，可采用根插方法，如枣、柿、核桃、长山核桃、山核桃、李、山楂、樱桃、醋栗等根插较枝插成活率高。杜梨、秋子梨、榅桲、山定子、海棠果、苹果营养系矮化砧等砧木种类，可利用苗木出圃剪下的根段或留在地下的残根进行根插繁殖。根段粗度以0.3～1.5cm为宜，剪成10cm左右长，上口平剪，下口斜剪。根段可直插或平插，以直插容易发芽，但切勿倒插。

3. 茎插

茎插主要用于香蕉，将香蕉地下茎切块，于11月至翌年1月扦插，可在短期内培育大量芽苗。

4. 带芽叶插

我国广东用菠萝的冠芽、吸芽、裔芽或蘖芽带叶扦插，每个冠芽可取40～60个带叶芽片，比直接用芽插繁殖系数高10～15倍。方法是：剪去叶尖，削去茎部老叶，用刀连同带芽的叶和部分茎一起切下，经过晾晒后，将带芽的叶以45°斜插于苗床。该方法成活率很高。

（二）压条

压条是指将未脱离母株的枝条压入土中，促使压入部位生根，然后剪离母体成为独立新植株的繁殖方法，可用于扦插不易生根的树种。压条分为地面压条和高枝压条两种。

1. 地面压条

（1）直立压条

直立压条又称为垂直压条或壅土压条。苹果和梨的矮化砧、樱桃、李、石榴、无花果等果树，均可采用直立压条进行繁殖。直立压条如图2-31所示。

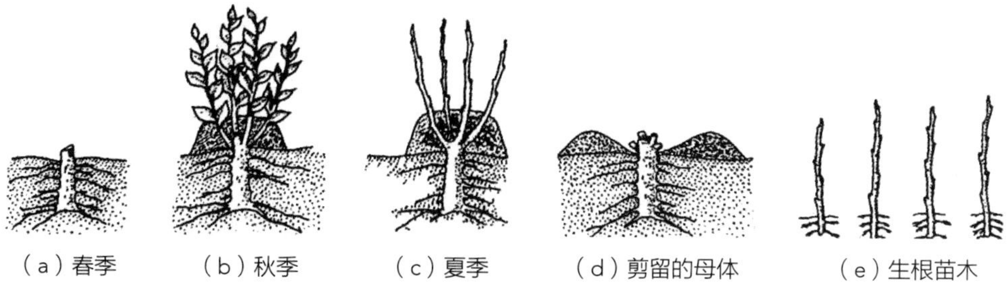

图2-31　直立压条

春植矮化砧自根苗，按2m行距开沟作垄，沟深、宽均为30 ~ 40cm，垄高30cm，株距30 ~ 50cm。萌芽前，每株在地面上留2cm短截，促使发出萌蘖。当新梢长达15 ~ 20cm时，进行第一次培土，培土高度约为新梢长的1/2。约一个月后新梢长达40cm时第二次培土，培土总高度约30cm。培土前应灌水，培土后注意保持土堆内湿润。培土后20天左右开始生根。入冬前先扒开土堆，自每根萌蘖基部，靠近母株处留2cm短桩剪截，未生根的萌蘖也应同时短截，促进翌年发枝。

压条繁殖中，锯末是最佳的培覆材料。与土相比，锯末操作简易、保湿透气性好、易于生根，起苗时伤根较少，且有利于直接采用机械起苗，目前在国外广泛应用。

（2）水平压条

苹果矮化砧采用水平压条时，将母株按行距1.5m，株距30 ~ 50cm定植。待新梢长至15 ~ 20cm时第一次培土（或锯末），新梢长至25 ~ 30cm时第二次培土覆盖。枝条基部未压入土内的芽处于顶端优势地位，应及时抹去强旺蘖枝。秋季落叶后即可进行分株。靠近母树基部应保留1 ~ 2株，供来年再次水平压条用。

（3）先端压条

黑莓、黑树莓、紫树莓等发生吸芽很少，主要采用先端压条繁殖，其枝条顶芽既能长梢又能在梢基部生根。通常在夏季新梢尖端已不延长，叶片小而卷曲如鼠尾状时即可将其压入土中。压入太早新梢不形成顶芽而继续生长，压入太晚则根系生长差。压条生根后即可剪离母体成为独立新株。

2. 高枝压条

高枝压条又称为高压法。我国很早即已采用此法繁殖荔枝、龙眼、柑橘类、石榴、枇杷、人心果、油梨、树菠萝等果树。该方法具有成活率高、技术易掌握等优点，但繁殖系数低，对母树损伤大。

该方法在整个生长期都可进行，但以春季和雨季进行较好。广东多用椰糠、锯木屑作为基质，也可用稻草与泥混合作为填充材料。

高枝压条应选用充实的2～3年生枝条，在枝近基部进行环剥，宽度2～4cm，注意刮净皮层和形成层，并于剥皮处包以保湿生根材料，用塑料薄膜或棕皮、油纸等包裹保湿。高枝压条的柑橘枝条约2个月后即可生根，8～9月即可剪离母树，连同生根材料假植一年，待根系发育强大后定植。

（三）分株

1. 根蘖分株

根蘖分株适用于根系容易大量发生不定芽而长成根蘖苗的果树种类，如枣、山楂、树莓、榛子、樱桃、李、石榴、山定子、海棠果等，生产上多利用自然根蘖进行分株繁殖。为促使多发生根蘖，可于休眠期或发芽前将母株树冠外围部分骨干根切断，并施以肥水，促使发生根蘖和旺盛生长，秋季或翌春挖出分离栽植。

2. 吸芽分株

香蕉、菠萝等用吸芽分株繁殖。香蕉在生长期能从母树地下茎抽生吸芽并发根生长到一定高度后与母株分离栽植；菠萝的地上茎叶腋间能抽生吸芽，选取健壮且达到一定大小的吸芽切离定植。

3. 匍匐茎分株

草莓地下茎的腋芽生长当年可发生匍匐茎，在匍匐茎的节上发生叶簇和芽，下部生根长成幼株，夏末秋初将幼株挖出，即可栽植。

4. 根状茎分株

草莓根状茎分枝能力和生新根的能力比较强，可用根状茎进行分株繁殖。

（四）组织培养

采用植物的器官、组织和细胞，通过无菌操作接种于人工配制的培养基上，在一定的温度和光照条件下，使之生长发育为完整植株的方法称为组织培养。由于上述器官、组织或细胞是从植株上分离出来的，并在试管（或三角瓶）内培养，故又称为离体培养。

果树组织培养研究始于20世纪20年代，法国G.Morel首先进行了葡萄茎尖组织培养试验，获得了愈伤组织和根；美国Miller等通过茎尖培养，获得了脱病毒的草莓苗。据不完全统计，目前能用于组织培养的果树，至少有30多科100多种，其中利用茎尖离体培养取得成功的果树有苹果、柑橘、梨、草莓、菠萝、葡萄、猕猴桃、罗汉果和香蕉等。我国果树组织培养起步稍晚，但进展很快。陈维伦、王际轩等先后进行了苹果品种和砧木的茎尖培养研究，并获得移栽到田间的试管苗。河北农业大学1984年开始进行苹果试管苗继代增殖、玻璃化苗防治、生根培养、驯化移栽和田间栽植等研究，取得了良好效果，并将苹果茎尖培养技术用于快速繁殖无病毒苗木的生产中。根据培养材料的不同，果树组织培养可分为茎尖培养、茎段培养、叶片培养和胚培养等。进行组织培养快速繁殖时，苹果、梨等多采用茎尖培养；香蕉多采用吸芽和花蕾顶端部分培养。果树组织培养过程主要包括培养基的制备、起始培养（初代培养）、继代培养、生根培养以及组培苗的驯化和移栽。

任务五 苗木出圃

苗木是绿化建设的物质基础，是绿化效果的关键，质量优良的苗木，栽植后成活率高，扎根早，生长快，抵抗力强。因此，要确保出圃苗木为优质壮苗，在绿化中充分发挥其绿化效果和观赏价值。

苗木出圃是指由于绿化栽植的需要将培育至一定规格的苗木，结束在苗圃的生长。苗木出圃是育苗工作中的最后一个重要环节，关系到苗木的质量和经济收益。苗木出圃包括起苗、分级、包装、运输或假植、检疫等。要重视出圃苗木的质量标准，如北京市园林绿化局提出“五不出”的严格要求，即不够规格的不出，树形不好的不出，根系不完整的不出，有严重病虫害的不出，有机械损伤的不出。为了保证出圃工作的顺利进行，必须做好出圃前的准备工作，确定苗木质量的具体标准。通过对苗木进行调查，了解各类苗木的质量和数量，制订出圃销售计划，并做好相应的辅助工作。

一、出圃前的准备

苗木出圃是育苗工作的最后环节。出圃前的准备工作和出圃技术直接影响苗木的质量、定植成活率及幼树的生长。出圃前的准备工作主要包括：对苗木种类、品种、各级苗木数量等进行核对和调查；根据调查结果和订购苗木情况，制订出圃计划和苗木出圃操作规程；与购苗和运输单位联系，及时分级、包装、启运，缩短运输时间，保证苗木质量。

二、起苗

1. 起苗时期

起苗时期依果树种类及育苗地区而异。落叶果树多在秋季苗木新梢停止生长并已木质化、顶芽已形成的落叶期进行。常绿果树通常分为春、秋两季出圃。春季出圃应在春梢萌发前起苗；秋季出圃应在新梢充分成熟后起苗。

2. 起苗方法

挖苗前几天应核对苗木品种、砧木类型、来源、苗龄等。土壤干燥时应充分灌水，以免起苗时伤根过多。起苗时应尽量减少须根损伤，并蘸泥浆护根。对于主根性强、根系再生能力弱的常绿果树及根脆嫩而易折断的高枝压条苗木，如人心果、荔枝等，必须带土起苗并包扎好泥团，减少根系损伤。

三、苗木检疫

苗木检疫是指在苗木调运中，禁止或限制危险性病虫人为传播蔓延的一项国家制度，由国家或地方政府制定法规并强制执行，由设在口岸和产地的检疫部门根据国家颁布的有关法规负责实施。凡带有危险性病虫的材料，禁止输入或输出。果树苗木检疫对象是指对果树危害严重、防治困难、可以通过人为方式传播的病虫种类。苗木检疫主要是指严防危险性病虫随植物体、植物产品、交通运输工具和包装材料输入和输出。将局部地区发生的危险性病虫封锁在一定范围内，防止向未发生地传播，同时采取各种有效措施，逐步缩小发生范围直至消灭。检疫对象是指国家规定禁止从国外传入并在国内传播且必须采取检疫措施的病、虫、杂草及可能携带这类病虫的植物等。国际上有公认的检疫对象，各国还有自定的检疫对象。

向国外引种或国内地区间调运种苗和繁殖材料，应事先提出引种或调运计划和检疫要求，报主管部门审批后，持审批单和检验单到检疫部门检验，确认无检疫对象的，发检疫合格证，准予引进或调出。

四、苗木包装、运输与贮藏

苗木经检疫后，外运者应立即包装待运。落叶果树宜在秋季落叶后至春季萌芽前包装外运；常绿果树虽可在每次新梢充分成熟至下次新梢生长前包装运输，但仍以气温较低的秋、冬时期为宜。苗木包装前宜将过长根系和枝条进行适当剪截，并将根部蘸泥浆保湿。包装材料应就地取材，一般以价廉、质轻、坚韧并能吸水保持湿度，而又不致迅速霉烂、损坏者为好。包装大苗时根系可向一侧，用草帘将根系包住，其内加填充物；小苗则可将根系重叠摆放。包好后挂上标签，注明砧木、树种、品种、数量和等级。严寒季节运输，应注意防冻。荔枝、柑橘、芒果、黄皮等根系较脆易折，应带土起苗，用稻草或薄膜包住根系，箩筐装运。

苗木不能及时外运或来年春季外运的苗木则要进行越冬假植或安全贮藏。短期假植可挖浅沟，将根系埋在地面以下即可。越冬假植则应选地势平坦、避风不积水处挖沟进行。沟宽1m左右，沟长视苗木数量而定。假植沟应按南北方向开沟，苗木向南倾斜放入，根系以湿沙土填充。嫁接苗培土深度应达苗高的1/3，严寒地区要求培土到定干高度。砧木苗一般较矮，可全部埋土。假植沟土面应高出地面10 ~ 15cm，并整平以利排水。圃内整形苗木带有较多分枝，体积较大。因此，从苗木出圃到定植各环节，都要防止损伤苗木。起苗时应尽量少伤根系，以保持地上部分与根系平衡，缩短栽后缓苗期。为保证苗木质量，应附果树苗木质量检验证书。

复习思考题

1. 种子为什么要进行沙藏处理？如何进行种子沙藏处理？
2. 影响果树嫁接成活的因素有哪些？如何提高果树嫁接的成活率？
3. 怎么才能提高播种质量，保证苗木优质的技术措施有哪些？
4. 果树苗木在出圃、包装、运输和贮藏过程中应注意哪些问题？
5. 果树自根繁殖的方法有哪些？扦插繁殖的基本程序是什么？
6. 简述营养繁殖的理论依据与促进扦插生根的技术措施。

模块三
果园建设

知识目标

了解果园类型和建园选址的条件；掌握果园规划设计内容和方法以及栽植技术；熟悉果园土壤管理常规技术、果树营养特点以及需水特点；了解施肥技术和节水灌溉技术。

技能目标

能因地制宜科学规划果园，合理选择树种、品种；掌握果树栽植技术；掌握各种土壤改良、施肥和灌溉方法；能制订适宜的土壤管理措施、合理的施肥方案和灌溉措施。

项目一 果园建立

果园是苗木生产的基地。果园的选择直接影响苗木的产量、质量和育苗成本以及城市生态景观。建立起足够数量并具有较高生产水平和经营水平的果园，培育出品种繁多、品质优良的苗木，是生产的重要环节。果园一般为固定苗圃，使用年代长久，基本建设、技术设备条件较好，生产效益也高。

任务一 园地的选择

园地的选择应以园地评价为依据，遵循“适地适树”的原则，使果树与园地的立地条件相适应，以充分发挥果树种类及品种的生产潜力，最终达到优质、高产、增收的目的。既可根据计划栽培的果树种类、品种的生态要求选择园址，也可针对现有园地的生态条件确定适宜栽培对象。园地评价应从气候、土壤、交通和地理位置等方面综合考虑，其中首要的是气候条件，尤其是在灾害性天气频繁发生而目前尚无有效方法防护的地区，园址的选择直接关系到果园的存亡。有些园地虽然果树能够生存，但不能获得优质、高产，这样的地方不宜建园。因此，园地的选择，必须以较大范围的生态区划为依据，再进行小范围的遴选，才能获得事半功倍的效果。至于土壤不良、地下水位过高等不利条件，可采用“改地适树”的方法，发挥人的主观能动性，逐步加以改善。

宜园地的类型较多，主要有平地、山地、丘陵地和海涂等类型，不同类型的园地各具特点，现简述如下。

一、平地

平地是指地势较为平坦，或向一方轻微倾斜或高差不大的波状起伏地带。在同一平地范围内，气候和土壤条件基本一致，没有垂直分布变化。通常情况下，平地果园水土流失较少，土层较深厚，有机质含量较多，果树根系入土深，利于果树生长和结果。海拔较低的平原地带果园虽然水分较充足，但通风、日照和排水均不如山地和高原地带的果园，果实的色泽、风味、含糖量、耐贮力等方面也比山地和高原地带的果园差。

平地由于成因不同，地形及土壤质地存在差异，可以分为冲积平原、山前平原、泛滥平原和滨湖滨海地等。

1. 冲积平原

冲积平原的地势平坦，地面平整，土层深厚，土壤肥沃，水资源丰富，灌溉便利，便于使用农业机械。在冲积平原地区建立商品性生产园，果树生长结果好，产量较高，交通顺畅，销售方便，经济效益较高。但在地下水位过高的地区，应选择地势较高、排水良好、地下水位在1m以下的地方建园。

2. 山前平原

山前平原由几个山口的洪积扇连接起来形成，因沿山麓分布又称为山麓平原。在山区由于坡降较大，河流携带大量的悬浮物质，出山口后由于坡度变小，河水的相对载荷力减低，将携带的泥沙倾泻于山口堆积而形成洪积扇。山前平原的物质组成及其分布规律是：出山口的扇顶物质较粗，坡度大，到扇的中、下部物质逐渐变细。坡度逐渐变小，面积逐渐变大，随着海拔的降低逐渐由山前平原向冲积平原过渡。山前平原在近山处常有山洪或石洪危害，不宜建立果园。在距山较远处，土壤较细，石砾较少，地面平缓，具有一定的坡降，故地面排水良好，既有丰富的地表水，又有水量丰富、埋藏不深、易于开采的地下水资源。该地区发展果树的水土条件均较优越，因而通常可发展为果树集约化生产基地。

3. 泛滥平原

泛滥平原是指河流故道及沿河两岸的沙滩地带。例如，我国的黄河故道区是典型的泛滥平原，土壤质地差异较大，中游多为肥力较高的黄土；而下游多为缺乏养分的沙壤、纯沙或沙与淤泥相间的土壤类型。沙土厚度虽然深达数米或十几米不等，但土壤贫瘠，腐殖质含量较低（0.1%～0.2%），矿质养分严重匮乏，若管理不当，果树容易发生缺素症。同时，蒸发量大，极易发生干旱，并使盐碱随地下水上升，造成土壤盐渍化。沙土由于导热系数高，所以夏季地温白天升高快，夜晚下降也快，昼夜温差大。有些沙土中还分布有黏土层或白干土层，一方面会阻碍果树根系的垂直生长，另一方面容易形成较高的地下假水位，使果树易遭受涝害。

由于该地区土壤理化性质不良，田间最大持水量很低，极易造成养分缺乏和水分不足。加上风沙移动，造成植株露根、埋干和偏冠现象，导致果树生长发育不良。在此类地区建园，应事先营造防风固沙林，解决灌溉问题，改良土壤，增加土壤养分含量，以充分发挥此类地区昼夜温差大、果实含糖高、品质好的优势。

4. 滨湖滨海地

滨湖滨海地是指濒临湖、海等大水体的果园，空气相对湿度较大，气温较稳定，比远离大水体的果园受低温或冻害等灾害性天气危害少。1933—1934年的冬季，美国纽约州西部遇到−34.5℃的异常低温，远离湖面的果树遭受严重冻害；而靠近湖面的地方，温度较高，为−26.5℃，果树只受轻度冻害。又如1976—1977年冬季，浙江新安江水库附近地区的柑橘冻害状况因距离水库的远近而存在明显差异，冻害发生率在距水库0.2km范围以内时为28.4%，在距水库2km的地区达35.4%，在距水库5km的地区高达58.7%。我国江苏太湖附近的柑橘园历年冻害较轻，而湖中岛上的柑橘园，从未发生过冻害。另一方面，滨湖滨海地对果树生长结果也有不利影响，主要表现为：春季回暖较慢，果树萌芽迟；昼夜温差较小，对果实着色不利。靠近水面的地区，地下水位较高，土壤通气不良，最好采用高畦栽培；滨湖滨海地风速较大，果树易受风害。滨海地果园常因台风携带海水通过而遭受海水雨的“淋浴”，导致果树受到盐害。因此，在这类地区建园，应事先营造防风林。

二、山地

我国是一个多山的国家，山地面积占全国土地总面积的43.5%（高原和丘陵地分别占土地总面积的10.9%和11.7%，平原和盆地占土地总面积的33.9%）。利用山地发展果树生产对调整和优化山区经济结构，改变山区贫困落后的面貌，具有重要的现实意义。山地空气流通，日照充足，昼夜温差较大，有利于糖分的积累和果实着色。许多国家都利用这一优势发展山地果树生产，如日本的果园大多分布在山地。我国历来重视发展山地果树生产，已在山地建立了大批的果园。

山地随海拔的变化会出现气候与土壤的垂直分布带，从而对果树种类及品种的布局产生影响。在栽培中，可以充分利用这一特性，选择与各气候带相适应的果树种类、品种进行生产，以延长果品上市的供应期，提高山区土地资源开发利用的经济效益。

应注意的是，山地由于地貌的起伏变化、坡向（或谷向）和坡度的差异，常常出现小气候带。山地气候垂直分布带与小气候带之间的犬牙交错和互相楔入，使果树垂直分布带出现较复杂的变化。例如，在同一海拔，某些地带应属温带气候，但实际却是近似亚热带的气候，这种逆温现象与热空气上升积聚在该地带有关；相反，某些地区应属亚热带气候，但由于地形闭锁，冷空气滞留积聚，形成了近似温带的气候。同一种果树常常因坡向与坡度的不同，分布在不同等高地带，分布高度有时错落达数百米；有时即使分布在同一等高地带内，物候期、生长势、产量和品质等方面也会出现明显的差异。小气候带除在地形复杂的山地容易形成外，在有高山屏障的山麓地带也很容易出现。例如，陕西城固由于秦岭挡住了南下的冷气流，而能生产柑橘；四川茂县因九顶山屏蔽了东来的湿润气流而能生产品质优良的苹果。

综上所述，山地气候变化的多样性，决定了在山地选择宜园地的复杂性。在山地建园时，应充分进行调查研究，熟悉并掌握山地气候垂直分布带与小气候带的变化特点，这对于因地制宜地确定栽培技术具有重要的实践意义。

三、丘陵地

通常将地面起伏不大、相对高差在200m以下的地形划为丘陵地，并将顶部与麓部相对高差小于100m的丘陵地称为浅丘，相对高差100～200m者称为深丘。丘陵地是介于平地与山地之间的过渡性地形，坡度一般较山地和缓。深丘的特点近于山地，浅丘的特点近于平地。

与深丘相比，浅丘坡度较缓，冲刷程度较轻，土层较深厚，顶部与麓部土壤和气候条件差异不大，建园时水土保持工程和灌溉设备的投资较少；交通较方便，便于使用农业机械，是较为理想的建园地点。深丘具有山地的某些特点，如坡度较大，土壤冲刷较重，顶部与麓部的土层厚薄差异较明显，有时顶部母岩裸露，麓部则土壤深厚肥沃，土壤水分与肥力高于上部，建园水土保持工程费工，灌溉设备投资较高。由于相对高差较大，海拔与坡向对小地形气候有明显影响，实施栽培技术较为复杂，且交通不便，产品与物资运输较为困难。

丘陵地因地理位置不同，气候差异很大，如辽东、山东丘陵地因距海较近，气候温暖湿润，且昼夜温差较小；而地处黄土高原的黄土丘陵地则春旱严重，水资源十分缺乏，但也有日照时间长、日光充足、昼夜温差大等得天独厚的发展果树生产的优越自然条件。

四、海涂

海涂是河流或海流夹杂的泥沙在地势较平的河流入海处或海岸附近沉积而形成的浅海滩。海涂地势平坦开阔，自然落差较小，土层深厚，富含钾、钙、镁等矿质养分。但土壤有机质含量低，土壤结构差；地下水位高，土壤含盐量大，碱性强。在北方，多通过引入淡水淋洗脱盐，同时施用化学改良剂（磷石膏、脱硫石膏等）使土体脱盐脱碱；在南方，降雨多，土体脱盐淡化快，改良后多数种稻和轮作绿肥，在土壤熟化适宜栽培果树后，再建果园。缺铁黄化和台风危害是海涂栽培果树必须面对的难题。海涂土壤的化学物质与围垦时间及其所处的环境有关。宜选择围垦时间较长，种植先锋作物多年的老海涂建园。根据浙江的经验，围垦时间较长的老海涂，土壤含盐量多在0.2%～0.3%，土壤pH接近中性，比较适宜栽植宽皮柑橘类和柚类果树。此外，在海涂建园时，还应注意选择地势较高，有淡水源，交通及灌排水条件较好的地方，以利于排水洗盐。例如，海涂邻近有红黄壤的丘陵地和山地，既可用酸性的红黄壤以客土改良海涂土壤，也可借助丘陵地和山地的屏障作用，减轻风害。

任务二 园地的规划与设计

科学的规划和设计可以提高果树的产量和品质，降低劳动成本，同时还可以保护环境、节约资源。本任务将针对果树园地规划设计的具体内容进行细致分析，并提出一些实用的建议和方法。

一、园地基本情况调查

（一）调查内容

1. 社会经济状况

社会经济状况主要包括建园地区及其邻近地区的人口、劳动力数量和技术素质，当地经济发展水平、居民的收入及消费状况，乡镇企业发展现状及预测，果品贮藏和加工设备及技术水平，能源交通状况，当地果业产业化程度及合作社组织规模，市场销售供求状况及发展趋势预测等。

2. 果树生产状况

果树生产状况主要包括当地果树栽培的历史和兴衰变迁原因和趋势，现有果园的总面积、单位面积产量和总产量，经营规模、产销机制及经济效益，主栽果树种类和品种生长结果状况及果实成熟期搭配比例，果园管理技术水平等。

3. 自然气候条件

自然气候条件主要包括年平均温度、最高温度与最低温度、生长期积温、休眠期的冷温需求量、无霜期、日照时数及百分率、年降水量及主要时期的分布、当地灾害性天气出现频率及变化规律等。

4. 地形及土壤条件

山地果园应调查掌握海拔、垂直分布带与小气候带、坡度、坡向、有效土层厚度、雨量、光照、土壤类型及果树种类和品种的变化。丘陵地和平地果园应调查土层厚度、土壤质地、土壤结构、pH、有机质含量、主要营养元素含量、地下水位及其变化动态、土壤植被和冲刷状况。

5. 灌排水条件

灌排水条件主要包括水源、现有灌排水设施和利用现状。

（二）测量地形并绘制地形图

首先进行地形测量，依此绘制1：1000的地形图。在地形图上应绘出等高线密度（平地0.5m一条，丘陵地、山地1m一条）、高差和地物，以地形图为基础绘制出土地利用现况图、土壤分布图、水利图等供设计规划使用。

二、园地的土地规划

以单户家庭为主的果树生产由于栽植面积小，往往忽视园地的土地规划。随着大户经营和企业经营模式的增多，园地的土地规划设计显得异常重要，合理规划不仅可以提高生产效率，而且有利于果园机械化作业和防灾减灾。园地土地规划的主要依据如下：

①专业化商品生产果园以生产优质果品获取最大经济效益为目的，必须选择果树最适宜的栽植区，选用最适宜的品种建园，并要考虑配套的生产服务设施。果粮间作式的果园要兼顾粮食和果品两个方面，以农业为主，选择适宜的间作果树；或以果品为主，选择适宜的间作物。庭院式或观光果园，应以服从城市建设等整体布局为前提，食用、观赏兼用，选择不同花期、不同成熟期的果树种类、品种，力求延长观赏、供应期。

②建园既要考虑当前，又要着眼长远，周密考虑果树种类、品种，长、中、短期权衡，形成多个方案，充分分析论证。规划中忌主观愿望，忌一刀切。

③我国土地资源缺乏，目前果树发展较多，农业粮食安全产业政策和果树生长结果习性，都要求坚持果树上山下滩，开发改造荒山沙滩。有坚实的农业为基础，果业才能稳定健康地发展。

④在市场竞争日益激烈的形势下，必须以现代科技武装果树生产，必须以尽可能完善的设施服务于果树生产。坚持做到全面规划，统筹安排，分步实施，便于引进和应用新技术成果，又能适应现代化管理要求。

⑤20世纪70年代前集体经营的果园面积多为5～40hm^2。80年代以后，农户经营的新建园以5hm^{2}以内的小果园为主。由村、乡统一规划建园，多为集中连片、分片管理。小型果园的规划，主要是选择适宜的果树种类和品种；中、大型果园，多为综合性经营，同时栽培几个果树种类，全面规划，分区生产。

如果大面积建立果园，在土地规划中应保证生产用地的优先地位，并使各项服务于生产的用地保持协调的比例。通常各类用地比例为：果树栽培面积80%～85%，防护林5%～10%，道路4%，绿肥基地3%，办公生产生活用房屋、苗圃、蓄水池、粪池等共4%左右。

（一）小区的划分

小区又称为作业区，为果园的基本生产单位，是为方便生产管理而设置的。划分小区，将直接影响果园的经营效益和生产成本，是园地土地规划的一项重要内容。

1. 小区划分依据

小区划分依据如下：

①同一小区内气候及土壤条件应当基本一致，以保证同一小区内管理技术内容和效果的一致性。

②在山地和丘陵地，有利于防止果园水土流失，有利于发挥水土保持工程和防侵蚀效应。

③有利于防止果园的风害、晚霜等自然灾害。

④有利于果园的运输及机械化管理。

2. 小区面积

小区面积因立地条件而不同。平地或气候、土壤条件较为一致的园地，每个小区面积可设计为8～12hm^2；丘陵地与山地的地形切割明显，地形复杂，气候、土壤条件差异较大的地区，每个小区可缩小到1～2hm^2；低洼盐碱地区，为便于排水洗盐和降低地下水位，多利用台田或条田栽植果树，每个台田或条田作为一个小区。生产实践证明，小区面积应因地制宜，大小适当。面积过大管理不便，面积过小不利于实行机械化作业，还会增加非生产用地的比例。

3. 小区形状和位置

小区形状多采用长方形，长边与短边比例为（2～5）：1。农机具沿长边行驶，减少转弯次数，提高工作效率。平地果园小区的长边，应与当地主要有害风方向垂直，使果树的行向与小区的长边一致。防护林应沿小区长边配置，以加强防风效果。山地与丘陵地果园小区可呈带状长方形，小区的长边与等高线走向一致，以提高水土保持工程效益。由于等高线并非直线，常常随弯就势。因此，小区的形状也不完全为长方形，两个长边也不会完全平行。日本规划山地果园小区时，其长边长度的限制因子主要是田间作业的高速自动喷雾器的水箱容量和石灰撒播机的物料箱容量。如果农药及肥料的补充点设在短边的两端，即在短边的两端都可加药或加料时，长边可采用300～400m；如果在一端补充时，则其长度应减半。计划实行喷灌的果园小区，应考虑喷灌设施与小区大小的关系，包括行距及长度，即小区的长边必须考虑喷水支管嘴水压的容许变动量。

（二）道路系统的规划

良好而合理的道路系统是现代化果园的标志之一。各级道路应与小区、防护林、排灌系统等统筹规划。

大、中型果园的道路系统由主路（干路）、支路和小路组成。主路要求位置适中，贯穿全园，通常设置在栽植大区之间，主、副林带一侧。路面宽度以能并行两辆卡车为限，一般6～8m。山地果园的主路可以环山而上或呈“之”字形，纵向路面坡度不宜过大，以卡车能安全上下行驶为度。山地果园的支路可沿坡修筑。小区内或环绕果园可根据需要设置小路，路面宽1 ~ 3m，以人行为主或能通过大型机动喷雾器为宜。山地果园的小路可根据需要顺坡修筑，多修在分水线上。若修在集水线上，路基易被集流冲垮。小型果园为减少生产占地，可不设主路与小路，只设支路即可。

平地或沙地果园，为减少道路两侧防护林对果树遮阴，可将道路设在防护林的北侧。主路和支路两侧，应按照排水系统设计，修筑排水沟，并于果树行端保留8 ~ 10m机械、车辆回转地带。盐碱地果园的道路系统应与排水系统相吻合，不应打乱或切断排水沟，并尽量减少与排水沟的交叉，必须交叉时，应修筑桥梁或涵洞，以利于排水和洗盐。

陡坡地果园依靠道路运输较为困难，可利用空中索道或单轨运输车道承担生产资料及产品运输任务。索道用搬运器在空中移动，不影响地面操作，但必须设立固定装卸站。单轨车的设备在地面上，运行途中随时可装卸。单轨固定在地面上，在规划时要占据一定的面积，也可能影响地面作业。

（三）辅助建筑物的规划

果园经营时间较长，是一个完整的生产企业，需要规划和建造必要的管理用房与生产用房。果园辅助建筑物包括办公室、财务室、车辆库、工具室、肥料农药库、包装场、配药场、果品贮藏库及加工厂等，这些建筑物均应设在交通方便和有利作业的地方。在2 ~ 3个小区的中间，靠近干路和支路处，设立休息室及工具库。在山区应遵循量大沉重的物资运送由上而下的原则，畜牧场、药池与配药场所应设在较高的部位，以便肥料（特别是体积大的有机肥）由上而下运输或者沿固定的沟渠自流灌施，包装场、果品贮藏库等应设在较低的位置。

（四）绿肥与饲料基地规划

为培肥地力并提高果园有机质含量，可将果业与畜牧业结合，综合经营，建立绿肥与饲料基地。生草（饲料、果园生态）→养畜→肥料→果园→种草，这一有效的能量和物质转换链，提高了果园的生态效益与经济效益，是值得提倡的现代化果园模式。绿肥与饲料一般利用果园行间进行种植。山地与丘陵地果园种植绿肥必须与水土保持工程相结合进行。在有条件的地区，可另在沙荒地、薄土地带等规划绿肥与饲料基地。

三、果树种类、品种的选择和授粉树的配置

（一）果树种类和品种的选择

商品果园的根本目的在于生产优质安全的果品，旨在满足市场需求，服务于广大消费者，并在此过程中实现高效益。因此，建园时选择适宜的果树种类、品种是实现优质

高效的前提，也是可持续发展的关键。在选择果树种类和品种时应注意满足以下条件。

1. 具有独特的经济性状

优良的果树种类和品种应具有生长强健、抗逆性强、高产、品质优良等较好的综合性状。此外，还必须注意其独特的经济性状，如美观的果形、诱人的果色、适宜的成熟期、独特风味或肉质、适于鲜食或加工的特性等，这是生产名、优、特、新果品的种质基础。

2. 适应当地气候和土壤条件

优良的果树种类和品种并不是栽之各地而皆优的，而是有其一定适宜范围，超出这个范围，就可能不再表现优良性状。因此，在选择果树种类和品种时，必须选择在当地气候和土壤条件下，表现优质、高产的果树种类和品种。

某些优良果树种类和品种，虽然品质优良，但不高产。如20世纪50年代，重庆发展了较多的华盛顿脐橙。但实践证明，华盛顿脐橙这一良种在温暖潮湿的重庆表现出落花落果严重，品质虽好，但产量极低。20世纪70年代，这一世界性良种在重庆几乎不复存在。这一事实说明，保持优质与高产的统一，是选择适应当地条件的优良果树种类和品种时必须注意的重要原则，也是生产名、优、特、新果品不容忽视的生态条件。此外，还应重视抗逆性，有些果树种类、品种优质与高产统一，但是抗逆性（抗病虫害、抗旱、抗涝等）较差。例如，近年山东大力发展的甜樱桃，市场效益高，但是不耐涝洼盐碱地，所以在黄河故道地区栽培，由于土壤pH偏高和水质盐渍化，造成缺素症严重，苗木栽植成活率低，给生产造成很大经济损失。

3. 适应市场需要，经济效益高

果园的经济效益最终是通过果品在市场上的销售效益实现的。对某个果树种类和品种进行质量优劣评价时，单靠书本上的评价是不够的，还必须接受市场和消费者的检验。因此，根据市场需要选择果树种类和品种，应成为商品生产果园的出发点和归宿。果实外观是果实品质的重要标志。例如，香港苹果市场，畅销果形高桩、果面浓红、风味脆甜的元帅系品种。因此，来自美国的蛇果畅销香港市场，而从中国内地运去的高档金帅苹果，由于其色泽和果形等不合市场需要，即使其品质优良也销售不畅，效益较低。这说明果园目标市场的销售状况及消费习惯，应作为选择的依据。

以大、中城市及工矿区为目标市场的果园，应以周年供应鲜果为主要目标，距城市较远或运输条件较差的地区，则应从实际出发选择耐运输、耐贮藏的果树种类和品种。外向型商品果园应与国外市场的消费习惯和水平接轨。生产加工原料的果园，则宜选择适宜加工的优良果树种类和品种。例如，生产罐桃应选择黄肉、硬溶质、黏核品种；生产红葡萄酒应选择适宜酿酒的红色葡萄品种；生产冷冻浓缩甜橙汁应选择适宜制汁的甜橙品种等。

一个果园适宜栽培多个果树种类和品种时，应根据市场的需要及经济效益，选择市场紧俏、经济效益高的果树种类和品种，有时可能不是最适宜当地栽培的果树种类和品种。

（二）授粉品种的选择和配置

苹果、梨、李、中国杏、柚等果树，具有自花不实的特性，栽培单一品种时，往往花而不实，低产或连年无收。即使能够自花结实的品种，结果率也低，不能达到商品生产的要求。自花结实率高的品种，如柑橘、荔枝、龙眼、桃等果树，通过配置授粉品种进行异花授粉，则能显著提高产量。因此，建园时果树必须配置授粉品种。配置授粉品种时，必须注意三种特殊情况：一是雌雄异株的果树如杨梅、猕猴桃、银杏、香榧等，应注意雌雄株的辨别并按适当比例配置；二是三倍体的品种，如苹果中的乔纳金、北斗、陆奥等品种，这些品种不能产生足够数量的有生活力的花粉，作为主栽品种，应该配置至少两种授粉品种；三是花粉败育的品种，如日本选育的多数毛桃品种，其花粉败育比例高，作为主栽品种，应配置自花结实率高的授粉品种或者配置两种授粉品种。

目前，有些果树种类开始应用专用授粉品种，这些专用授粉品种花量及花粉量大，授粉效率高，并且具有较高的花粉直感效应，对提高坐果率和改善果实品质起到了很好的效果。专用授粉品种可不占果园用地，少数分散间栽园中自然授粉，或栽在路边、堰边或向阳坡上，花期集中采粉，人工授粉。

1. 授粉品种应具备的条件

授粉品种应具备以下条件：

①与主栽品种花期一致，且能产生大量发芽率高的花粉。

②与主栽品种同时进入结果期，且年年开花，结果寿命长短相近。

③与主栽品种授粉亲和力强，能生产经济价值高的果实。

④与主栽品种的果实成熟期相近或早晚相互衔接。

2. 授粉品种的配置

授粉品种与主栽品种的距离，依传粉媒介而异，以蜜蜂传粉的品种（如苹果、梨、柚等）应根据蜜蜂的活动习性而定。据观察，蜜蜂传粉的品种与主栽品种间最佳距离以不超过50～60cm为宜。杨梅、银杏、香榧等雌雄异株的果树，雄株花粉量大，风媒传粉，且雄株不产生果实。因此，多将雄株作为果园边界果树进行少量配置，在地形变化大的山地果园，也可作为防风林树种配置一定比例。

授粉品种在果园中的配置方式，通常分为中心式和行列式，如图3-1所示。

（1）中心式

小型果园中，果树采用正方形栽植时，常用中心式配置，即1株授粉品种在中心，周围栽8株主栽品种。

（2）行列式

大、中型果园配置授粉品种时，应沿小区长边，按树行的方向成行栽植。梯田坡地果园可按等高梯田行向成行配置。仁果类果树授粉品种的间隔行数多为4～8行，核果类果树多为3～7行。处于生态最适带的果园，相隔的行数可以多些，间隔距离可以远些。生态条件不太适宜地区（如花期常有大风或低温危害）的间隔行数应适当减少，间隔距离相应缩短。

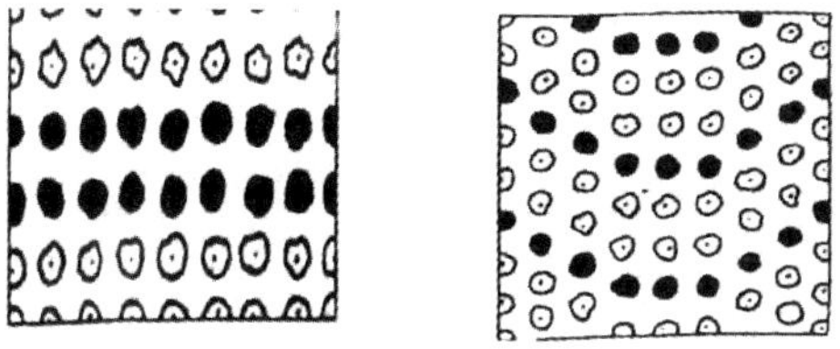

（a）中心式　　（b）行列式

图3-1　果园授粉品种的配置方式

授粉品种在果园所占比例，应视授粉品种与主栽品种相互授粉亲和情况及授粉品种的经济价值而定。授粉品种的经济价值与主栽品种相同，且授粉结果率都高，授粉品种与主栽品种可等量配置；若授粉品种经济价值较低，在保持充分授粉的前提下可低量配置。

四、果园防护林设计

（一）防护林的作用

在果园四周或园内营造林带，可减轻果园的风害、寒害和旱害，减少气温变幅，改善果园的生态环境，对果树具有很好的防护效果。海涂果园的林带，对减弱台风、海风的危害有重要作用。山地与丘陵地果园林带还具有防止水土流失的作用。配栽的蜜源或绿肥植物，还可开辟肥源、增加果园经济收入。

1. 降低风速，减少风害

微风可补充树冠周围的CO_2，有利于光合作用，适度促进叶面蒸腾和根系吸收，减少辐射和霜冻威胁。大风则会导致断枝毁树或落叶落果等严重后果。据调查，果园防护林能降低风速，减少风害。防护林保护下的果园，平均风速降低35.7%。同一林带，风速加大越大，防风效果越明显。

2. 调节温度，提高湿度

果园防护林在改善果园的小气候环境方面有明显的作用。调查表明，在冬、春季节，有防护林的果园温度高于无防护林的果园。因此，有防护林的果园有利于果树安全越冬及防止早春冻害。在夏季，有防护林的果园温度低于无防护林的果园，避开了高温对果树的不利影响。有防护林的果园全年湿度均高于无防护林的果园，在干旱地区或灌溉成本高的地区，具有显著生态与经济效益。

3. 保持水土，防止风蚀

山地及丘陵地果园营造防护林，可以涵养水源、保持水土、防止冲刷。防护林落下大量枝叶，分解腐烂后，既可增加果园土壤有机质含量，又可保护地面免遭雨水冲刷及地面径流侵蚀。据测定，1kg枯枝落叶可以吸收2～5kg降水。当水分饱和后，多余的水分渗入土中，变成地下水，大大减少了地面径流。在10°斜坡上，有枯枝落叶层覆盖的地表，其径流仅为裸地的1/3；在25°斜坡上，枯枝落叶层的水流速度仅为裸地的1/40。因此，防护林起到保护水土、防止冲刷的作用。

在风沙严重的地区营造防护林，可起到防风固沙、保护果园的作用。山西右玉由于地处风口，经常受到暴风侵袭，每年风蚀耕地表土1～2cm，每公顷刮走土量达90～195m^3。该县平均每年土壤风蚀厚度达1.2cm，严重的高达10cm。全县形成防护林带之后，风蚀程度减少70%～80%，每年每公顷土地至少有120m^3的表土保持在林网内，有利于果树的生长结果。

4. 有利于蜜蜂活动

蜜蜂是重要的传粉媒介，其出现数量、活动能力及飞翔距离与风速大小关系密切。有研究发现，春季风速小于0.5m/s时，蜜蜂出现数量多，飞翔距离远；风速达到1.5m/s时，蜜蜂出现数量少，飞翔距离近；风速达到3.4m/s时，果园基本上无蜜蜂活动。有防护林的果园，花期即使风速大于3m/s，由于园内风速降低，蜜蜂出现数量也会明显增加，授粉情况与对照相比明显改善。

（二）防护林的类型

防护林多根据果园规模和有害风向，参照地势、地形、气候特点进行规划。6～7hm^2以下的小型果园，多在果园外围主要有害风向的迎风面栽植2～4行乔木作为防风林带，或在风谷口栽植较密集的林带作为风障。大、中型果园应建立果园防护林网。鲁西平原多风沙地带及大型海涂果园多在果园四周建立带幅更宽的基本林带。

防护林可以分为疏透型林带和紧密型林带两种类型，如图3-2所示。林带结构不同，防护效益和范围有明显差别。

1. 疏透型林带

疏透型林带可分为上部紧密下部透风（无灌木）类型和上下通风均匀的网孔式类型。疏透型林带可通过一部分气流，使从正面来的风大部分沿林带向上超越林带而过；小部分气流穿过林带形成许多环流进入果园而使风速降低。疏透型林带对来自正面的气流阻力较小，且部分气流从林带穿过，使上下的气压差较小，大风越过林带后，风速逐渐恢复。疏透型林带较紧密型林带防护范围广。据测定，疏透型林带迎风面保护范围为林带高的5倍，背面为林带高的25～35倍。但以距林带高10～15倍的地带防护效果最好。疏透型林带还具有排气良好、冷空气下沉缓慢、辐射霜冻较轻、果园积雪比较均匀等优点。目前各国均趋向营造疏透型林带，适宜的林带透风度为35%～50%。

2. 紧密型林带

紧密型林带由数行或多行高大乔木、中等乔木及灌木组成，林带从上到下结构紧密，形成高大而紧密的树墙。因其上下郁闭，气流不易从林带通过，迎风面形成高压，迫使气流上升，越过林带顶部后气流迅速下降，很快恢复原来风速。这种林带虽防风范围较小，但在其防护范围内防护效果较好，调节空气温度、提高湿度的效果也较明显。由于透风能力低，冷空气容易在果园中沉积而形成辐射霜冻，背风面容易积雪和积沙。因此，在山谷及坡地上部宜设置紧密型林带，以阻挡冷空气下沉；而在下部则宜设置疏透型林带，以利于冷空气的排除，防止霜冻危害。

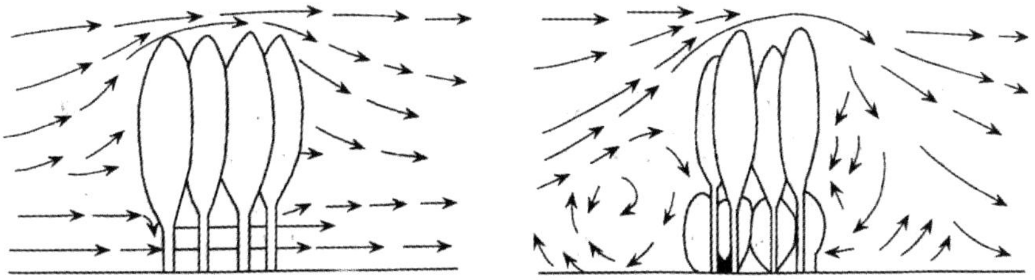

（a）疏透型林带　　　　（b）紧密型林带

图3-2　防护林的类型

（三）防护林树种的选择

防护林树种的选择依据如下：

①适应当地环境条件的能力强，尽可能用乡土树种。

②生长迅速，枝叶繁茂。乔木要求树体高大，树冠紧密直立，寿命长，防风效果好；灌木要求枝多叶密。

③抗逆性强。根系发达，入土深，根蘖发生少，抗风力强，对果树抑制作用小。

④与果树无共同病虫害，且不是果树病虫害的中间寄主。最好是果树病虫害天敌的栖息或越冬场所。

⑤具有较高的经济价值，可作架材、筐材、药材、建筑原木、加工材料以及蜜源植物等。

我国果园常用防护林树种如下：

①乔木。加拿大杨、毛白杨、北京杨、小叶杨、银白杨、箭杆杨、旱柳、榆、橡树、白蜡、臭椿、苦栎、沙枣、皂角、马尾松、杉、柏木、喜树、乌桕、麻栗、锥栗、板栗、石楠、合欢、枫杨、枫香、樟树、桉树、柞树、桤木、山定子、杜梨、柿、杜仲等。

②小乔木和灌木。柽柳、紫穗槐、荆条、胡枝子、酸枣、枸杞、女贞、油茶、胡颓子、木麻黄、丛竹、杨梅、枳等。

（四）防护林的营造

1. 防护林的配置

全面规划，实行山、水、园、林、路综合治理，从当地实际出发，因害设防，适地适栽，早见效益。防护林的防风效果与主林带同当地主要害风方向的交角有关。主林带的走向应与主要害风的风向垂直。因地势、地形、河流、沟谷的影响，主林带的走向不能与主要害风的风向垂直时，主林带与风向之间的偏角不超过20°～30°，防风效果基本不受影响。但为增强防风效果，宜在与主林带垂直方向设副林带或折风线，形成防护林网。山地果园地形复杂，防护林的配置有其特点。迎风坡林带宜密，背风坡林带宜稀。山岭风常与山谷沟方向一致，故主林带不宜跨谷地，可与谷向呈30°，并使谷地下部的林带偏于谷口。谷地下部宜采用透风结构林带，以利于冷空气排出。

2. 林带间距离

林带间距离与林带长度、高度和宽度以及当地的最大风速有关。通常风速越大，林带间距离越短。防护林越长，防护的范围越大。在风向一致的条件下，从正面来的风，其防护范围是三角地段。林带的高度与防护范围密切相关。在一般情况下，背风面的有效防护范围为树高的25～30倍。某些防护作用可延伸到林带高度的40倍以上。根据我国各地多年的经验，主林带间的距离一般为300～400m，风沙较大的地区及滨海台风地区可缩小到200～250m。副林带的距离在风沙较小的地区可为500～800m，风沙严重地区可减少到300m左右。

3. 林带的宽度

防护林降低风速的效果除与林带高度有关外，也与林带内栽植行数有关。林带内栽植行数不同，降低风速的效果有明显差别。在旷野风速为7m/s的情况下，经过4行毛白杨林带时，在林带高20倍范围内平均风速为2.9m/s，比对照降低59%；而通过3行毛白杨林带时，平均风速为4.6m/s，比对照降低34%；10行树的林带比3～5行树的林带可降低风速

23.3%。如果过多增加林带的宽度，将减少生产用地，且防风效应也不能相应提高。国外的防护林有由宽林带向窄林带发展的趋势，林带超过一定宽度后，防护距离减小，占地增多。国外农田防护林占地比率为被保护地区的1.5%～3.5%。例如，美国的加利福尼亚州，其主林带由5～8行组成，副林带由2～4行组成。

4. 营造技术

林带内部提倡乔灌混交或针阔混交方式。双行以上采取行间混交，单行可采用行内株间混交。有条件的也可采用常绿树种与落叶树种混交方式。

防护林营造宜在果树栽植前1～2年进行，也可以与果树同时栽植。应选用生长快的树种。造林前应先整地，栽植苗木的根系要健全，从起苗到栽植，保证每个环节都要保护好根系。

在营造果园防护林时，要防止林带对果树遮阴并防止树木根系向果园串根，要特别注意保持与末行树间的适宜距离。果园南部的林带要求距末行树不少于20～30m，果园北面的林带不少于15～20m。在此间隔距离内可设置道路或排灌水渠，以经济利用土地。

5. 防风网的设置

近年来，有些工业化国家（如日本），在果园使用化学纤维织成的防风网，收到了良好的防风效果。防风网用维尼龙、聚乙烯制成，使用寿命6～7年。虽然投资增加，但可提高土地利用率10%左右，且可减少防护林遮阴的损失。日本处于世界柑橘产区的北界地带，冬季由于低温及寒风，温州蜜柑落叶，并大量落果。据报道，在低温强风条件下，对照柑橘园落叶率达47.1%，而用防风网的柑橘园，落叶率比对照园降低一半左右。爱媛县果树试验场报道，夏蜜柑对照园冬季落叶率与落果率分别为35.71%、32.64%，而设置防风网处理的夏蜜柑果园落叶率与落果率分别为23.77%、13.55%。近年来，日本设置防风网的果园有逐渐增多的趋势，我国陕西、山东苹果产区也开始使用这一技术。

五、水土保持规划设计

（一）水土保持的意义

在山地及丘陵地建立果园，原有植被会受到破坏，土壤因垦殖而松散，加之耕作不合理，地表径流对土壤的侵蚀和冲刷而引起的水土流失将不可避免。尤其在大雨季节，降水过量形成的地面径流，沿着坡地冲走泥土和有机质，流向溪河大江，使果园土层变薄，土粒减少，含石量增加，土壤肥力下降；使果树根系裸露，树势衰弱，产量降低，寿命缩短；严重时造成泥石流或大面积滑坡，使生态环境急剧恶化，甚至危及果园的存亡。因此，做好水土保持是决定山地、丘陵地建立果园成败的关键。

（二）修筑梯田及其他水土保持工程

1. 梯田的作用

梯田防止水土流失的原理在于改长坡为短坡，改陡坡为缓坡，改直流为横流，从而有效地降低地表径流流量和流速。其具体作用表现为：

①拦蓄降水，减少冲刷。梯田种植面近似等高面，纵向比降小，横向微斜，中雨雨量可以就地拦蓄吸收，暴雨雨量拦蓄大部分径流，做到了土不下坡，水不下坝。

②便于耕作，易于排灌。梯田具有纵长横宽、等高走向的特点，便于果园土壤改良及精耕细作，也为设置排灌系统及机械管理创造了条件，有利于提高山地果园的劳动生产率。

③提高地力，促进增产。梯田具有保水、保土、保肥的作用，有利于不断提高土壤肥力，促进果树优质、高产。

④改善环境，减轻灾害。在海拔较高的山地修筑梯田，可以提高种植面上的气温和生长期积温，提高果树种植上山高度，减少喜温果树的冻害。梯壁反光能够增强果树下光与后光，有利于树冠下部果实着色。

2. 梯田的结构与设计

阶面和梯壁是梯田的主要部分，边埂和背沟是梯田的附属部分。梯田如图3-3所示。

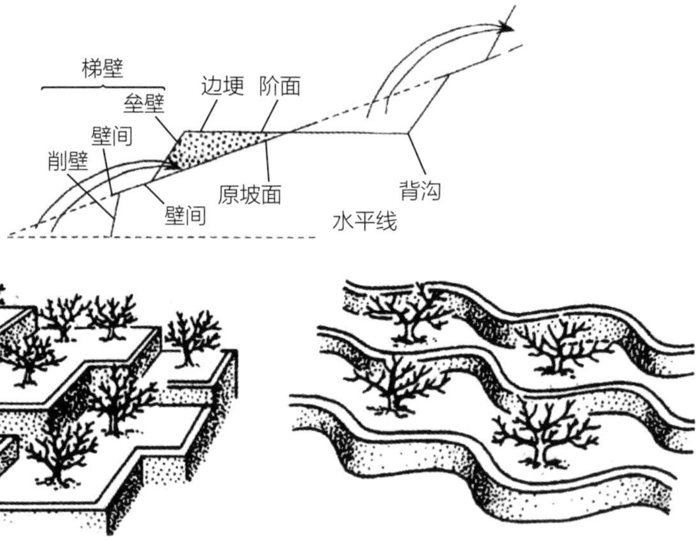

图3-3　梯田

（1）阶面

梯田可根据阶面的倾斜方向分为水平式梯田、内斜式梯田和外斜式梯田。山地果园的梯田阶面不能绝对水平，以利于排除过多的地面径流。在降雨充沛、土层深厚的地区，可设计内斜式梯田；降水少，土层浅的地区，可设计外斜式梯田，以调节阶面的水分分布，并可节省改良心土的工程费用。无论是内斜式梯田还是外斜式梯田，阶面的横向比降不宜超过5°，以避免阶面土壤冲刷。

阶面宽度同梯田的综合效益关系密切。窄阶面梯田施工容易，土壤的层次肥性破坏不大，但植株的营养面积小，耐旱性差，宜种植小株果树，种植面利用率降低；宽阶面梯田的种植面积大，保水性、保肥性强，有利于果园管理及果树优质、高产，但修筑费工量大。据计算，阶面每增宽一倍，修筑梯田的土方工程量增加三倍。设计阶面的宽度应根据坡度大小和果树种类而定。陡坡地阶面宜窄，缓坡地阶面可宽。一般5°坡阶面宽10～25m，10°坡阶面宽5～15m，15°坡阶面宽5～10m，20°坡阶面宽3～6m。如果将果树种类综合考虑，在5°～20°的斜坡范围内，篱架葡萄园的梯田阶面宽度为1.5～2.0m，核果类和柑橘类为3～5m，仁果类及枇杷为4～5m。矮化树可稍窄，乔化树则宜宽。

梯田的阶面由削面与垒面组成。原坡面与梯田阶面的交叉线即垒面与削面的界线，又称为中轴线。垒面土壤条件良好，其心土系原坡面表土；削面土壤条件差，表土系原坡面心土或母岩。因此，阶面的土壤肥力状况不均匀，削面的土壤改良是新建园土壤改良的重点。

（2）梯壁

按照梯壁与水平面夹角的大小，梯壁可分为直壁式和斜壁式。梯壁与水平面近似垂直的为直壁式梯田；与水平面保持一定倾斜度的为斜壁式梯田。根据修筑梯壁的材料不同，有石壁和土壁之分。石壁尽可能修成直壁式梯田从而扩大阶面利用率，土壁则以斜壁式梯田的寿命长，其阶面利用率较小，果树根系所能伸展的范围则较大。阶面由垒面和削面组成，梯壁也由垒壁和削壁组成。土壁梯田的垒壁土质疏松，削壁的土质紧密。垒壁与地平面之间的夹角为垒壁角，通常垒壁角较小，为45°～50°。削壁与地平面之间的夹角为削壁角，通常较大，为65°～75°。削壁与垒壁之间留出一段原坡面，成为壁间，俗称“二马台”。带有壁间的梯壁，较为牢固。壁间宽窄随原坡面的陡缓而定，缓坡可窄，陡坡宜宽，可在20～40cm伸缩。

坡度、阶面、梯壁三者之间的关系，是直角三角形三个边之间的关系，某一边发生变化即影响到另外两个边，这也是梯田设计与施工中常常遇到的问题。如果阶面宽度不变，坡度变陡时，增高梯壁；坡度变缓时，降低梯壁，形成阶面等宽梯壁不等高的梯田。通常土壁高度不宜超过2.5m，石壁不宜超过3.5m。如果梯壁高度不变，坡度变陡时，阶面可变窄；坡度变缓时，阶面可变宽，形成梯壁等高阶面不等宽的梯田。这种梯田较为省工，宜在生产上加以推广。原则上，梯田的纵向长度应随等高线的走向延长，以经济利用土地，提高农业机具的运转效率，便于田间管理。如果遇到地形破碎，或有大的冲沟，不便填凹补壑时，梯田长度因地制宜可长可短，必要时顺应地势留下“断台”。

（3）边埂和背沟

外斜式梯田必须修筑边埂以拦截阶面的径流。边埂的尺寸以当地最大降水强度（即5～10年一遇的每小时降雨量）所产生的阶面径流不漫溢边埂为依据。通常埂高及埂顶宽度多为20～30cm。内斜式梯田应设置背沟，即在阶面的内侧设置小沟。沟深和沟底宽度为30～40cm，背沟内每隔10cm左右应挖一个深沙坑，以沉积泥沙，缓冲流速。背沟的纵向应有0.2%～0.3%比降，并与总排水沟相通，以利排走径流。

3. 其他水土保持工程

水土保持的工程措施，除修筑梯田外，还有修筑鱼鳞坑和等高撩壕等形式。在坡面较陡或破碎的沟坡上，不便修筑梯田，可以修筑鱼鳞坑。鱼鳞坑可按品字形布置，挖成半圆形的土坑，坑的下沿（或外沿）修筑半圆形土埂，埂高30cm左右。坑的左右角上各开一小沟，以便引蓄径流。根据栽植果树的需要，要求坑长1.6m，宽1.0m，深0.7m，坑距根据定植密度要求而定。果树栽在坑的内侧。为了将鱼鳞坑逐步改造成等高梯田，横向鱼鳞坑宜尽可能按等高线设置。在较长的陡坡上修筑鱼鳞坑，每80～100m坡距，必须修筑一道拦山堰，以拦截山洪，防止冲刷。

等高撩壕又称为撩壕，是我国北方农民创造的一种简单易行的水土保持措施。修筑等高撩壕时，先在坡地按等高开浅沟，将土在沟的外沿筑壕，使沟的断面和壕的断面成正反相连的弧形，果树植于壕的外坡。由于壕的土层较厚，沟旁水分条件较好，幼树的生长发育好。但是等高撩壕在沟内及外沿皆增加了坡度，两壕之间的坡面比原坡面更陡，增强了两壕之间的土壤冲刷。为克服这一缺点，可根据具体情况，逐步将等高撩壕改造成复式梯田，以利果树正常生长结果，并防止冲刷。

（三）植被覆盖

1. 植被覆盖的作用

根据水土保持的原则设计并施工修筑梯田，其阶面和梯壁仍然可能受到降水的冲击和地面径流的侵蚀，导致土壤冲刷和水土流失。水土保持是一个复杂的系统工程，如单靠工程措施，垦殖后园地的水土流失可能比垦殖前或原有植被破坏前更严重。因此，将工程措施与生物措施结合应用，可大大提高工程措施的效益。

以块茎作物耕翻后的土壤流失量为100%作对比，则小麦留茬地为10%，牧场为5%～10%，茂密的禾本科草地和森林均为0.001%～1.0%。保加利亚的试验也证明，在侵蚀土壤上种草，土壤流失量减少50%。由此可见，植被防止土壤侵蚀的作用是十分显著的，不同植被保持水土的效能有所差别，森林的效能最高，草皮、作物依次降低，清耕休闲地最差。

2. 植被覆盖的规划

果园植被应全面规划，合理布局。山地和丘陵地果园顶部栽植树木，可防风，涵养水源，保证顶部土壤不受冲刷。果园树冠可以缓冲雨水对土壤的冲击。梯田阶面上，果树间应种覆盖作物或自然生草，降雨集中季切忌清耕休闲。间作物应选择经济效益较高、树叶繁茂防冲刷效能高或回归土壤有机质多的植物。也可结合发展畜牧业在果园行间种多年生牧草或青饲料。间作物宜等高横行播种、横行耕种，以加强水土保持效果。梯田的土壁必须配置植被。较宽的壁间应生草或种植护坡植物或绿肥作物。每年收割数次，覆盖于土壤表面，既减少水分蒸发，又增加有机质。垒壁和削壁上应生草，严禁以任何理由在梯壁上产草。削壁为易风化的泥岩地区，泥岩自然生草很难，容易风化剥落。为此，修筑梯田的同时，应用生长有草根的土块作为护壁材料。在没有修筑梯田的缓坡地果园，利用植被来防止地面冲刷显得更加重要。配置植被的方式有等高横行播种短期作物、行间种植多年生牧草或绿肥作物等。

（四）土壤改良

土壤改良是指应用人为耕作、工程或生物措施增加果园土层厚度，改善土壤理化性质的农业措施。通过土壤改良，可改善土壤结构，提高土壤水分渗透能力和蓄水能力，减少地表径流，增强土壤抗冲刷能力。在工程措施与生物措施的基础上，加强土壤改良，组成一个严密而高效的水土保持系统对于防止坡地果园土壤冲刷、加强水土保持效果起到相得益彰的作用。同时，应坚持先改良土壤后栽树的原则，以保证新建果园快速投产。

六、果园排灌系统规划设计

（一）灌溉系统规划设计

随着灌溉技术的不断改进，灌溉系统也在不断更新，目前我国果园多采用地面灌溉系统。地面灌溉系统由水源与各级灌溉渠道组成。

1. 水源

（1）蓄水

修建水库可以实现蓄水功能。库址宜选在溪流不断的山谷或三面环山、集流面积大的凹地。要求地质状况较为稳定，岩石无节理、无渗透和裂缝。水库堤坝宜修在库址的葫芦口处。这样坝身短，容量大，坝牢固，投资少。母岩为石灰岩的地区，常有阴河溶洞，渗漏现象严重，不能选作库址。为了进行果园自流灌溉，水库位置应高于果园。果园的堰塘与蓄水池，要选在凹地以便蓄水。如果选在分水岭处，由于来水面小，蒸发与渗漏较快，难于蓄水。

（2）引水

从河中引水灌溉果园。在果园高于河面的情况下，可进行扬水式取水。提水机器功率按提水的扬程与管径大小核算。果园建立在河岸附近，可在河流上游较高的地方修筑分洪引水渠道，进行自流式取水，保证果园自流灌溉的需要。在距河流较远，利用地下水作为灌溉水源的地区，地下水位高的可筑坑井，地下水位低的可修管井。

2. 灌溉渠道

果园地面灌溉渠道包括干渠、支渠、毛渠（园内灌水沟）。干渠将水引到果园并纵贯全园。支渠将水从干渠引到果园小区。毛渠则将支渠中的水引至果树行间及株间。灌溉渠道的规划设计，应考虑果园地形条件和水源位置高低，并与道路、防护林和排水系统相结合。具体设计应注意以下要点：

①位置要高，便于控制最大的自流灌溉面积。丘陵地和山地果园的干渠应设在分水岭地带，支渠也可沿斜坡分水线设置。

②与道路系统和小区形式相结合。支渠与小区短边走向一致，而灌水沟则应同小区长边一致。

③输水的干渠要短。既可减少修筑费用，也可减少水分流失。

④为了减少干渠的渗漏损失，增强其牢固性，最好用混凝土或石材修筑渠道。

⑤渠道应有纵向比降，以减少冲刷和淤泥。纵向比降过大，易造成土质干渠冲刷；纵向比降过小，流速小，流量低。带泥沙的水源，易造成渠道淤积堵塞。一般干渠纵向比降为1/1000，支渠纵向比降为1/500。

灌溉渠道的横断面尽量采用半填半挖的形式，便于向下一级渠道分水，且修筑工程量较小。渠道断面横距与竖距的比值，称为边坡比，其是表示边坡陡缓的指标。边坡比大小取决于土壤质地。质地轻松则边坡缓，边坡比较大。黏土的边坡比为1 ~ 1.25，沙砾土为1.25 ~ 1.5，沙壤土为1.5 ~ 1.75，沙土为1.75 ~ 2.25。

除上述地面灌溉系统外，还有地下灌溉系统。地下灌溉系统是指利用埋设在地下的渗水管道，将灌溉水直接送入果树根系分布层，借毛管作用自下而上浸湿土壤，供果树吸收利用的一种灌溉方法。这种方法的优点是灌溉效果好、果树产量高、蒸发损失少、用水节约、少占耕地、便于田间耕作管理，并可以施用液体肥，多雨地区还可以利用这一系统排水。其缺点是地表湿润差、地下管道造价高、淤塞后检修困难。地下灌溉系统可分为输水与渗水两个主要部分。输水部分是指将水源输送到果园的输水管道，明渠或暗管均可。渗水部分由埋设在土壤内的管道组成，灌溉水通过这些管道渗入土壤。暗管可以用不同的材料制成，常用的有瓦管、打孔的混凝土管、竹管和塑料管等。

（二）排水系统规划设计

1. 果园排水的意义

土壤中的水分与空气含量是互为消长的。排水的作用是减少土壤中过多的水分，增加土壤的空气含量，促进土壤空气与大气的交流，提高土壤温度，激发好气性微生物的活动，促进有机质的分解，改善果树的营养状况，使果园的土壤结构、理化性质和营养状况得到综合改善。具有下列情况之一的果园，必须设置排水系统：

①果园地势低洼，降雨强度大时径流汇集多，且不能及时宣泄，形成季节性过湿地或水涝地。

②果园土壤渗水性不良，表土以下有不透水层，阻止水分下渗，形成过高的假地下水位。

③果园临近江河湖海，地下水位高或雨季易遭淹涝，形成周期性的土壤过湿。

④园地临近溢水地区，或园地由水稻田改造而来，土壤经过长期淹水，下层为还原性物质大量积累的潜育层。

⑤山地与丘陵地雨季易产生大量地表径流，需要通过排水系统排出地表径流的果园。

2. 明沟排水

明沟排水是指在地面上挖掘明沟，排除径流。山地或丘陵地果园多用明沟排水。这种排水系统按自然水路网的走势，由等高沟与总排水沟以及拦截山洪的拦山堰（又称为环山沟）组成。在修筑梯田的果园中，排水沟应设在梯田的内沿（即背沟），背沟的比降应与梯田的纵向比降一致。总排水沟应设在集水线上，走向应与等高沟斜交或正交。总排水沟宜用石材修筑，长而陡的总排水沟，宜修筑成阶梯形，每隔20 ~ 40m的斜距修筑一个谷坊，以减缓流速。总排水沟应上小下大，以利于径流排泄，可与水库、水塘、蓄水池连接，以补给水源。

平地果园的明沟排水系统由小区内的集水沟、小区边缘的排水支沟与排水干沟组成。集水沟与小区长边和果树行走向一致，也可与行间灌水沟合用或并用。集水沟的纵坡应朝向支沟，支沟的纵坡应朝向干沟。干沟应布置在地形最低处，使之能接纳来自支沟与集水沟的径流。各级排水沟的走向最好相互垂直，但在两沟相交处应呈锐角（45° ~ 60°），以利于排水通畅，防止相交处沟道淤塞。各级排水沟的纵向比降应大小有别，干沟为1/10000 ~ 1/3000，支沟为1/3000 ~ 1/1000，集水沟为1/1000 ~ 1/300。明沟的边坡系数因土壤质地而有差别，黏土为1.5 ~ 2.0，沙壤土为1.5 ~ 2.5，沙土为2.0 ~ 3.0。排水沟的间距和深度应视降雨量和地下水位而定。在地势低洼，地下水位高，降雨量大，土壤含盐量高的地方，集水沟宜多、宜深、宜宽，间距宜小；在地下水位低，降雨量小，土壤含盐量低的地方，集水沟相对减少，间距可适当加大，沟的深度和宽度相应减少。烟台西沙旺的海滩沙地果园的地下水位，冬、春多在1.0m左右，夏季可达40～50cm。常年雨季（7月初至9月上旬）的平均降雨量为331.3mm。当地果园每隔4行苹果树挖一条小区水沟，沟底宽30～50cm，沟口宽80～150cm，沟深50～100cm。这种规格的水沟沟底有一定比降，可以满足小区内排水的需要。排水支沟的深度和宽度大于小区水沟，排水干沟的深度和宽度应大于排水支沟，以利于排水通畅。干沟出路不畅的地区，可在干沟出口建立扬水站，进行机械抽水、排水。

采用明沟排水，土方工程量大，花费劳力多，但物料投入少，成本低，简单易行，便于农村推广。其缺点是明沟排水占地多，不利于机械操作和管理，而且易坍、易淤、易生杂草。因此，近年来我国不少地方采用了暗沟排水。

3. 暗沟排水

暗沟排水是指地下埋放管道或其他填充材料，形成地下排水系统，将地下水降低到要求的深度。暗沟排水可以消除明沟排水的缺点，如不占用果树行间土地，不影响机械管理和操作。但暗沟的装置需要较多的劳力和器材，要求较多的物质投入，对技术的要求也较高。设置暗沟的果园，不再需要设置明沟。在低洼过湿地和季节性水涝地，地下水位高以及水田改旱地的果园，暗沟排水最为重要。

暗沟的深度决定于土壤的物理性质、气候条件及所要求的排水量。暗沟有完全暗沟和半暗沟两种类型。完全暗沟可用塑料管、混凝土管或瓦管制成。半暗沟又称为简易暗沟，多以卵石等材料制成。只有半暗沟的间距宜小，分布密度较大，才能抵消其流水阻力大的缺点，从而提高排水效率。卵石暗沟下面填大卵石，上面填稍小的卵石，最上面填以碎瓦即可。完全暗沟也有干管、支管、排水管之别，各级管道按水力学要求的指标组合施工，可以水畅其流，防止淤塞。

任务三　果树栽植及栽后管理

果树苗木种植具有较高的经济价值，因而构成了很多大规模的果园。要想果园获得丰收的结果，栽植后进行科学的管理是必不可少的。

一、栽植前准备

1. 定点挖栽植穴（沟）

在整地或修筑好水土保持工程之后，按预定的栽植设计，测量出果树的栽植点，并按点挖栽植穴。可人工挖掘也可用挖坑机挖掘，穴深和直径为0.8 ~ 1.0m。密植果园可不挖栽植穴而挖栽植沟，沟深与沟宽常为0.8 ~ 1.0m，无论挖栽植穴还是挖栽植沟，都应将表土与心土分开堆放，有机肥与表土混合后再植树。山地与丘陵地果园土层浅薄，母岩距土壤表面较浅的地区，可采用炸药放"闷炮"的形式定点或定线爆破。栽植穴（沟）应于栽植前一段时间挖好，使心土有一定的时间熟化。在母质为泥岩的地区，挖栽植穴或爆破之后，成土母质需要一段时间才能物理风化成土，从而促进果园土层加厚与熟化。下层有卵石层或黏土层、白干土的土壤，必须先行客土，然后栽树。否则，根系发育会受到限制而导致树势变弱。总之，条件较差的地区应挖大坑，结合改土后进行苗木栽植，以利根系生长，而土壤肥沃地区应适当减小栽植穴。地下水位高或低湿地果园，不宜先挖栽植穴，应在改善全园排水的前提下再挖栽植沟，沟底应沿排水系统的水流走向设置比降，以防栽植沟内积水。

2. 苗木准备

自育或购入的苗木，均应于栽植前进行品种核对、登记、挂牌。发现差错应及时纠正，以免造成品种混杂和栽植混乱，还应进行苗木质量检查与分级。经长途运输的苗木，因失水多应浸泡根系一个昼夜，使其充分吸水后再栽植或假植。为使果园早期丰产，应栽植健壮大苗。实现栽后不缓苗、快长树、早丰产的良好效果。

3. 肥料准备

为了改良土壤，应将大量优质有机肥运到果园。可按每株100 ~ 200kg，每亩5 ~ 10t的量进行准备。

二、栽植时期

栽植时期应视当地的气候条件与果树种类而异。北方落叶果树多在落叶后至萌芽前栽植。冬季较为温暖的北部地区，萌芽前春植或落叶后栽植均可，但秋植更有利于伤口愈合，促进新根生长、缩短缓苗时期。冬季严寒的地区，栽后易于受冻或抽条，以春植效果较好。冬季温暖地区，落叶果树以秋植或春植为宜。冬季较寒冷或秋季干旱的地区则以春季2 ~ 3月栽植为宜。柑橘多于9 ~ 10月或1 ~ 3月栽植。近几年来，四川盆地的某些柑橘产区利用营养钵大苗实行夏植取得了良好效果。柑橘夏植是在春梢成熟时进行。此时树体内养料积累较多，气温较高，有利于根系生长。广东和广西香蕉的栽植时期常以3 ~ 4月的春植为主，次为秋植；而在西南有明显旱季与雨季的地区，以5 ~ 6月的雨季开始时进行定植，成活率高。

三、栽植密度

合理密植可增加单位面积上的叶片数量与总叶面积，最大限度地利用光能，提高单位面积产量；增加单位面积上的根量，扩大根系吸收土壤养分的体积；可以较早地实行控冠促花措施，提高早期产量；果树树冠相应减小，缩短根和叶、果间距离，便于水分、养分运输；减少风害、冻害及日灼；容易弥补缺株，园相比较整齐；有利于果树生长发育，并便于树体管理。

（一）确定栽植密度的依据

密植增加了单位面积上的果树株数，提高了果园覆盖率及叶面积指数，从而提高单位面积的生物学产量和经济学产量。但栽植密度并非越密越好。如果密度超过某一限度，将导致树冠及果园群体郁闭，光照状况恶化，反而削弱了光能利用率，降低了生物学产量和经济学产量。合理的栽植密度，应根据下列因素确定。

1. 果树种类、品种和砧木的特性

不同果树种类和品种的生长发育特性不同，树高与冠幅差异较大，是确定栽植密度的重要依据。树冠高大其株、行距相应加大，反之应小。不同果树种类树冠大小的顺序是：核桃>苹果、梨>葡萄。苹果不同品种树冠大小的顺序是：富士、国光、元帅>鸡冠、甜黄魁。就不同品种不同品系而论，树冠大小的顺序是：普通型品种>短枝型芽变品种。

不同砧木种类对同一品种嫁接组合的生长势和树冠大小有明显影响。总体来看，乔化砧嫁接树，树体较高大；矮化砧嫁接树，树体矮小；半矮化砧嫁接树，树体大小介于两者之间。

2. 地势和土壤

栽植在肥力较低的土壤上的果树，多表现生长势弱，其株、行距可小些；栽植在肥力较高的土壤上的果树，生长势较强，树体高大，其栽植株、行距宜大些。

3. 气候条件

在低温、干旱、有大风的地区建园，不利的气候条件会抑制果树的生长发育，限制树冠的扩大，栽植距离应适当加密，从而利于形成抵抗不良气候条件的果树群体。相反，在气候温暖、雨量充足、有利于果树生长的气候条件下建园，果树生长发育旺盛，树体高大，栽植距离应适当加大。

4. 栽培技术

整形修剪、栽植方式等栽培技术对树冠发育的影响很大。葡萄的棚架式整枝栽植密度较小，篱架式整枝栽植密度大。苹果的栽植密度因栽植方式不同而有变化。

（二）计划密植

计划密植是一种有计划分阶段的密植制度。定植时高于正常的栽植密度，以增加单位面积的栽植株数，提高覆盖率和叶面积指数，达到早期丰产、早赢利的目的。实施计划密植的要点：栽植之前做好设计，设定永久植株与临时植株。果园管理中对两类植株要区别对待，保证永久植株正常生长发育，对临时植株进行生长控制，使之早期结果。等果园将郁闭时，及时减缩临时植株，直至间伐移除。临时植株的数量常为永久植株的1～3倍。待临时植株间伐或移出之后，栽培管理上要保证留下的永久植株优质、丰产。计划密植的密度与方式，视品种、砧木和立地条件而定。

我国早已实行的果园加密栽植及国外的弥补栽植方式（或填充方式）可视为计划密植。加密栽植是在果园行间或株间栽植早结果的果树。例如，在苹果或梨的行间或株间栽植桃。有学者提出的弥补栽植方式，是用矮化砧小型果树间栽在乔化砧果树的行间，被间栽的果树为间伐树或弥补树。这种方式也同样应用了间伐树早结果的特性，以达到果园提早收益的目的。

四、栽植方式

栽植方式是指果树个体之间的配置形式。在一定的密度下，采用适宜的栽植方式可以充分利用土地、光能，便于管理和抵御不良自然环境，是组成丰产群体结构的重要内容。生产中应根据立地条件、砧穗组合与栽植密度等，确定适宜的栽植方式。

1. 长方形栽植

长方形栽植即行距大于株距，其特点是行间通风透光良好，便于操作管理，适于密植。果树多采用此种栽植方式，且一般采用南北行向。

2. 正方形栽植

正方形栽植即株距和行距相等，若用于密植，树冠易郁闭，光照较差，间作不便，应用较少。

3. 三角形栽植

三角形栽植即株距大于行距，两行植株之间相互错开而形成三角形排列，俗称错窝子或梅花形。这种方式可提高单位面积上的株数，比正方形栽植多栽11.6%的植株。但是由于行距小，这种栽植方式不便管理和机械作业，应用较少。

4. 带状栽植

带状栽植即宽窄行栽植，一般两行为一带，带间的宽行距比带内窄行距宽1～2m。带间行距较宽，光照较好，便于管理作业；带内植株较密，有利于高产。

5. 等高栽植

等高栽植即果树按株距沿山丘地的等高线栽植，行距随地形坡度而变化，有时加行或减行。只栽一行的梯田，树行要在距田面外沿1/3处。田面越窄，树行越要靠外。等高栽植有利于保持水土，适用于梯田、等高撩壕、鱼鳞坑等坡地果园。

6. 计划密植

计划密植即为早期丰产，提高前期效益，采用先密后稀的栽植方式，在永久植株的株间或行间加密结果早的品种或植株，到树冠郁闭之前，逐步间伐或移栽临时植株。20世纪60年代烟台曾在苹果园中加密株型小、结果早的白粉皮品种。20世纪70年代密植园多有采用此种栽植方式，并称为计划密植。

7. 丛状栽植

丛状栽植即在密植条件下采用的栽植方式。枝叶量增长快，结果早。一穴双株，两株苗木顺行向向相反方向呈45°栽植，整呈篱壁形；斜向向行间斜栽，整呈V形。一穴3株、一穴4株，苗木株间呈相同角度，各与地面呈45°，分别向三或四个方向斜栽成丛状。

8. 篱壁式栽植

篱壁式栽植行间较宽，株间较密，呈树篱状。这种栽植方式最适宜机械作业和采收。其也属于适于机械化管理的长方形栽植。

五、栽植技术及栽后管理

（一）栽植方法

1. 标行定点

定植前，根据规划的栽植方式和株、行距进行测量，标定树行和定植点，按点栽植。平地果园应按区测量。先在小区内按方形四角定4个基准点及一个闭合的基准线。以此基准线为准，测定闭合基准线内外的各个定植点。山地和地形较复杂的坡地按等高线测量。先顺坡自上而下拉一条基准线，以行距在基准线上标基准点。用水平仪逐点向左右方向测出等高线。坡陡处减行，坡缓处可加行。等高线上按株距标定定植点。

2. 栽植穴（沟）准备

通常栽植穴的直径和深度各为80 ~ 100cm。浅根性、小冠型果树种类如石榴、李等可稍浅。栽植穴的准备实际是果园土壤的局部改良。果园土壤条件越差，栽植穴的大小、质量要求应越高。20世纪80年代以来，密植园多顺栽植行挖深、宽各1m左右的栽植沟，对果树生长的效果比栽植穴好，特别有利于排水。平地挖栽植穴常有积涝，效果不及挖栽植沟者。挖栽植穴（沟）时，注意表土与心土分别放置，以免相混。果树栽植穴示意如图3-4所示。

（a）挖倾斜沟，排水通畅　　（b）挖栽植穴，排水不畅，容易造成烂根

图3-4　果树栽植穴示意

3. 施肥回填

施肥回填在栽前一个月完成，栽植穴（沟）内不同土壤层次要求不同，应该做到“下层通透，底层改良，中层均匀，上层精细”。

4. 苗木准备

良种壮苗是建立高标准果园的基础条件。应使用有分枝的大苗，有条件的采用多年生大苗建园效果更好。苗木栽前再进行一次检查，剔除弱苗、病苗、杂苗、受冻苗、风干苗，剪除根蘖和断伤的枝、根、枯桩等，并喷一次5°Bé的石硫合剂消毒。对远距离运来稍有失水的苗木，应放在流动的清水里浸4～24h再栽。在北方冬季干寒果区，甜樱桃、桃、杏、李、枣、石榴、猕猴桃、葡萄、柿、板栗、核桃等苗木，最好春季起苗栽植。目前应大力提倡大苗建园。栽植1～2年生幼苗，根系小，结果晚，成园也晚。栽植3～4年生大苗，实际就是栽小树，是日本、欧美等普遍采用的建园方法，烟台等地也有假植大苗2～3年后再栽植建园的经验。大苗枝叶多、根系大，贮藏养分多，易成活，成园快，建园整齐度好。

5. 小穴栽植

在已整好并灌过水的栽植穴（沟）内，挖深、宽各30cm左右的小穴。在挖出的土中，加入15kg土粪、1kg果树专用肥（沙地建园宜沙、土、粪三合一）拌匀。然后，把果树苗木放进穴内，使前后对齐成行，即可填土，将苗木向上提动，使根系舒展，土粒落入根系空隙中，待深浅合适时，填土踩实，直至与地面相平。做树盘，并立即浇水。水渗后在苗木根颈部培一土堆，起到保湿、防风的作用。也可在树盘覆地膜，起到保墒、增温的作用。

矮砧苗木的接口应高出地面10cm，以防树干壅土过深导致接穗生根。柑橘等常绿果树以带土栽植为好，深度要适当，过深不易发生新根，甜橙类品种的根颈埋在土壤中易因真菌寄生造成根颈腐烂。江西红壤地区采用浅栽露砧的栽植方法，栽植深度比原深度高出5～10cm，栽后剪去部分枝叶，可提高栽植成活率。

（二）大树移栽

由于果园过稀或过密，需要将进入结果盛期的大树移入或移出果园，进行大树移栽。大树移栽时期同前述栽植时期基本一致。需要注意的是，最好在前一年春天围绕树干挖半径70cm、深度80cm的环沟，切断根系后，沟内填入表土，使环沟以内的土团里长出新根，称为回根。移栽时在预先断根处的外方开始挖树。为了保护根系，提高成活率，最好采用大坑带土移栽。栽植时有机肥与表土混合，分层放入坑内并分层压实。移栽前应对树冠进行重修剪，以不伤及大的骨干枝为度，从而保持地下部分与地上部分的水分平衡，花芽要全部剪掉，以减少养分消耗，从而提高成活率。栽植完毕，应灌足水，并设立支柱，以防风害。

（三）栽后管理

1. 定干与树干套膜

幼树定植后，应按整形要求及时定干。纺锤形苹果、梨的定干高度一般为80～100cm；桃、杏、李、甜樱桃等果树的定干高度在60cm左右为宜。对于萌芽率、成枝力低的苹果、梨，定干时分别在剪口下20cm、10cm左右的东南、西南方向各刻一个芽，抠去剪口下第二芽，使第三芽在正北方向，这样当年可培育成3个理想的主枝。定干、刻芽后随即在树干上套上塑料袋或缠以塑料带绑草保护，如图3-5所示。

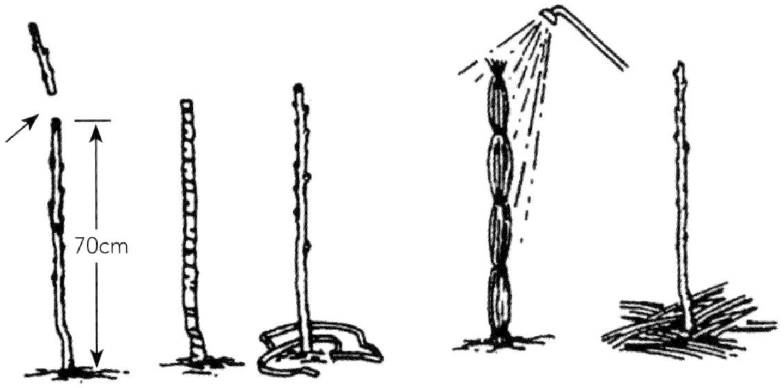

（a）定干　　（b）塑料带绑草

图3-5　苗木栽后保护

2. 追肥灌水与树盘覆盖

定植当年，萌芽前要追施一次速效氮肥（尿素或磷酸二铵50～100g/株）。追肥后立即浇水，整平，划锄树盘，每个树盘覆盖1m²地膜，如图3-6所示。5月底或6月初，用带尖的木棍，在离树干30cm左右，于不同方位将地膜捅3～4个深10cm的洞，每洞内施入50g左右尿素，或100g果树专用肥。然后，用泥土把孔洞封住。追肥后，在地膜上再浇一次水，水随孔洞下渗。6月中下旬，用麦秸覆盖树盘，8月追一次肥，全年不揭地膜，秋天不再追肥、浇水。翌年早春揭去残膜，将草翻入树盘。

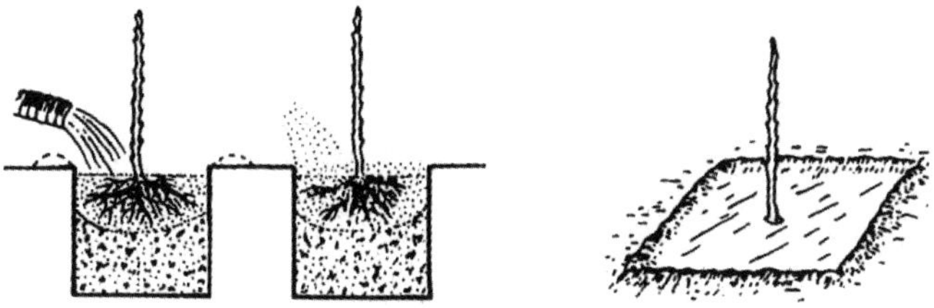

（a）追肥灌水　　（b）树盘覆盖

图3-6　追肥灌水与树盘覆盖

3. 抹芽与疏梢

4月下旬，套袋的树干发芽展叶后，要剪开地膜一角放风，以免嫩叶日灼。10天后，将地膜顶部完全剪开，并开口到1/2处，向下翻卷到树干下部。原绑绳不解，喇叭口朝下，防止害虫上树危害。6～9月，每隔20天左右检查一遍新梢生长情况，调整方位、角度和长势，在尽量保留梢叶的前提下（图3-7），适量疏除过密新梢。核果类果树可按整形要求摘心、整形；葡萄、猕猴桃等果树可立支柱，引缚生长。

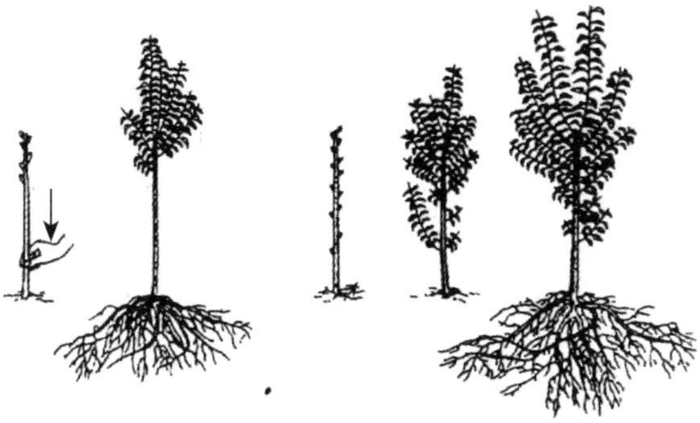

图3-7　栽植当年多留梢叶促进生长

4. 补栽和间作

建园时应预留一部分苗木假植在园内。翌春以此大苗补植，保证品种一致、大小整齐。间作以豆科作物为主，留出足够的树盘，不间作高秆作物。有灌溉条件的果园，提倡间种绿肥作物和生草。

5. 幼树防寒

冬季严寒和易发生冻害或幼树抽条的北方地区，或南方亚热带果树种植区有周期性冻害威胁的地区，应注意防寒。日本多设置防风林、风障或防风网以抗寒风袭击；美国佛罗里达州的柑橘种植者在刚栽植的幼苗主干上包裹尼龙布化纤织物或纸板。我国对幼树防寒常采用的措施有：对栽植当年幼树埋土防寒，在树盘北部培半圆形月牙土埂，在树体上喷白石灰，树上涂抹聚乙烯醇或羧甲基纤维素等；在幼树生长后期控制肥水供应，充实枝条，使树体及时进入休眠等。

项目二　果园土、肥、水管理

在果园绿化管理中，只有在满足植物对土、肥、水要求的基础上，配合使用其他的养护措施如整形修剪、病虫害防治等，植物才能健康茁壮地生长，所以土、肥、水管理是植物养护的重要内容之一。

任务一　果园土壤改良与土壤管理

我国是人多地少的国家，近年来大规模的基本建设及水土流失与沙化，又使耕地逐年减少。因此，发展果树，一直提倡“上山、下滩、入沟、进院”，果树广泛栽种于山地、丘陵地、沙砾滩地、平原、海涂及内陆盐碱地。这些果园中相当一部分土层瘠薄，结构不良，有机质含量低，偏酸或偏碱。若不加改良，不利于果树的生长与结果。因此，必须在栽植前后改良土壤的理化性质，改善和协调土壤的水、肥、气、热条件，从而提高土壤肥力。

一、果园土壤改良

果园土壤改良主要包括深翻熟化、增施有机肥、翻压绿肥、压土（培土）与掺沙等措施。果园土壤改良达到的目标为：结构合理（最理想的是团粒结构）；有机质含量提高；各种矿质养分丰富而均衡；土壤的水、肥、气、热条件优越和协调，保证果树根系具有较强的营养能力，从而促进果树健壮生长，优质、高产、稳产。

（一）果园土壤的深翻熟化

1. 深翻对土壤和果树的作用

果树根系深入土层的深浅与果树的生长结果有密切关系。支配根系分布深度的主要因子是土层厚度和理化性质。深翻可以显著加厚活土层，改善土壤水、气条件，促进土壤熟化。据吉林延吉小箕大队调查，深翻后土壤含水量比对照平均增加7.6%，土壤孔隙度增加12.66%，土壤微生物超过1.2倍。多数山区果园，土层很薄，有的甚至仅20～30cm活土层。土壤质地粗，保肥蓄水能力差。活土层以下是半风化母岩，称为酥石硼，果树根系向深层生长困难。深翻后可以显著加厚活土层，促进酥石硼风化、土壤熟化，使难溶性营养物质转化为可溶性养分，提高土壤肥力。果园深翻可加深土壤耕作层，为根系生长创造条件，促使根系向纵深伸展，根量及分布深度均显著增加。深翻能促进根系生长是由于深翻后土壤中水、肥、气、热得到改善，使树体健壮、新梢长、叶色浓。

据山东烟台调查，山区果园深翻后对果树根系的影响主要表现在以下3个方面。

（1）增加深度

深翻能够加深根系在土壤中的分布深度。深翻果树的根系垂直分布深度可达42 ~ 67cm，有80%的根系分布于地表下40cm的土层中；未经深翻的果树，其根系的垂直分布深度多局限于原土层中，一般仅20 ~ 30cm，80%的根系分布于地表下20cm的浅土层中。可见，根系分布层加深是深翻加厚土层的直接效果，这对于增加根系的有效吸收容积、提高果树抗旱能力具有重要意义。

（2）分布均匀

深翻果树的根系数量在土壤水平方向和垂直方向上的分布都比较均衡。土壤垂直剖面上，根系密度梯度小。这说明深翻促进了根系在土壤空间的均衡分布，有利于根系全方位营养能力的提高。

（3）增加细根

深翻后根系组成发生了变化，细根量增加，比例也提高。这是因为深翻后，土壤通气状况良好，利于细根发育，大大提高了果树的营养能力。深翻果树的树冠投影范围内土壤剖面的须根在95%左右（条数比），未深翻的仅84%左右。

深翻对新梢生长也有显著影响。总的来讲，深翻能促进新梢的加长生长，有利于增加枝条年生长量。这种促进作用在深翻的次年表现不明显，甚至深翻果树的新梢生长量还不如未深翻果树，主要原因是根系功能未恢复。到第二、三年，深翻果树新梢生长量显著高于未深翻果树，而且这种差异在春梢上表现得尤为显著。因此，深翻对促进树势健壮无疑具有重要意义。

在冲积潮土果园，如我国20世纪80年代苹果生产发展极为迅速的黄河故道、鲁西、鲁北、华北平原一带，深翻还可以打破底层的黏板层，有利于土壤透气、排水，减少根系窒息，保证其较强的活性，从而保证树体健壮生长。据山东农业大学研究，挖透黏板层以后，苹果根系分布深度可达70cm（对照仅30 ~ 40cm），利于果树利用自然肥水。同时，对地上部分也产生了影响，降低了叶片气孔阻力，8:00蒸腾强度增大，与对照比较，在易产生水分胁迫的12:00，则提高了叶片气孔阻力而降低了蒸腾强度。可见，打破黏板层改善了根系功能，进而提高了果树植株的生长发育，改善了果树的水分状况。据报道，深翻区桃叶片氮、钾水平高，树体生长良好，深翻增施堆肥效果更为显著。

2. 深翻时期

实践证明，果园一年四季均可深翻，但考虑到当地气候条件，如温度、空气相对湿度、风、降水等与不同果树种类物候期情况，以及劳力安排，各地区深翻都有习惯采用的时间，并采用相适应的措施，才会收到良好效果。各地普遍采用春、夏、秋三季深翻，冬季不太寒冷的地区可深翻。

（1）春季深翻

春季深翻应在解冻后及早进行。此时地上部分尚处于休眠期，根系刚开始活动，生长较缓慢，但伤根后容易愈合和再生。据中国农业科学院果树研究所报道，辽宁的梨园于4月上旬深翻，5月上旬断根已经愈合，并发出新根。从土壤水分季节变化规律看，春季土壤解冻后，土壤水分向上移动，土壤疏松，操作省工。北方多春旱，翻后要及时灌水。早春多风地区，蒸发量大，深翻过程中应及时覆盖根系，免受旱害。风大干旱缺水和寒冷地区，不宜春季深翻。因风大深翻易使根系风干，土壤水分散失，伤根恢复慢，影响萌芽与抽梢。春梢过短，秋季雨水大又易补偿生长，造成秋梢旺长。土壤黏重、水分充足的地区可春季深翻，对提高地温有利。

（2）夏季深翻

夏季深翻最好在新梢停长或根系前期生长高峰过后，北方雨季来临前进行。深翻后，降雨可使土粒与根系密接，不至于发生吊根或失水现象。据调查，夏季深翻较未深翻的苹果幼树，根量增加2.4倍，垂直根分布加深1倍左右；干周加粗也快，新梢长而粗，总枝量较不深翻的增加1倍。此外，夏季深翻伤根容易愈合。据报道，苹果5～6月断根愈合最好，可自伤口附近长出30cm以上新根3～4条。雨后深翻可减少灌水，土壤松软，操作省工。夏季深翻，由于气温高，水分充足，可结合翻压绿肥，以利分解。夏季深翻伤根，利于抑制秋梢旺长，增加养分积累，利于花芽分化。但夏季深翻如果伤根多，易引起落果，故结果多的大树不宜在夏季深翻。

（3）秋季深翻

秋季深翻一般在果实采收前后结合秋施基肥尽早进行。此时地上部分已无明显生长，但叶片尚具较高光合能力，养分开始积累，根系正处于秋季发根高峰时期，深翻后根系伤口容易愈合，且愈合后发生细根量极大（几乎不发生生长极旺的新根），这些根系越冬后首先先端延长生长，构成翌春发根的早期高峰。秋季深翻对于缓和树势、增加树体营养积累意义重大。深翻结合灌水，可使土粒与根系迅速密接，利于根系生长。因此，秋季是果园深翻最适宜的时期。

（4）冬季深翻

冬季深翻在入冬后至土壤结冻前进行，操作时间较长，但要及时盖土以免冻根。如果墒情不好，应及时灌水，使土壤下沉，防止露风冻根。冬季湿润温暖地区深翻较为适宜，北方寒冷地区通常不进行冬季深翻；冬季降水少的地区和年份冬季深翻后，翌春应及早春灌。

总之，果园深翻除北方寒冷、干旱缺水的地区外，四季均可进行。翻后各有不同程度的良好效果，但深翻时期应根据树龄、劳力、土壤、气候情况以及有无灌溉条件等灵活运用。

3. 深翻深度

深翻深度一般60～100cm，在土壤疏松、质地均匀的地块，可浅一些，40～50cm即可，以稍深于果树主要根系分布层为度，并应考虑土壤结构和土质状况。如果山地土层薄，下部为半风化岩石，或滩地浅层有砾石层或黏土夹层，或土质较黏重等，深翻的深度一般要求80～100cm。

4. 深翻方式

深翻方式较多，要结合果园立地条件及劳力状况决定采用哪一种具体方式。

（1）深翻扩穴

深翻扩穴又称为放树窝子。幼树定植数年后，逐年由定植穴向外深翻扩穴，在结果盛期前完成全园深翻，直至株间全部翻遍为止。每次深翻范围小，深翻工作量较小，适合劳力较紧张的果园。可结合施入粗质有机肥。黏土果园不宜扩穴，容易形成硬壁，影响通透性。

（2）隔行深翻

隔行深翻即隔一行翻一行，也可隔株进行。先在一个行间深翻，留一行不翻，两三年后再翻未翻的行。山地和平地果园因栽植方式不同，深翻方式也有差别。普通梯田单行栽植的，可隔株深翻。等高撩壕的坡地果园和里高外低梯田果园采用半趟移土法，第一次先在下半行进行较浅的深翻施肥，下一次在上半行深翻把土压在下半行上，同时施有机肥，这种深翻应与修整梯田等相结合，使梯田“外撅嘴、里兜水”。平地果园可实行隔行深翻，分两次完成。采取这种深翻方式，每次只伤一侧根系，对植株生长发育的影响较小。特别是成龄园，根系密集，扩穴的方式会伤根过多，宜采取此种方式。隔行深翻还便于机械化操作，劳动效率较高。

（3）全园深翻

全园深翻即将栽植穴以外的土壤一次深翻完毕。这种方法一次需要劳力较多，但翻后便于平整土地，有利于果园耕作作业。

5. 深翻注意事项

具体深翻方式应根据果园具体情况灵活运用。一般小树根量较少，一次深翻伤根不多，对树体影响不大，成年树根系已布满全园，以采用隔行深翻为宜。深翻要结合灌水，也要注意排水。山地果园应根据坡度及面积进行深翻，以便于操作，以有利于果树生长为原则。小型果园或密植园一般人工进行深翻，幼树隔行深翻和全园深翻可用深耕犁进行，但易伤根过多，深翻质量难以保证。

深翻沟要距主干1m以外，不能离主干太近，以免伤大根。深翻时，表土、心土要分开堆放。回填时把表土与有机肥混匀先填入沟内，或先在沟内埋粗大有机肥如作物秸秆等，心土撒开风化。易积水地区深翻要在沟上起15cm的垄。每次深翻的沟要与以前的栽植穴（沟）衔接，不得留下隔离带。黏土果园尤应注意，否则阻碍根系延伸，雨季易积水。

深翻过程中暴露出的根系要随时用土覆盖，以免风干。粗度在1cm以上的根系尽量不要截断，而粗度在5～8mm的根系可适当进行疏、截，以刺激新根发生，促进根系功能的恢复。对于黏土果园而言，适当截根利于增加根系的分枝，促进根系建造过程。沙土地果园疏根可以有效地促进全方位新根的发生，利于根系全方位功能的提高，有效地控制内膛粗根光秃。据试验表明，粗度5～8mm的根系剪截后恢复能力最强，一般2～3周即可产生大量愈伤组织，条件适宜，随即发根。深翻后，粗大有机肥可深施，腐熟的有机肥不能深施，应施在40cm左右土层中，此处为根系的密集区，有利于提高肥料利用率。地下水位较高的果园，深翻时不应深于雨季地下水位的最上限，否则由于深翻后毛管作用加强，地下水位易于上升，雨季易积水引起涝害。

（二）压土（培土）与掺沙

压土（培土）与掺沙是客土改良的方法，在我国南北普遍采用。果园土壤若过于瘠薄、过于黏重或土层过浅，采用客土改良可增厚土层、保护根系、增加养分、改良土壤结构等。

实践证明，山岭薄地压土，具有“以土代肥”的作用。每亩压土20～25t，相当于10～15kg硫酸铵的肥效。若压含有某些矿物的土壤如含黑色云母结晶片的半风化土壤（胶东民间称为“黑酥石”）和含磷风化土壤（胶东民间称为“绿线土”），则肥效更好。我国南方高温多雨，多用高畦或高墩栽培果树。由于降雨多，土壤淋洗流失严重。例如，广东潮安把树栽在定植墩上，以后在整畦过程中又大量压土，每亩地压土20～30t，加厚土层，既保护根系，也有培肥作用。压土工作要每年进行，黏重土壤应压含沙质较多的疏松肥土，含沙质多的可培塘泥、河泥等较黏重的肥土。我国很多建在河滩地上的果园，普遍存在着土壤有机质含量低和保水性、保肥性差的缺点，这类土壤若不压土加以改良，难以达到壮树稳产。沙滩地压土以较黏重土壤为宜，结合增施有机肥，可以显著提高土壤保水性、保肥性。黏土地则压粗骨沙土增加通透性。与沙滩地相反，黏土地的主要缺点是土壤通透性差，易积水，易使根系窒息。这类果园可结合深翻，施入粗大有机肥，同时掺以粗骨沙土，对改善土壤水、肥、气、热条件具有良好作用。

压土的方法即把土块均匀分布全园，经晾晒打碎，通过耕作把所压的土壤与原来的土壤逐步混合起来。压土量视植株的大小、土源、劳力等条件而定。果园压土前，要先刨一下，这样新压的土壤和原土层混合在一起，上下没有间隔。否则，新压的土壤和原土层易形成“上下两层皮”，不能充分发挥压土的作用。在压较黏重的土壤时，形成的硬盖严重阻碍下层土壤通气、透水，易引起根系窒息。一次压土不宜太厚，以免影响根系生长。此外我国还有利用流水对果园进行放淤培沙的方法。果园压土一年四季均可进行，但一般安排在冬闲时进行。冬季压土土壤易风化，沉实的时间较长，利于次春果园操作。北方寒冷地区一般在晚秋或初冬进行，可起保温防冻、积雪保墒的作用。压土厚度要适宜，过薄起不到压土的作用，过厚对果树发育不利，“沙压黏”或“黏压沙”时要薄一些，一般厚度为5～10cm；压半风化石块可厚些，但不要超过15cm，连续多年压土，土层过厚会抑制果树根系呼吸，从而影响果树生长发育，造成根颈腐烂，树势衰弱。因此，在果园压土或放淤时，为了防止接穗生根或对根系的不良影响，应扒土露出根颈。压土量一般以每亩20～25t为宜。具体操作时，山丘地压土不宜超过15cm，沙地压黏土不能超过10cm。一般而言，一次压土，效果可持续3年。

（三）增施有机肥

有机肥所含营养元素比较全面，除含主要元素外，还含有微量元素和许多生理活性物质，包括激素、维生素、氨基酸、葡萄糖、酶等，故称为完全肥料。有机肥不仅能供给植物所需要的营养元素和某些生理活性物质，还能增加土壤腐殖质。其有机胶质又可改良沙土，增加土壤的孔隙度，改良黏土的结构，提高土壤保水性、保肥性，缓冲土壤pH从而改善土壤的水、肥、气、热状况，显著提高土壤的缓冲性。

在非障碍性果园土壤上，果树基础产量与土壤有机质含量之间关系密切，果园土壤有机质含量高，果树基础产量也高，反之则低。自古以来，就把有机肥当作园艺作物的特效肥料，施用之后，果树生长良好，产量稳定，果实品质（风味、色泽、贮藏性）也好。目前，我国水果平均单产和品质不高，其中果园缺乏有机肥是一个主要的因素。

（四）应用土壤结构改良剂

近年来，有不少国家已开始使用土壤结构改良剂，以提高土壤肥力，使沙漠变良田。土壤结构改良剂分为有机、无机及无机-有机3种。有机土壤结构改良剂是从泥炭、褐煤及垃圾中提取的高分子化合物；无机土壤结构改良剂包括硅酸钠及沸石等；无机-有机土壤结构改良剂包括二氧化硅有机化合物等。上述物质可改良土壤理化性质及生物学活性，保护根层，防止水土流失，提高土壤透水性，减少地面径流，固定流沙，加固渠壁，防止渗漏，调节土壤pH等。

二、我国果园主要土壤类型的改良

（一）红黄壤果园改良

红黄壤广泛分布于我国长江以南丘陵山区。该地区高温多雨，有机质分解快、易淋洗流失，而铁、铝等元素易于积累，使土壤呈酸性，有效磷的活性降低。由于风化作用强烈，土粒细，土壤结构不良，水分过多时土粒吸水成糊状，干旱时水分容易蒸发散失，土块易紧实坚硬。改善红黄壤的理化性质可采取如下措施。

1. 做好水土保持工作

红黄壤结构不良，水稳性差，抗冲刷力弱，应修好梯田、等高撩壕等水土保持设施。

2. 增施有机肥

红黄壤缺乏有机质，土壤瘠薄，土壤结构不良。增施有机肥是改良土壤的根本措施，如增施厩肥、大力种植绿肥等。江西的经验是冬季绿肥种植耐瘠薄、耐干旱的肥田萝卜和豌豆等；在土壤肥力初步改善后种植紫云英、苕子、黄花苜蓿等豆科绿肥；夏季绿肥可以种植猪屎豆；水土流失严重的地块可种植胡枝子、紫穗槐等。

3. 施用磷肥和石灰

红黄壤中的磷含量较低，有机磷更缺乏，增施磷肥效果良好，可施用各种磷肥，但目前多用钙镁磷肥。旱地柑橘园施用磷矿粉效果也很好。施肥时可集中施在栽植穴中，促进果树生根。在红黄壤施用磷肥时，如配合施用氮肥，不仅补充红黄壤本身的氮，更可促使发挥磷肥效果。红黄壤施用石灰可以中和土壤酸度，改善土壤理化性质，加强有益微生物活动，促进有机质分解，增加土壤中的速效养分，每亩施用量为50 ~ 75kg。

（二）盐碱土果园改良

我国盐碱土果园主要分布在黄河故道、华北平原东部等地，土壤pH为8左右，果树生长发育状况不佳，表现出徒长、抗逆性差、结果晚、果实品质差等特点。若不加以改良，难以实现高产、优质、高效。不同果树适宜土壤pH范围不同，如柑橘、香蕉能适应酸性土壤，枣、葡萄能适应微碱性土壤，苹果则要求中性至微酸性土壤。果树对土壤pH的适应性还因砧木而异，如梨以沙梨作砧木能耐酸性土壤，杜梨砧木则耐碱性土壤。土壤中盐碱类含量过高对果树危害也很大，一般硫酸盐含量不能超过0.3%。果树种类不同，耐盐碱能力也不一样，如葡萄较耐盐碱，梨中等，苹果较差。在盐碱地，果树根系生长不良，易发生缺素症，必须进行土壤改良。盐碱土果园改良可采取如下措施。

1. 设置排灌系统

改良盐碱土的主要措施之一是引淡洗盐。在果园顺行间隔20 ~ 40m挖一道排水沟，一般沟深1m，上宽1.5m，底宽0.5 ~ 1.0m。排水沟与较大较深的排水支渠及排水干渠相连，使盐碱能随水排出园外。园内则定期引淡水进行灌溉，达到灌水洗盐的目的。当达到要求含盐量后，应注意生长期灌水压碱，并进行中耕、覆盖、排水，防止盐碱上升，或者结合修台田引淡洗盐，具体方法为：每隔2～3行果树，在行间挖一条宽1.5m、深1.0m、底宽0.5～1.0m的排水沟，一端稍浅，利于排水，将淡水引入浸泡后再排出，使盐分随水排到园外。

2. 深耕施有机肥

有机肥除含果树所需要的营养物质外，还含有机酸，对碱能起中和作用。有机质可改良土壤理化性质，促进团粒结构的形成，提高土壤肥力，减少蒸发，防止返碱。大量增施有机肥，能有效降低土壤pH，这是盐碱土改良的根本措施。有研究发现，深耕30cm施大量有机肥，可缓冲盐害。

3. 地面覆盖

地面覆盖作物秸秆等可有效防止水分蒸发，从而减少盐分上升。秸秆腐烂后也可降低土壤pH，从而缓解盐碱危害。地膜覆盖在盐碱土上起到良好作用，因为覆膜后防止了水分散失，膜下水分形成一个小的循环，从而减少了盐分上升。地面铺沙、石块等也可防止水分蒸发，防止返碱。有研究发现，葡萄园干旱季节在盐碱土上铺10～15cm沙，可防止盐碱上升并起到保墒的作用。

4. 营造防护林

果园要有完善的防护林体系。防护林可以有效降低风速，减少地面蒸发，防止土壤返碱。

5. 种植绿肥作物

盐碱地先种几茬耐盐碱绿肥作物，耕翻压青后，可有效增加土壤有机质含量，降低土壤pH，从而降低盐碱危害。种植绿肥作物，除增加土壤有机质、改善土壤理化性质外，绿肥的枝叶覆盖地面，可减少土壤蒸发，抑制盐碱上升。比较耐盐碱的绿肥作物有黄花苜蓿、草木樨、箭筈豌豆、田菁、柽麻等。试验证明，种田菁一年后，在0～30cm土层中，盐分可由0.65%降到0.36%，如果能结合排水洗碱，效果更好。

6. 定植穴（沟）底铺设隔离层

在定植前挖1m深定植穴（沟），定植穴（沟）底铺20cm厚作物秸秆等粗大有机肥，形成一个隔离缓冲带，既防止盐分上升，又可防止养分流失。

7. 中耕除草

中耕可锄去杂草，疏松表土，提高土壤通透性，又可切断土壤毛管，减少土壤水分蒸发，防止盐碱上升。此外，施用石膏等对盐碱土的改良也有一定作用。

（三）沙荒地及荒漠土果园改良

我国黄河中下游的泛滥平原面积较大，最典型的为黄河故道地区的沙荒地。该地区土壤的组成物主要是沙粒，主要成分为石英，矿质养分稀少，有机质极其缺乏。导热快，夏季比其他土壤温度高，冬季又比其他土壤冻结厚。地下水位高，易引起涝害。因此，土壤改良措施主要为开排水沟降低地下水位、洗盐排碱、培泥或破黏板层（淤泥层）、深翻熟化、增施有机肥或种植绿肥、营造防护林，有条件的地方试用土壤结构改良剂。

我国新疆吐鲁番、鄯善等地区的葡萄园等多建立在沙砾、荒漠土上，细土很少，有机质严重缺乏。土壤改良措施主要为筛拣砾石、增施有机肥、种植绿肥或生草、营造防护林，有条件的地方培泥。

三、果园土壤管理制度

（一）幼年果园土壤管理制度

1. 幼树树盘管理

幼树树盘即树冠投影范围。树盘内的土壤可以采用清耕或清耕覆盖法管理。耕作深度以不伤粗根为度。有条件的地区，也可用各种有机物覆盖树盘。覆盖物的厚度一般在10cm左右。如果用厩肥、稻草或泥炭覆盖还可薄一些。为了降低地温，夏季覆盖果树树盘，效果较好。沙滩地树盘压土，既能保墒又能改良土壤结构，并减少根颈冻害。

2. 果园间作

宽行栽植的果园幼龄阶段树冠没有交接时的行间空地较多，可间作作物。果园间作可形成生物群体，群体间可互相依存，还可改善微域气候，以利幼树生长，并可增加收入，提高土地利用率。合理间作既充分利用光能，又可增加土壤有机质，改良土壤理化性质，如间作大豆，除收获豆实外，遗留在土壤中的根系、枝叶，每亩可增加有机质约17.5kg，利用间作物覆盖地面，可抑制杂草生长，减少蒸发和水土流失，冬季拦蓄降雪，防风固沙，减小地温变化幅度，改善生态条件，有利于果树的生长发育。间作物要有利于果树的生长发育，在不影响果树生长发育的前提下，可大力种植间作物。但应加强树盘肥水管理，尤其是在间作物与果树竞争养分剧烈的时期，要及时施肥灌水。我国南方8 ~ 9月干旱季节应选种需水较少的间作物。间作时必须给果树留出足够的营养空间，幼树树干周围1.5m内不得种植间作物，尤其是播种多年生牧草时更应注意。因多年生牧草根系强大，应避免其根系与果树根系交叉，加剧争肥争水的矛盾。

间作物选择的原则为：矮秆，浅根，生育期短，需肥水较少，比较耐阴且主要需肥水期与果树生长发育的关键时期错开，不与果树共患危险性病虫害或互为中间寄主。选择间作物时，首先选择绿肥作物；其次是矮秆的豆科作物，它可以提高土壤含氮量；也可种植中草药；最好不间作秋菜，以免加重大青叶蝉危害及引起果树贪青。间作物可适当推迟播种期。为了避免间作物连作带来的不良影响，还要根据各地具体条件制订间作物的轮作制度。轮作制度因地而异，以选中耕作物轮作较好。例如，山西晋东南地区，多以马铃薯、甘薯、谷子轮作较多；辽宁以绿肥作物、谷子、大豆、甘薯、花生倒茬轮作；浙江海涂柑橘园间作物的轮作形式为第一年棉花、蚕豆，第二年绿豆、印度豇豆、黄花苜蓿，第一、二年夏季在畦边播种1～2行棉花，株间播种绿豆并嵌种印度豇豆，冬季播种川豆，套种黄花苜蓿。国外发达国家幼年果园土壤管理多采用行间生草，株间、树盘清耕或使用除草剂，形成一套简单而有效的管理制度。

（二）成年果园土壤管理制度

1. 清耕法

清耕法又称为耕后休闲法。清耕法的核心在于果园土壤耕翻后园内不间种作物，且在生长季要经常进行耕锄，使土壤保持疏松和无杂草状态，对劳动力要求较充足。

一般在秋季进行深耕，生长季进行多次中耕，使土壤保持疏松通气，促进微生物繁殖和有机物分解，短期内可显著增加土壤有机氮，提高养分可给度。秋季深翻对于保墒、蓄积雪水作用大。同时，秋季深翻利于清灭宿根性杂草及地下越冬害虫。生长季中耕对保持土壤疏松、消灭杂草作用巨大。尤其是干旱时期，常对果园浅耕或划锄，有利于切断毛管水，起到保墒的作用。“锄头底下有水”“旱锄田”就是这个道理。

清耕法是我国果园传统的土壤管理制度，但果园长期清耕会使土壤有机质迅速减少，并使土壤结构受到破坏。因此，必须结合施入足量有机肥，才能保证果树生长发育的需要。

2. 生草法

生草法是我国果园应该大力提倡的土壤管理制度，其具有多方面的益处，如增加土壤有机质含量，提高土壤缓冲性能；改善土壤结构，增加水稳性团粒数量；提高土壤养分的生物有效性；稳定土壤环境温度；稳定土壤水分条件（防止蒸发、减少径流、拦蓄降雪）；增加土壤微生物数量；增加果园生态系统生物多样性；省去除草用工具等。

生草法是指除树盘区域外，在果树行间、株间播种草种。所选草种以禾本科、豆科等为宜。生草法在土壤水分较好的果园可以采用。但应选择优良草种，并在果树和草旺盛生长时期补充肥水，适时收割覆于树盘，割后留茬10cm。在缺乏有机质、土壤较深厚、水土易流失的果园，生草法是较好的土壤管理方法。生草后的土壤不进行耕锄，土壤管理较省工，可减少土壤冲刷，遗留在土壤中的草根增加了土壤有机质，改善了土壤理化性质，使土壤能保持良好的团粒结构。在雨季，生草果园消耗土壤中过多水分与养分，可促进果实成熟和枝条充实，提高果实品质。采用生草法的果园土壤湿度较清耕园和覆草园均低，这是生草期易与果树争水分所致。据研究发现，雨水可沿禾本科草根和蚯蚓孔道渗透至土壤深层，而采用清耕法的果园，雨水却不易渗到那样的深度。

生草后还显著增加了果园的生物多样性，对于优化果园生态环境具有重要意义。生草后果园有益昆虫（如捕食螨、步甲、草蛉、螳螂等）数量显著增加，对于控制蚜虫、叶螨具有显著效果。土壤管理与土壤湿度关系如图3-8所示。但生草也有不利的方面。长期生草的果园易使表层土壤板结，影响通气；草根系强大，且其在土壤上层分布密度大，截取下渗水分，消耗表土层氮素，导致果树表层根系发育不良。据报道，种植多年生牧草或长期种植覆盖作物是增加土壤有机质的有效方法。果园采用生草法管理，可通过调节割草周期和每亩增施5～10kg硫酸铵，并酌情灌水，以减轻草与果树争肥争水的弊病。

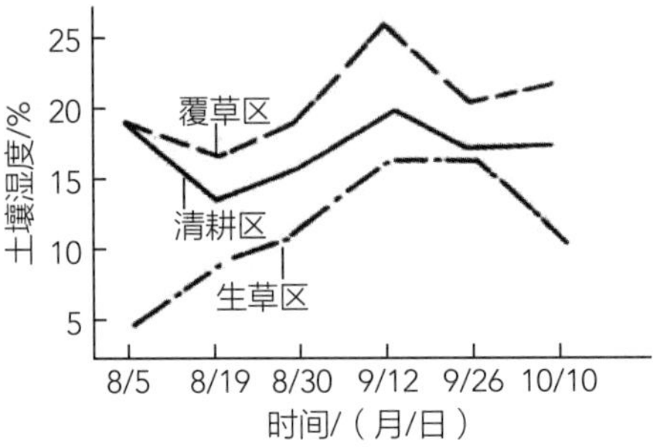

图3-8　土壤管理与土壤湿度关系

3. 覆盖法

覆盖法是指在树冠下或树冠投影外围覆草、作物秸秆、阔叶树种的幼嫩枝叶、沙砾、淤泥或地膜等。不同果园应根据土质情况就地取材。其中，以覆草最为普遍，覆后逐年腐烂减少，要不断补充新草。覆盖适用于山岭、沙壤，黏土不能搞地面覆盖，易使土壤长期湿度过大，引起烂根和早期落叶。覆盖能防止水土流失，抑制杂草生长，减少蒸发，防止返碱，积雪保墒，缩小地温昼夜与季节变化幅度。覆草更能增加有效养分和有机质含量，并能防止磷、钾和镁等被土壤固定而无效，对团粒形成有显著效果。据调查，如果每亩每年有500kg干草残留在10cm左右深的土层中，连续5年即可使表层土壤有机质含量由0.7%上升到2%左右。

覆草前要先整好树盘，浇一遍水，如果要覆的草未经腐熟，要进一步腐熟。因此，要追一次速效氮肥，以补充微生物早期自身繁殖所需氮，避免引起土壤短期脱氮使叶片发黄。覆草厚度要求常年保持在15～20cm，不应低于15cm，这种厚度才能起到保温、增湿、灭杂草的作用。覆草过厚易使早春土壤温度上升慢，不利于根系活动，北方冷凉地区尤其如此。果园覆草除雨季外常年可进行。

覆草的好处是显而易见的，但有几个问题需要说明。

（1）覆草与病虫害问题

覆草后为病虫的树下越冬提供了温暖的场所，因而覆草是否会加重病虫害发生一直是人们关心的问题。据前人调查，山东3万多个实行覆草法的果园并未因覆草而加重病虫害。相反，桃小食心虫、蚱蝉等有所减少。这可能与幼虫入土必须穿过草层，从而增加了难度有关。如果配合春季地面打药，则更起到集中诱杀的作用。

（2）覆草与果园积水问题

覆草后，由于草被吸水力强，若遇大的降雨或盲目大水漫灌，则易使黏重土壤的果园积水，引起旺长或烂根。因此，黏土地最好不覆草，或可在起垄后进行。另外，树干周围20cm左右不覆草，因为根颈对缺氧极敏感。

（3）覆草与根系上返问题

覆草后果树根系上返，抗旱力下降，冬季可能易受冻害。覆草应连年进行，作为一项制度坚持下去，而不能今年覆明年扒、春天覆秋天埋，否则培养好的表层根系又遭破坏。其次，若突然去掉覆盖物，易使表层根系不适应，可能受旱、受冻死亡，从而引起树势下降，叶片黄落。冬季较冷地区深秋覆一次草，可保护根系安全越冬。试验表明，表层根系与果树生长发育及结果关系最为密切，表层土壤的水、肥、气、热条件一般较适宜，尤其透气性良好，不是过分干旱的果园极利于细根发育。表层土壤中大量细根的存在使根系功能加强，地上部分生长发育健壮。

（4）注意防火、防风

注意防火非常重要。防风时，可零星在草上压土、石块、木棒等。另外，地面也可覆盖地膜。覆盖地膜可在各种土壤上应用，尤其黏重土壤，其覆盖地膜后可更显著提高地温，减轻积水。覆盖地膜可以显著促进根系发育，达到壮树稳产。覆盖地膜一般在早春进行（野草刚返青时）。先整平树盘，再浇一次水，追施一次速效肥，然后盖上地膜，地膜四周用土封严。覆盖地膜后一般不再耕作和浇水，地膜下长草后可在草上方盖1～2cm厚的土，草即死亡。覆盖地膜的保水增温作用已是众所周知，夏季地膜下聚集大量水滴，强烈反光，又使地膜下温度不致过高。因此，地膜下土壤水、气、热条件良好，微生物活动旺盛，土壤养分释放快，根系（尤其是吸收功能强的细根）发育良好，营养能力强，从而促进了树体的健壮发育。目前我国常用的地膜种类为无色的，透光性能好；若覆盖褐色地膜，防草效果良好。厚度为0.007mm的地膜即可采用，每年重新盖一次。

4. 免耕法

免耕法又称为最少耕作法。其主要利用除草剂防除杂草，土壤不进行耕作，果园也不间作。这种方法能够保持土壤的自然结构，土壤通气系统较连贯，果树根系遭破坏少，因此幼树生长旺，从而节省劳力、降低成本。欧美一些果树生产发达的国家多采用此方法。但在我国丘陵地、山地果园的特定立地条件下，土质较瘠薄易缺水，不宜采用免耕法。

免耕法管理下的土壤容量、孔隙度、有机质、pH、土壤承压强度以及根系分布等都发生显著的变化。免耕法地表易形成一层硬壳，这层硬壳在干旱气候条件下变成龟裂块，在湿润条件下长青苔，但在表层形成的硬壳并不向深层发展，故免耕法果园能保持土壤自然结构。作物根系伸入土壤表层以及土壤生物的活动，可逐步改善土壤结构。随土壤容量的增加，非毛管孔隙减少，但土壤中可形成比较连续而持久的孔隙网，所以通气状况较耕作土壤为好。此外，由于土壤动物孔道不被破坏，水分渗透常有所改善，土壤保水性也好。采用免耕法的果园无杂草，可减少水分消耗，其土壤中有机质含量比清耕法高，但比生草法低。免耕法表层土壤结构坚实，便于果园各项操作及果园机械化。

从长远看，免耕法比清耕法的土壤结构好，杂草种子的密度减小，除草剂的使用量也随之减少，土壤管理成本降低。但免耕法在土层深厚、土质较好的果园采用较好。在潮湿地区收草与耕作存在困难时，应用除草剂较为有利。免耕法依靠除草剂控制杂草，喷洒除草剂后杂草死亡的速度，除与药剂种类、浓度有关外，还与杂草种类、物候期，以及土壤、气象条件等有关。使用除草剂时，应针对果园主要杂草种类选用，根据除草剂效能和杂草对除草剂的敏感度和忍耐力，决定采用的浓度和喷洒时期。喷洒除草剂之前，应先做小型试验，然后再大面积应用。下面介绍果园常用的除草剂。

（1）扑草净

扑草净是激素型内吸型除草剂，其既能由根部吸收传导，对叶、茎又有一定的触杀作用，以萌芽期应用效果最好。扑草净的药性较稳定，杀草范围广，对双子叶杂草的杀伤力大于单子叶杂草。可在杂草萌芽时或中耕后，每公顷施用扑草净1500～3000g（50%可湿性粉剂）或喷400倍液。使用时必须严格控制药量，喷洒要均匀，持效期21～70天。在沙土中使用扑草净易发生药害。

（2）西玛津

西玛津又称为西玛嗪，是一种高度选择性的内吸型除草剂，可防除1年生禾本科和双子叶杂草。降雨量大的地区喷洒西玛津效果好，旱地杂草对西玛津的抵抗力较强。早春使用时，最好在杂草大量出土以前或刚出苗时喷洒，每公顷用量2250～3000g（50%可湿性粉剂），加水50～100kg喷洒，持效期2～3个月。西玛津可与扑草净、二甲四氯等药混用，提高除草效果。

（3）莠去津

莠去津的除草效果比西玛津高，在干旱地应用也有良好效果，能防除双子叶杂草，尤以对1年生禾本科杂草效果较好。莠去津在土壤中易被雨水淋洗渗到较深的土层，对消灭深根性杂草的效果较西玛津好，每公顷用量2250～3750g（50%粉剂）。据报道，在10年生苹果园用2%溶液喷洒苗期杂草的试验证明，莠去津效果最好，对双子叶杂草的防除效果为97.4%，对单子叶杂草的防除效果为99.6%。

（4）草甘膦

草甘膦为广谱性高效、低毒、低残留的新型除草剂，它对于顽固宿根性恶性杂草如喜旱莲子草、茅草、香附子、狗牙根、芦苇等有很高的防除能力。喷洒叶面后，靠绿色叶面吸收，约24h即可传至根系，使根系腐烂而枯萎死亡使用时，每公顷用10%草甘膦7.5～11.25kg，稀释浓度为100～150倍，一个生长季喷洒2～3次。由于土壤颗粒能吸附草甘膦分子，而且土壤中的一些二价金属离子能与草甘膦发生络合反应，这样草甘膦进入土壤后即失去作用。因此，它对播种的种子无杀伤作用，在播种前后均能喷洒。但如果把草甘膦喷到果树绿色茎、叶上，则引起药害而枯黄，同时由于内吸作用可造成新梢前端的幼嫩茎、叶畸形变态。

使用除草剂时，应注意：

①掌握除草要除小的原则。一般在杂草1～3片叶片时喷洒，这时用药浓度低，用药少，除草效果好。

②喷药要在叶面露水已干、无风的晴天进行，刮风不宜喷药，以免果树受害。

③喷药时要周到细致。

④药液中加用0.1%的洗衣粉有增效作用。

⑤若喷药后8h以内降雨，要重新补喷。

上述几种果园土壤管理制度，在不同条件下各有利弊。各地应根据果园种类、自然条件因地制宜地单用或组合运用，才能收到良好的效果。例如，北方地区果树需肥水最多的生长前期保持清耕，土壤疏松透气，早春地温上升快，果树根系发育良好，土壤中肥水充足，树体发育健壮；中后期或雨季种草或种植覆盖作物如豆类、绿肥作物等，吸收多余水分，可以促进果树及时停长，防止贪青；花期耕翻，促其迅速腐烂，增加土壤有机质，可兼具清耕法与生草法的优点，减少了两者的缺点。

任务二 果树营养与果园施肥

营养是果树生长和结果的物质基础。果树的正常生长发育需要从环境中吸收多种营养元素，施肥的目的在于供给果树生长发育所必需的营养元素，补充果树每年的吸收消耗，并不断地改善土壤理化性质，给果树根系生长创造良好的条件。

一、果树营养与吸收

（一）果树所需要的营养元素

果树正常生长发育所必需的营养元素有17种。根据需要量，可分为大量元素（一般占果树干物质的0.15%以上）和微量元素（一般在0.1%以下）。大量元素包括碳、氧、氢、氮、磷、钾、钙、镁、硫；微量元素包括铁、硼、锌、锰、铜、钼、氯、镍。其中碳、氧、氢来自大气CO_2和土壤中的水，其他元素则主要从土壤中获取。施肥的主要任务之一就是调整土壤中果树必需营养元素的含量，使之达到适宜的动态平衡，以满足果树生长发育的需要。

1. 大量元素

（1）氮

氮在果树生长发育中具有重要的生理功能。其可促进营养生长，提高光合效能。若氮不足，则影响蛋白质形成，致使树体营养不良，枝条基部叶片黄化，甚至造成严重的生理落果。长期缺氮，会使果树抗逆性降低，寿命缩短。然而，氮过多，又会使果树体内糖分和氮之间失去平衡或与其他元素关系失调，造成树体徒长、花芽分化不良、落花落果严重、产量及品质降低、耐贮性和抗逆性变差等。果树器官中氮含量有所不同。花器中氮含量最高；叶片越幼嫩，氮含量越高。同一器官氮含量随物候期而变化，如在同一枝条中，萌芽期、开花期氮含量最高，旺盛生长结束期最低。秋季落叶前，部分氮从叶片转运到枝、干和根系贮藏。

果树以NO_3^-、NH_4^+等离子状态从土壤中吸收氮，与树体的有机酸结合成氨基酸、酰胺等有机化合物。通常生产上施用氮肥，以铵盐和硝酸盐为主。土壤pH影响根系吸收氮的类型，土壤pH为7时，有利于NH_4^+的吸收；而土壤pH为5 ~ 6时，则有利于对NO_3^-的吸收。根系和叶片也能吸收尿素和一些水溶性有机氮化合物，如氨基酸、有机碱、天门冬酰胺、维生素和生长素等。

（2）磷

磷能促进花芽分化，提早开花结果，促进果实、种子成熟，提高果实品质；增强根系吸收能力，促进根系生长，增强抗逆性。磷不足时，酶活性降低，糖分、蛋白质代谢受阻，分生组织活动不能正常进行，延迟果树展叶和开花，甚至导致枝条下部芽不能萌发，新梢和根系生长减弱，叶片变小。此外，积累在组织中的糖类转变为花青素，使枝叶变为灰绿色，叶柄、叶背及叶脉呈紫色，严重时叶片出现紫红色或红色斑块，叶缘出现半月形坏死斑；果实色泽不鲜艳，果肉发绿，含糖量降低，花芽分化不良；抗逆性弱，甚至引起早期落叶，产量下降。当氮供应过量时，缺磷会引起含氮物质失调，根系中氨基酸合成受阻，使NO_3^-在果树体内大量积累，植株呈现缺氮现象。磷过量时能阻止锌进入果树体内，易引起缺锌症。

果树生命活动最旺盛的器官磷含量最多，如幼叶高于老叶，新梢高于主干。磷含量还随物候期而变化，果树展叶时磷含量最多，以后则保持一定含量，秋季再度下降。磷在土壤中向下移动很慢，为便于果树根系吸收，应增施颗粒肥料，或与厩肥混合施入，但均应施于根系的主要分布层或进行叶面喷洒，以提高磷的有效性。

（3）钾

钾能促进果树的同化作用，加强营养生长，促进果实成熟，提高品质。施用适量钾肥，可提高果实耐贮性，促进新梢成熟，使机械组织发达，提高抗寒、抗旱、抗高温和抗病虫害能力。钾肥不足时，果树不能有效地利用硝酸盐，会降低新陈代谢作用，使单糖积累在叶片内，减弱糖类的合成，消耗增多的同时，还会减弱根系和枝加粗生长，新梢细弱，停止生长较早。此外，叶尖和叶缘还常发生褐色枯斑，从而降低果实产量和品质。严重缺钾时，叶片从边缘向内枯焦（烧叶现象），向下卷曲而枯死。钾在果树体内能被再度利用。缺钾时，老叶先受害，出现黄斑。如果钾过多，由于离子间的竞争，使果树生理机能遭到破坏，影响果树对其他元素的吸收和利用，从而出现缺素症。例如，苹果钾含量过多，常表现为缺镁，并使果树体内钙的相对含量降低。

果树对钾的吸收，在生长初期较少，以后渐增，吸收高峰在中期，一般6～8月对钾的吸收较多。钾在果树体内的分布，以幼嫩器官和生长旺盛部分含量最多，如幼果、幼叶、幼梢、果枝和花蕾中钾含量最多，树干及多年生枝和根系中最少。晚秋果树进入休眠前，钾转移到根系，并有一部分回到土壤中。钾盐（氯化钾、硫酸钾、硝酸钾）呈离子状态被果树吸收。钾在果树体内大部分呈游离状态，与原生质胶体形成不稳定的结合，易从干燥的植物组织中浸出。

（4）钙

钙对糖类和蛋白质的合成有促进作用，在果树体内起着平衡生理活动的作用，使土壤溶液达到离子平衡，从而加强果树对氮、磷的吸收。钙能调节果树体内的pH，也可避免或降低碱性土壤上的钠离子、钾离子等以及酸性土壤中残留的氢、锰、铝等离子的毒害作用，使果树正常地吸收铵态氮。钙能促进原生质胶体凝聚并降低水合度，使原生质黏性增大，有利于果树抗旱、抗热。钙能中和土壤溶液中的pH，对土壤微生物活动有良好作用；钙还有杀虫灭菌的效果。钙大部分积累在果树较老的部分，是一种不易移动和不能再度利用的元素，故缺钙首先在幼嫩部分受害。

缺钙时会削弱氮代谢作用以及营养物质的运输，不利于对铵态氮的吸收，蛋白质分解时生成的草酸不易被中和。缺钙时根系的反应较为突出，表现新根粗短、弯曲，尖端不久死亡。缺钙时不能形成新的细胞壁，细胞分裂过程受阻，因而枝叶细胞壁不紧密，叶片较小，严重时枝条枯死或花朵萎缩。缺钙常能导致核果类流胶病和根癌病。苹果果实缺钙常出现苦痘病。缺钙常常是土壤酸度过大或其他元素过多造成的，如强酸性土壤导致有效钙含量降低，含钾过高时也能引起钙的缺乏。当钙含量过高时，由于离子竞争，使铁等其他元素很难进入果树体内。若长期处于高钙状态，会使苹果树矮小，土壤严重板结。

（5）镁

果树体内镁总量约10%存在于叶绿素中，叶绿素分子质量的2.7%为镁。在生长器官里，特别是在开放的花里存在大量的镁。根系从土壤胶体上通过置换并从土壤溶液中吸收镁离子。镁在果树体内可再分配利用。当植株缺镁时，即将成熟叶片中的镁运转到需要镁较多的果实等器官中。结果过多时，叶片常因镁不足而黄化。

镁可促进磷的吸收和同化。果树缺镁时，叶绿素不能形成，会引起缺镁症，影响糖类、蛋白质、脂肪以及含磷化合物的形成；果树生长停滞，幼梢发育和果实成熟不正常，基部叶片叶脉间出现黄绿色至黄白色斑点，渐变为褐色斑块。严重缺镁时，新梢基部叶片早期脱落，果汁中可溶性固形物、柠檬酸和维生素C含量显著降低。苹果缺镁时果实延迟成熟，果实小，色香味均差。缺镁导致元素间的平衡关系失调，磷和氮吸收受阻。钾肥过量也影响镁的吸收，从而出现缺镁症。镁主要分布在果树的幼嫩部分，果实成熟时，种子内镁含量增多。镁在土壤中的含量与土壤中其他元素的含量、灌溉状况以及气候条件等有关。沙质土壤中镁易流失，酸性土壤中流失更快，灌水过量可加重镁的流失，施用磷肥或钾肥过量也易引起镁的缺乏。

（6）硫

硫在改善果树对主要营养元素的吸收方面发挥着重要的作用。缺硫会使叶绿素含量降低，叶色变为淡绿色，并缩短叶片寿命，降低光合作用。缺硫时，幼嫩叶片首先退绿和变黄，色泽均匀，不易枯干，成熟叶片叶脉发黄，有时叶片呈淡紫红色；枝条细弱、僵直；根系细长而不分支；延迟开花结果，产量降低。缺硫严重时，叶片细小，向上卷曲、变硬、易碎、提早脱落。

缺硫症状极易与缺氮症状混淆，二者开始失绿部位表现不同。缺氮首先表现在老叶，老叶症状比新叶重，叶片容易干枯。硫由于在果树体内较难移动，因而缺硫先在幼嫩部位出现，并逐步向老叶扩展，最后延及全株。缺硫常见于质地粗糙的沙质土壤和有机质含量低的酸性土壤。降雨量大、土壤淋溶强烈的果园，有效硫含量低，容易表现硫缺乏。

2. 微量元素

（1）铁

果树正常生长发育过程中，需铁量甚微。果树能吸收低价铁和高价铁，但低价铁浓度过高时易发生毒害作用。一般土壤铁的含量较多，不致缺乏，但在含钙过多的碱性土壤和含锰、锌过多的酸性土壤中，铁变为沉积物，不能被果树吸收利用。在钾不足、地温较低、土壤湿度较大的情况下，也易发生缺铁现象。

铁在果树体内多以移动性差的高分子化合物形态存在，在果树体内不能再度利用。因此，缺铁时幼叶首先受害，呈现失绿现象，老叶仍为绿色。同一株树生长旺盛的枝条，需铁量较多，黄叶严重。各种果树对铁的最低需要量因种类而异。在叶绿素开始形成前，铁元素的基数为20mg/kg，柑橘需铁临界浓度为60～80mg/kg，梨为22～30mg/kg。在缺铁情况下，常使木质部坏死，叶肉易呈烧伤状而早落；吸收根早期衰亡，输导根生长缓慢。果树缺铁时，首先影响叶绿素形成，叶片部分失绿，随病情加重，叶脉也相继失绿变成黄色，叶片上出现褐色枯斑或枯边，并逐渐枯死脱落。发病后，树势衰弱，花芽形成不良，坐果率也较低。

我国北方一些内陆和滨海盐碱地区，由于土壤可利用态铁含量低，多种果树发生缺铁症，但不同地区发病情况不尽相同。如保定郊区果园的土壤为碳酸盐浅色草甸土，黑土层内缺乏果树可吸收利用的代换态铁。因此，多种果树发生缺铁症；河北张家口涿鹿果树场的土壤呈碱性（土壤pH8.5），灌溉水pH8.0～8.5，因土壤和灌溉水的pH均较高，铁易被固定，从而导致果树发生缺铁症；另如宁夏灵武园艺试验场，由于自流灌溉，地下水位逐年升高，造成土壤次生盐渍化，与果树发生缺铁症也有很大关系。可见，不同地区导致果树发生缺铁症的条件不一样。因此，防治措施也应各有不同。

（2）硼

硼能提高光合作用，促进糖类的转化和运输。在果树花器中硼的含量最多，能促进花粉发芽和花粉管生长，对子房发育也有一定作用。此外，还能提高果实中维生素和糖类的含量，增进品质。硼与醇类、糖类及其他有机化合物发生作用，形成过氧化物。硼又能改善氧气对根系的供应，促进根系发育，加强土壤中的硝化作用，增强果树的抗病能力，还能防止细菌寄生。果树需硼量因种类和物候期而不同，葡萄需硼量较大，核桃、山楂、桃、樱桃等果树需硼量中等，而柑橘、树莓等需硼量较低。在各物候期中，一般花期需硼量较大，如果能满足果树对硼的需要，则可提高坐果率和产量。近年来，我国北方一些地区的梨、苹果、桃、葡萄等果树曾普遍出现过缺硼现象，如苹果的缩果病，梨的“疙瘩梨”，桃的“猴头果”等，均会对产量和品质产生不良影响。

硼在果树体内属于活动性弱的元素，不能再度利用。硼在幼嫩的分生组织中，起重要的催化作用。缺硼能使根、茎生长点枯萎，叶片变色或畸形，叶柄和叶脉质脆易折断。严重缺硼时，根和新梢生长点易枯死；根系生长变弱，枝条顶端有小叶簇生；花芽分化不良，受精不正常；输导组织被破坏，柔软组织变褐。硼过量时，可引起毒害作用，影响根系吸收。果园土壤中有效硼含量与土壤性质、有机质含量等有密切关系。一般，表土比心土硼含量高，黏土比沙土硼含量高。土壤pH超过7时，硼易呈不溶性状态。钙质过多的土壤，硼也不易被根系吸收，土壤过于干旱也影响硼的可溶性，易发生缺硼症。土壤有机质丰富，有效硼含量多。由于堆肥中含有大量硼（4.75mg/kg），使用堆肥可减少发生缺硼症。

（3）锌

缺锌时，果树体内色氨酸含量下降，制约吲哚乙酸合成。因此，缺锌可间接影响生长素的形成，使果树中过氧化氢酶等活性显著下降，顶芽中生长素被破坏。一些管理较差的果园，尤其是有机肥施用量较少的果园，可能发生缺锌症，发病后树势衰弱，影响生长和结果。锌在果树体内以与蛋白质相结合的形式存在，且可以转移。锌的分布与生长素的分布高度相关，生长旺盛的部分，生长素多，锌含量也多。缺锌时，生长素含量低，细胞吸水少，不能伸长；枝条下部叶片常有斑纹或黄化部分；新梢顶部叶片狭小，枝条纤细。锌的营养状况良好可提高果树抗真菌侵染的能力。

在沙地、盐碱地以及瘠薄山地果园，发生缺锌现象较为普遍。这是因为沙地含锌盐少，且易流失；碱性土壤，锌盐易转化为不溶性状态，不利于果树吸收利用。缺锌与土壤中的磷酸、钾、石灰含量过多有关。一般土壤中磷酸越多，果树吸收锌越困难。同时，也与土壤中过量的氮、铜、镍及其他元素间的不平衡有关。另外，果园或苗圃重茬、灌水频繁、伤根多、修剪重等均易诱发缺锌症。

（4）锰

锰可增强呼吸强度和光合速率，因而能促进果树生长。锰对叶绿素形成、果树体内糖分的积累和运转以及淀粉水解等也有作用。缺锰可使叶绿素含量降低，从而出现缺锰症。锰有助于种子萌发和幼苗早期生长，可以促进花粉管生长和受精过程，提高果实含糖量。锰可提高果树对硝酸盐和铵盐的利用，当果树以硝酸盐为营养时，锰是还原剂；以铵盐为营养时，锰是氧化剂。当果树根部通气不良时，锰可促进根对铵盐的吸收利用。土壤中的锰以二价离子（Mn^{2+}）形式被果树吸收利用，三价和四价锰呈不溶性状态，植物不易吸收。土壤偏碱时，锰呈不溶性状态，易发生缺锰症。在酸性土壤中，往往含锰过多，苹果易发生粗皮病（多锰症）。

（5）铜

铜与果树的碳同化、氮代谢、营养吸收以及氧化还原过程均有密切联系。叶片中的铜几乎全部含于叶绿体内，对叶绿素起着稳定作用。铜能促进糖类向枝干和生殖器官流动，有利于花粉发芽和花粉管伸长。在缺铜情况下，常因生殖器官发育受阻，而使果树产量显著降低。铜能提高树体束缚水含量，降低树体的萎蔫系数。果树缺铜时，新生叶片失绿发黄，叶尖发白卷曲，叶缘黄白色，叶片上出现坏死斑点，呈凋萎干枯状，新梢叶片从生长点附近凋萎死亡，翌年从枯死部分下面长出一个或更多的枝条，最初尚能正常生长，但以后又发生枯梢。缺铜严重时，果树不结果，枝条形成“扫帚枝”，枝干表皮粗糙。

由于土壤有机质对铜有强烈的吸附能力，所以有机质含量高的土壤往往容易缺铜。泥炭土、沼泽土、腐殖土、碱性和石灰质土、淋溶沙质土、淋溶酸性土、重施氮肥的土壤常发生缺铜现象。此外，土壤pH为7.0～8.0时，土壤吸附的铜非常稳定，土壤pH越低，铜的稳定性越小。长期使用波尔多液的果园，容易导致铜过量。

（6）钼

钼能够促进生物固氮，有利于提高叶绿素含量与稳定性，保障光合作用的正常进行；促进果树对氮（特别是硝态氮）的吸收利用，有利于蛋白质合成；改善糖类从叶片向枝干和生殖器官流动的能力，增强植株抗旱性、抗寒性和抗病性。

缺钼首先从老叶或新梢中部叶片开始，幼叶及生长点出现症状较迟，缺钼严重时可导致整株死亡。缺钼时，叶片出现黄色或橙黄色大小不一的斑点，叶缘向上卷曲呈杯状，叶肉脱落残缺或发育不全。缺钼与缺氮相似，但缺钼叶片易出现斑点，边缘发生焦枯，并向内卷曲，组织失水而萎蔫。一般缺钼发生在酸性土壤上，尤其是淋溶强烈的酸性土壤。锰含量高，也易引起缺钼。此外，过量施用生理酸性肥料，能降低钼的有效性。土壤中磷含量不足、氮含量过高、钙含量低，也易引起缺钼。

（7）氯

氯在果树体内有多种生理作用，但只有少部分氯参与生化反应，而大部分以离子状态维持各种生理平衡。当果园氯缺乏时，会影响植株生长。但常年施用含氯化肥，土壤中氯离子过多时，对植株也有毒害作用。不同果树对氯的敏感程度不同，梨、柑橘、葡萄等属于对氯敏感的果树，容易遭受氯的毒害。缺氯的一般症状为植株萎缩，叶片失绿，叶变小。氯过剩时，果树老叶先端发黄，黄色向叶柄延伸，随后叶先端黄化部位枯焦，提早脱落，中毒严重时整株枯死。目前，果树缺氯症极其罕见。多数氯营养失衡，均表现为氯过剩中毒。大量使用氯化钾、氯化铵和含氯复合肥，是引起果树氯害的主要原因。海涂盐渍地果园发生氯过剩危害现象较为普遍。

（8）镍

果树体内镍含量一般在0.05～5.0mg/kg。苹果镍含量为0.06mg/kg，柑橘为0.39mg/kg。镍能催化尿素降解。当果树直接吸收尿素或通过氮代谢导致体内尿素积累过多时，需要含镍的脲酶，促使尿素分解。低浓度镍能促进种子发芽、幼苗生长、花粉萌发和花粉管伸长。当果树植株干物质中镍含量小于0.01～0.15mg/kg时，叶片就会出现尿素中毒症状，从而导致叶尖坏死。镍过剩时表现为生长迟缓、叶片失绿、变形、有斑点、出现条纹、果实变小、果实着色提早等。

（二）根系对土壤营养的吸收

1. 吸收无机营养过程

土壤中的无机营养以离子形式存在于土壤溶液中而被根系吸收。离子经质外体运送至内皮层时，由于有凯氏带的存在，离子（和水分）最终必须经共质体途径才能到达根系内部或导管。这使得根系能够通过共质体的主动转运及对离子的选择性吸收控制离子的运转。主要过程如下：

①离子在水溶液中经由表皮及皮层细胞的多孔细胞壁间质传递运输。当达到内皮层细胞时，因凯氏带不透水而转由内皮层细胞的细胞膜间质传递，此时一部分离子经运载机制穿过原生质膜进入表皮和皮层细胞的细胞质。

②运输的离子沿着细胞的胞间连丝从皮层细胞进入中柱细胞，穿越凯氏带。

③当离子到达木质部导管附近的细胞时，“逆向”运输机制使离子再次穿过细胞膜进入中柱细胞壁间质。

④通过自由随机扩散，许多离子进入木质部导管。

⑤进入导管后，随水分上升移动运输到果树需要营养的器官。在导管中，无机营养的输送主要受导管中水分上升移动的影响，白天无机营养伴随着蒸腾液流主要流向蒸腾作用旺盛的叶片，而蒸腾作用小的茎尖、幼叶和果实等器官，则在晚上靠根压流供给营养。

2. 吸收营养特点

根系通过主动的能量代谢，以有机营养争夺无机营养的方式吸收土壤矿质元素。其吸收强度与根系营养状况、地上部分对各种矿质元素的需求和运输的调节机制以及根表皮和皮层细胞的生理状况有关。一般根系积累有机养分越多，根系吸收能力越强。当光合作用减弱，由叶片输送到根系的有机养分减少，则吸收速率下降，吸收量也减少。处在饥饿状态下的果树，对肥料敏感，施肥后吸收效率高，利用速度快，肥效明显。当树体营养水平较高时，对肥料反应迟钝，需要在较高的施肥技术条件下，才能发挥肥料的最大效果。根系吸收速率和数量还与根际附近分布的主要矿质元素的浓度有关。在一定范围内，矿质元素浓度越高吸收越快，吸收量也越多。如果不同矿质元素间的平衡关系失调，则影响根系吸收。

根系吸收矿质营素的总量并不能完全反映其对各种元素的需要量。因环境条件的关系，各个时期的吸收总量比实际需要量多。当生长条件越适宜，生长越好，产量越高时，单株对矿质元素的消耗反而越少。可见，给果树创造最适宜的生长环境，才能达到经济用肥的目的。根系对各种矿质元素具有一定的选择吸收能力，如在营养液中放入等量的钾盐和钠盐，根系吸收的钾更多。再如根系对镁的吸收决定于根系周围镁的浓度，但也与钾有关，钾浓度较高时，吸收镁较少；而镁的吸收却很少受钙或钠的影响。根细胞对钙的选择吸收性很小。此外，当根系吸收以硝酸盐为氮源时，通常会吸收过量的阴离子，根外溶液的pH可能上升一个单位以上；反之，以铵盐为氮源时，pH就会下降。选择吸收能力与土壤pH有关，如在酸性土壤中有利于硝态氮的吸收，而在中性至微碱性土壤中则有利于铵态氮的吸收。由于长期选择吸收的结果，往往使果树所处的土壤营养环境恶化，所需要的主要矿质元素贫乏。因此，需要及时施肥补充，给根系生长创造适宜的营养条件。

总之，土壤溶液中某种离子的浓度，往往受多种因素综合作用的影响。例如，土壤中各种锰离子的形态，同时受氧化还原电位、土壤温度、易氧化的土壤有机质数量、土壤pH以及土壤中锰含量等因素的影响。果树缺锰症通常发生在锰含量低、氧化还原电位高、土壤pH也高的土壤上。

（三）营养元素间的相互关系

果树生长发育需要多种营养元素，只有各种营养元素在土壤中以及果树体内保持相对动态平衡时，才最有利于果树生长与结果。营养元素间的相互关系主要有相助作用、拮抗作用以及相互相似作用。营养元素间的相互关系较为复杂，受很多因素的制约。例如，硫与氮、钙、钾或锌之间具有相助作用，而与镁、钼、铜、铁、硼之间具有拮抗作用。然而，硫与磷之间究竟是相助作用还是拮抗作用则取决于果树种类、生长阶段和土壤养分浓度。

1. 相助作用

随着果树吸收某一营养元素的增加，其他营养元素也随之增加，这种现象称为相助作用。例如，随着吸收氮的增加，叶片内钙和镁的含量也随之增加，即氮和钙、镁存在相助作用。试验表明：生长在沙地的旭苹果，增施氮后，不仅树体内各器官氮含量增高，而且镁吸收量也相应增多；但当树体内氮含量少时，对镁的吸收也少，表现出氮和镁之间的相助作用。

2. 拮抗作用

随着果树吸收某一营养元素的增加，其他营养元素随之减少，这种现象称为拮抗作用。例如，随着吸收氮的增加，叶片中钾、硼、铜、锌或磷的含量随之减少，即因氮和这些营养元素间有拮抗作用。相反，施用磷肥过多，也妨碍果树对氮和钾的吸收，从而使果树生长衰弱。钾过多，则对钙与镁的吸收就减少。锰和铁在土壤溶液中和果树体内具有拮抗作用，锰能影响铁的氧化还原作用。缺锰时，果树体内的低价铁浓度增高，可引起缺铁症；锰过多时，低价铁离子过少，不能满足生长需要，也可发生缺铁症。因此，铁和锰之间比例适宜时，果树才能吸收利用。拮抗作用影响营养元素的状态有三种形式：一是因营养元素间的竞争而影响吸收；二是阻碍营养元素的运输；三是阻碍营养元素的分配和利用。

3. 相互相似作用

几种营养元素都能对某一代谢过程或代谢过程的某一部分起同样的作用。某一营养元素缺少时，还可部分地被另一营养元素所代替。

由上可见，果树生长发育必需的各种营养元素在树体内并不是孤立存在的，而是有一定的比例关系。某一营养元素增加或减少势必会对其他营养元素产生影响。因此，在果树施肥时，必须充分考虑营养元素间的作用关系。

营养元素间的相互关系常在大量元素、微量元素、阳离子和阴离子之间发生，而且一种营养元素存在的形式不同，与其他营养元素间关系的表现形式也不一样。例如，氮成为阳离子时则与阴离子拮抗，成为阴离子时又与阳离子拮抗。离子浓度变化时，也可发生拮抗作用或相助作用。总之，果树体内总阳离子和总阴离子的数量，常因果树种类不同，而大体上保持一定的比率。不论阳离子还是阴离子，只要其中一个吸收过多，就能打破比率的平衡，因而就会妨碍其他离子的吸收，果树随即表现出缺素等现象。各营养元素间的相互作用，可随时间和部位的变化而不同，如氮、钾和镁在苹果体内各部分分布是不均一的，一个器官化学物质的变化，通常并不能反映整株营养的变化。有时组织中由于缺少某一营养元素而发生缺素症时，很可能是由于另一营养元素过多所引起，如钙过量可引起果树的缺硼症。磷与氮、钾相比，需要量较少，如果磷使用过量，可使土壤中或果树体内铁的有效性降低，因而出现缺铁症。因此，对于果树缺素症，不但要看病症，更应分析发病的内因，抓住致病要害，才能进行有效的防治。

果树对各营养元素从吸收到利用的过程与离子间浓度、比率之间的关系是复杂的，而各营养元素间的相互关系又是多变的。例如，钾和镁有拮抗作用，钾过多则表现缺镁，镁的缺乏又会引起缺锌和缺锰。镁在果树体内是磷的载体，当果园土壤缺镁时，即使大量施用磷肥，果树不但不能吸收，反而会发生缺铁症和缺铜症。又如只增加氮肥，而不相应地增加磷肥、钾肥，就会出现氮过多，而磷、钾不足，造成枝叶徒长，结果不良。因此，在生产上，施氮肥的同时，必须配合相应的磷肥、钾肥。反之，氮不足，又会出现磷、钾过剩现象，影响氮的吸收，也会造成生长不良的后果。因此，施肥前，必须了解果树需肥特性、土壤类型、土壤中有效元素含量及其之间的相互关系，才能进行合理施肥。

二、营养诊断与平衡施肥

营养诊断施肥法是利用生物、化学或物理等测试技术，分析研究直接或间接影响果树正常生长发育的营养元素的丰缺和协调性，从而确定施肥方案的一种施肥技术手段。就诊断对象而言，可分为土壤营养诊断和植株营养诊断；从诊断手段看，可分为形态诊断、化学诊断、施肥诊断和酶学诊断等多种。营养诊断的主要目的是为科学施肥提供直接依据，果树生产上最常用的是土壤营养诊断和植株营养诊断中的叶片营养诊断和叶片颜色诊断。

根据果树营养诊断进行施肥，是实现果树管理科学化的一个重要标志。营养诊断是将果树矿质营养原理运用到施肥实践中的一个关键环节，它能使果树施肥达到合理化、指标化和规范化。因此，果树营养诊断与平衡施肥是迈向果树生产现代化的重要一步。

（一）营养诊断

1. 土壤营养诊断

果树生长发育所必需的营养元素主要来自土壤，果树产量越高，土壤提供的养分含量就越多。土壤中营养元素的丰缺和协调性直接影响果树生长及产量，关系着施肥的效果，因而成为土壤营养诊断、确定合理施肥的重要依据。在制订施肥计划前，应首先进行土壤营养诊断，以便根据土壤养分的含量和供应状况确定适宜的施肥种类和数量。

果园土壤营养诊断，通常是指对土壤中各种营养元素有效养分数量的测定。土壤有效养分一般呈三种状态：一是土壤溶液所溶解的养分；二是土壤交换性吸收体上所吸收的养分；三是土壤固相中可以迅速转化的有效养分。一般在土壤中这几种形态呈现相互平衡的关系，但是在各种营养元素中，三种养分间转化的难易程度有所不同。因此，对不同营养元素来说，三种养分在有效养分中的地位也稍有不同。

一般情况下，土壤有效养分含量（即数量指标）大部分能与树体反应呈一定的相关性，能够反映出土壤营养的供给状态。但是，也有一小部分相关性较差，这可能与取样、测定等误差有关。因此，土壤有效养分的数量指标不能表示土壤有效养分的绝对含量，只能表示相对数量的多少，只有在与树体反应相一致的时候，才能作为土壤营养诊断中可采用的方法。同时，果园土壤中各种营养元素含量的高、中、低水平只有与树体营养盈亏以及生长、结果的表现相一致时，才能作为果园土壤营养诊断的指标。

土壤营养诊断通过分析果园土壤质地、有机质含量、pH、全氮和硝态氮含量以及矿质元素的动态情况，提出土壤中营养元素的供给状况、果树吸收水平及养分的亏缺程度，建议如何改进施肥技术。土壤分析主要靠测试手段，得出的结论也只能作为参考，最好能有其他方法进一步验证。

2. 叶片营养诊断

植株营养诊断主要以果树的外部形态和植株体内的养分状况及其与果树生长、产量等的关系来判断果树营养元素的丰缺和协调性，并以此作为确定施肥的依据。由于植株营养处于不断变化之中，因而植株营养诊断要比土壤营养诊断复杂得多。植株营养诊断主要包括枝条、果实以及叶片等器官的营养诊断。由于果树叶片一般能够及时和准确反映植株营养状况，不仅能分析出肉眼能见到的症状，还能分析出多种矿质元素的不足或过剩，分辨两种不同矿质元素引起的相似症状，并能在症状出现前及早发现。因此，叶片营养诊断在果树生产上应用较为广泛。

（1）叶片营养诊断的基本原理

叶片营养诊断作为果树营养诊断的前提，与叶组织中各种主要营养元素的浓度与果树的反应有密切关系。其基本原理是李比希（Liebig）提出的“最小养分律”，即认为植物体内各种营养元素间不能相互代替，当某种营养元素缺乏时，该营养元素即成为植物生长的限制因子，必须用该营养元素加以补充。反过来说，在某种营养元素缺乏时，只有补给这种营养元素，植物才能有所反应；而缺素越严重，增加供给的潜在效应就越大。

叶片营养诊断的任务在于找出各种临界浓度（营养诊断指标）并确定果树营养元素浓度所属的类型。需要特别指出的是，在果树生产上很少见到严重缺素情况，多数情况下都是潜在缺乏。因此，在营养诊断中，要特别注意区分各种营养元素的潜在缺乏，以便通过适当的施肥措施加以矫正。叶片营养诊断虽然不能直接提供施肥量标准，但它可判断树体内各营养元素的不足或过剩，以作为确定果树施肥量及肥料比例的参考。

（2）采样时期及数量

供作分析的叶片，宜在一年中叶片营养元素含量变化较小时采取。落叶果树常在新梢停止生长时采集，柑橘则可采5～8个月的叶片。供分析用的叶片，应尽量做到标准一致。为减少取样误差，一般应选择有代表性的果树15～30株，于树冠外围同一高度选4～6个新梢，落叶果树采新梢中部叶片一片。部分果树叶片营养诊断取样法见表3-1。

表3-1　部分果树叶片营养诊断取样法

果树种类	取样部位	取样时间	取样量
苹果、梨	树冠外围中部新梢的中位叶片（带叶柄）	盛花后8～12周或结果树新梢顶芽形成后2～4周	50～100片
桃	树冠外围中部新梢的中位叶片（带叶柄）	盛花后12～14周	50～100片
葡萄	果穗附近叶片的叶柄	盛花后4～8周末花期	80～100个
柑橘	春梢营养枝从上往下第三片叶片（带叶柄）	叶龄5～8个月	100～200片
草莓	完全展开的最嫩成长叶片	花期高峰后5周	50～100片

（3）标准值建立

建立某一果树种类（或品种）的营养元素标准值是将叶片营养诊断应用于生产的重要基础。叶片营养元素含量常因果树种类、品种、树龄、砧木、立地条件、产量水平等因素不同而异。应通过大量严格的试验或对不同产量水平果园叶片的分析，建立不同果树种类（或品种）的优质树营养诊断标准值。在此基础上，与供试果园叶片营养诊断结果相比较，作出营养状况的诊断。一般完整的营养诊断标准值应包括营养元素缺乏、适量和过剩三个范围。

3. 叶片颜色诊断

叶片颜色是反映果树营养状况的一个比较灵敏的指标。叶片颜色与果实品质间有很高的相关性，根据叶片颜色可推断叶片中氮和叶绿素含量，因而有可能根据叶片颜色来诊断氮肥效果。美国、日本等国家已经在苹果生产上利用叶片彩色标准图，判断叶片氮含量以及施肥效果。同时，这些国家也在研究叶片颜色和树体生长、果实品质的关系，以及夏、秋叶片的标准颜色等问题。但是，关于叶色变化与植株营养状况和环境条件的关系、影响叶片颜色改变的生理生化原因、适宜的采叶方法以及诊断精确度等问题，还需要进一步研究。

（二）平衡施肥

1. 养分平衡施肥法的概念及意义

养分平衡施肥法是国内外果树配方施肥中最基本和最重要的方法。此法以“养分归还学说”为理论依据，根据果树需肥量与土壤供肥量之差来计算实现目标产量（或计划产量）的施肥量，由果树目标产量、果树需肥量、土壤供肥量、肥料利用率和肥料中有效养分含量五大参数构成公式，从而计算出应该施用肥料的数量。例如，某果园计划每亩产果品1500kg，而土壤只能供应果树800kg产量需要的养分，那么有700kg产量所需的养分必须通过施肥来解决。如果施肥量不足，达不到预期产量；如果施肥量过多，就会造成浪费，甚至因肥害而减产。

2. 配方肥施用量的确定依据

（1）果树目标产量

根据果树种类、品种、树龄、树势、花芽、气候、土壤、栽培管理水平等综合因素，确定当年合理的目标产量。通常情况下，可根据果园前三年产量总和求得平均产量。

（2）果树需肥量

果树需肥量等于一年中枝、叶、果实、树干、根系等新生长部分和枝干、根系加粗部分所消耗的肥料量。

（3）土壤供肥量

养分的土壤供肥量是指即使不施某种肥料，果树也能从土壤中吸收这种营养元素的量。一般土壤中所含氮、磷、钾三要素的数量为果树吸收量的1/3～1/2，但依土壤类型和管理水平而异。以氮为例，其土壤供给量主要来自土壤腐殖质所含有机氮的无机化过程。土壤中施用的肥料，一部分随着土壤表面径流或深层渗漏而流失，另一部分经地面挥发，还有一部分成为不可供给状态。因此，施入土壤中的肥料并不能完全被果树吸收。由于气候、土壤、肥料种类和形态、施肥方法等不同，肥料利用率的可变性较大。有些土壤中矿质元素含量虽然丰富，但多以不可供给状态存在，根系不能吸收利用。如果长期不施肥，则果树生长发育不良。土壤中氮、磷、钾供给量大致如下：氮约为其吸收量的1/3，磷和钾约为其吸收量的1/2。

（4）肥料利用率

施入土壤中的肥料，一部分经过土壤吸附、固定、淋失和挥发，因而不能全部被果树吸收利用。果树对肥料的利用率，因果树种类、品种、砧木以及土壤管理制度等不同。例如，同品种苹果分别用M_{12}和M_9作砧木，前者对氮、钾吸收量大；八云梨用杜梨作砧木，较山梨作砧木吸收氮、磷含量高。果树对肥料的利用率，氮大约为50%、磷为30%、钾为40%。如果改进灌溉方式，可提高肥料利用率。例如，灌溉施肥，氮肥利用率可提高到50%～70%，磷肥利用率可提高到54%，钾肥利用率可提高到80%。

三、施肥技术

（一）施肥时期

由于果树根系在年生长周期中不同阶段存在生长差异，因而不同施肥时期会影响果树对肥料的吸收和利用率。全国苹果施肥制度研究结果表明，最适期施用氮肥，可减少施肥次数，提高氮肥利用率；高温多雨地区，多次薄施，可提高肥料利用率，上述结果为经济用肥提供了依据，充分说明了适期施肥的重大意义。

1. 确定施肥时期的依据

（1）掌握果树需肥时期

果树需肥时期与物候期有关。据河北农业大学对苹果、桃、枣等果树用放射性元素^{32}P标记的研究表明，根系吸收的养分首先满足树体生命活动最旺盛的器官，即养分有其分配中心，随着物候期的进展，分配中心也随之转移。例如，金冠苹果在萌芽期，花芽中^{32}P含量最多，开花期花中最多，坐果期果实中最多，花芽分化期则以花芽中最多。由于果树物候期有重叠现象，从而影响分配中心的波幅，出现养分分配和供需的矛盾。例如，枣开花和枣吊生长、坐果与枣头生长同时进行，因而必须及时施肥补充，才能协调好生长和结果的矛盾，提高坐果率，保证高产、稳产。可见，果树物候期的进展和养分分配规律是确定适期施肥的重要依据。

果树在年生长周期中对氮、磷、钾的吸收率是有变化的。例如，柑橘几乎全年均能吸收氮，但吸收高峰在温度较高的仲夏；磷的吸收主要在枝梢和根系生长旺盛的高温季节，冬季显著减少；钾的吸收主要在5～11月。板栗从萌芽开始吸收氮，新梢停止生长后，果实膨大期吸收最多；磷在开花后至9月下旬吸收量较稳定，10月以后几乎停止吸收，钾在花前吸收很少，开花期（6月）迅速增加，果实膨大期达到吸收高峰，10月以后急剧减少。可见，施用氮肥、磷肥、钾肥的时期，应因果树种类而异。

（2）掌握土壤中营养元素和水分变化规律

清耕果园春季土壤氮含量较少，夏季有所增加，钾含量与氮含量相似；磷含量则春季多而夏、秋较少。此外，土壤营养元素含量与果园间作物种类和土壤管理制度等有关。例如，间作豆科作物，春季氮含量减少，夏季由于根瘤菌固氮作用而有所增加。

土壤含水量与肥效发挥有关。土壤缺水时施肥，由于肥料浓度过高，果树不能吸收利用而易遭受毒害。积水或多雨地区肥料易淋洗流失，降低肥料利用率。因此，应根据当地土壤水分变化规律或结合排灌施肥，才能达到预期目的。

（3）掌握肥料的性质

易流失挥发的速效肥或施后易被土壤固定的肥料，如碳酸氢铵、过磷酸钙等宜在果树需肥期稍前施入；迟效性肥料如有机肥，因腐烂分解后才能被果树吸收利用，故应提前施入。同一肥料因施用时期不同效果不同。据报道，同硫酸铵秋施较春施开花百分率高，干径增长量大，1年生枝氮含量也高。因此，肥料应在经济效果最高时施入。追施氮肥时期不同对果实品质有一定的影响。据山东试验，前期追施氮肥，苹果着色好而鲜艳，蜡质较多，成熟较早；追施时期晚，会促进营养生长，减少糖类积累，果实着色差，蜡质形成不好，成熟期延迟。因此，肥料施用时期，应结合果树营养水平、吸收特点、土壤供肥情况以及气候条件等综合考虑，才能收到良好效果。

与施用单元素肥料相比，果树施用氮、磷、钾（及其他必需元素）复合肥，可提高产量，增进品质，提高耐贮性、抗旱性和抗寒性。因为复合肥元素间的比例适当，有利于根系吸收，促进糖类的形成、转化和运输，是提高产量和品质的物质基础。因此，根据地区特点、果树种类、品种的生长发育状况，施用适宜比例的复合肥，对经济用肥、提高肥效十分重要。

2. 基肥和追肥施用时期

根据果树不同施肥时期及施肥特点，分为基肥和追肥。

（1）基肥

基肥以有机肥为主，是较长时期供给果树多种养分的基础肥料，主要包括四大类：

①粪尿类。粪尿类包括人粪尿、家畜粪尿以及厩肥等。

②堆沤肥类。堆沤肥类包括堆肥、沤肥、杂草、枝叶还田和沼气肥等。

③绿肥类。绿肥类包括各种绿色植物体。

④杂肥类。杂肥类包括泥炭、腐殖酸类肥料以及生活污水、工业污水、工业废渣等。

基肥的组成一般以有机肥为主，再配合适量的速效化肥。基肥施用量应占当年施肥总量的70%以上。土壤有机质含量及品质是评价土壤供肥性的重要依据。我国果园土壤有机质含量普遍偏低，而施用有机肥是增加土壤有机质含量及品质的主要途径。果园必须施用腐熟的有机肥。腐熟是有机物在微生物作用下进行复杂的矿质化和腐殖化的过程。有机肥所含的营养元素多呈有机态，如纤维素、半纤维素和氨基酸等，这些化合物必须经过各种微生物和酶促反应的矿化过程，才能生成比较简单的化合物，从而使迟效性养分转化成果树可直接吸收利用的速效养分。腐熟还可消灭传染性病菌、寄生虫卵和杂草种子。水分和温度是影响微生物活动和腐熟速度的重要因素。有机肥吸水软化有利于微生物的入侵、分解以及菌体、养分的移动，使有机肥腐熟均匀。对于好氧性微生物，适宜的含水量是有机肥最大持水量的60%～65%，即加水到手握成团、触之即散的状态。温度是微生物活动的必要条件，也是关系到有机肥腐熟速度和质量的主要因子之一。当温度超过75℃时，微生物的作用几乎全部受到抑制，当温度在20℃以下时，又会影响腐熟速度。好气腐熟高温阶段应控制在50～65℃，后熟保温阶段以控制在30℃左右最为适宜。科研和生产实践证明，一年中施用基肥的时间以秋季效果较好。据华中农业大学对红星苹果幼树基肥施用时期试验结果表明，9月施基肥较12月施基肥坐果率高。青岛市农业科学研究院试验证明，祝光苹果基肥施用时期，由晚秋11月提早至8月中旬，即果实采收后立即施用，增产效果明显，产量为对照的126.5%。

秋施基肥正值果树根系第二次或第三次生长高峰，伤根容易愈合，切断一些细小根，也可很快发出新根。若在施用有机肥的同时能加入适量速效氮肥，则效果更好。此时，果树地上部分新生器官已渐趋停止生长，树体吸收和制造的营养物质以积累贮备为主，可提高树体贮藏营养水平和细胞液浓度，有利于翌年果树萌芽、开花和新梢早期生长。据山东栖霞梨区生产经验，早秋施基肥第二年短枝叶片健壮，长枝基部叶片肥大，开花整齐；大年由于大量结果，贮藏营养水平差，花芽形成很少，质量较差，而秋季早施基肥，可提高花芽质量，增强果树的越冬性。寒冷地区果树落叶后至土壤冻结前施基肥，因地温降低，伤根不易愈合，且不易发生新根，肥料也较难分解，效果不如早秋施。春施基肥，肥效发挥较慢，常不能满足果树早春生长发育的需要，到后期起作用时又往往导致枝梢二次生长，影响花芽分化和果实发育。中国农业科学院果树研究所试验表明，同量有机肥连年施用比隔年施用增产效果明显。因此，基肥以年年施用为好，根据磷肥性质及果树吸收特点，可考虑秋季将磷肥与有机肥同时施用。

（2）追肥

追肥又称为补肥。在土壤肥沃和基肥施用量充足的情况下，没有必要追肥。但是，当土壤肥力较差或采收后未施入充足基肥时，树体常常表现为营养不良，适时追肥可以补充树体短期营养不足。追肥一般使用速效化肥，以满足果树生长发育急需养分。追肥既是当年壮树、高产、优质的肥料，又能为来年生长结果打下基础，是果树生产中重要的施肥环节。追肥次数和时期与气候、土质、树龄等因素有关。高温多雨地区或沙质土，肥料易流失，追肥宜少量多次；反之，追肥次数可适当减少。幼树追肥次数宜少，随树龄增长和结果量增多，追肥次数也应增多，以调节生长和结果对营养需求的矛盾。目前，北方果树生产上对成年结果树一般每年追肥2～4次。追肥时期可分为以下几种：

①花前追肥。果树萌芽开花要消耗大量营养物质，但早春土壤温度较低，吸收根发生较少，吸收能力也较差，主要消耗树体贮藏养分。若此时树体营养水平较低，氮肥供应不足，则易导致大量落花落果，影响营养生长，对树体生长不利。河北广宗核桃园村的苹果追肥试验结果表明，祝光苹果花前追肥坐果率为对照树的158%。对弱树、老树和结果过多的大树，应加大追肥量，促使萌芽开花整齐，提高坐果率，促进营养生长。若树势较强，基肥数量较充足，花前肥也可推迟至花后。北方多数地区早春干旱少雨，追肥必须结合灌水，才能充分发挥肥效。

②花后追肥。花后追肥即在落花后坐果期施用肥料，这也是果树需肥较多的时期。幼果和新梢迅速生长都需要大量氮。此期追肥可促进幼果和新梢迅速生长，扩大叶面积，提高光合效能，有利于糖类和蛋白质的形成，减少生理落果。一般花前肥和花后肥可互相补充，如花前追肥量大，花后也可不施。但这次追肥必须根据果树种类、品种的生物学特性酌情施用，才能提高氮肥利用率和果实坐果率。

③果实膨大期和花芽分化期追肥。此期部分新梢（中、短枝）停止生长，花芽分化开始。追肥可提高光合效能，促进养分积累，提高细胞液浓度，有利于果实膨大和花芽分化。此期施肥既保证当年产量，又为来年结果打下基础，对克服大小年结果有利。研究结果表明，花芽分化期追肥是国光苹果氮肥最大效率期，施后增产效果明显。然而，对结果不多的大树或新梢尚未停止生长的初结果树，要注意适量施用氮肥。否则，易引起新梢二次生长，影响花芽分化。这次施肥应注意氮、磷、钾适当配合。据英国报道，晚夏追肥对花芽质量和坐果率提高均有良好作用，目前已在果树生产上广泛应用。

④果实生长后期追肥。此期施肥主要解决大量结果后造成树体营养物质亏缺和花芽分化的矛盾。对于晚熟品种而言，后期追肥更为必要。中国农业科学院果树研究所氮肥施用时期试验表明，秋季追肥时休眠期枝条淀粉、氮含量和翌年萌芽后芽内过氧化氢酶活性都较高，说明此期追肥对提高树体贮藏营养水平有良好作用。

树体内含氮化合物一般8月含量最高，若前期氮肥不足，到秋季则逐渐减少，至落叶前减至最少。因此，后期宜适量追施氮肥。据山东农业大学报道，果树体内钾含量和糖含量高则果实着色好，在此期追施或与基肥混施适宜比例的氮肥、磷肥、钾肥，对果树有多方面的作用，对结果盛期大树尤为必要。因此，生产上极为重视这次追肥。

（3）柑橘类果树追肥

我国柑橘产区也多根据物候期每年追肥4～5次，即萌芽肥、稳果肥、壮果肥和采果肥。

①萌芽肥。在春梢萌芽期施入，多以氮肥为主。施后可促发春梢，增加叶花比和叶面积，提高花的质量。但此期是以消耗树体贮藏营养为主，因而做好秋季施肥更为必要。

②稳果肥。需肥时间较长，有些柑橘园在此期追肥1 ~ 2次。氮肥可显著提高坐果率并促进幼果生长。但在亚热带产区，对初结果的幼旺树和小年树施用氮肥时要适量。否则，易导致夏梢过多，生理落果加重，影响产量。

③壮果肥。此期正值果树迅速生长期，也是一年中生根高峰期。追施氮、磷、钾复合肥有较高肥效，不少产区此时多有暴雨，故以少量多次为好。而在长江流域又往往有伏旱，故施肥时应注意灌水。

④采果肥。我国柑橘产区很重视这次施肥，特别是丰产树或晚熟品种，多在采果前施入，而多数产区将速效氮肥和基肥同时施入。由于果实含有较高的赤霉素，因而养分大量流入果实，同时也增强了根系吸收养分和水分的能力，但在采果后即迅速消失，故此次追肥以采果前施入为宜，晚施不利于丰产后树势恢复和树体越冬，尤以椪柑最为敏感。

（二）施肥量

养分平衡施肥法根据目标产量和管理水平，参考土壤营养诊断和植株营养诊断结果，确定果园适宜的施肥种类和施肥量。对于目前不具备采用养分平衡施肥法的果园，可根据以下几种方法确定适宜施肥量。

1. 施肥试验

选定合适的果园，进行施肥量比较试验，提出当地果园施肥量标准，以指导一定区域内的果树生产。果树需肥量受土壤、树龄、管理等因素的影响。对于多年生果树来说，要得出一个较合理的施肥量，施肥试验需要进行10年以上。例如，日本在温州蜜柑上经过10年试验，认为氮肥的适宜施用量为300kg/hm^2，用量过高则引起不良反应；而对于苹果而言，氮肥的适宜施用量为150kg/hm^2。河北农业大学梨课题组以营养诊断为基础，经过十几年的肥料对比试验，提出冀中南梨区鸭梨施肥方案。至于不同肥料元素施用比例，综合各地在苹果上的试验得出，氮、磷、钾配合比例以1：（0.5 ~ 0.8）：1为宜。

2. 果实产量

目前生产上，许多地方根据果实产量或单位面积产量确定施肥量。研究表明，不同果树种类每500kg新鲜果实氮、磷、钾的含量为：苹果分别为5.03kg、0.07kg和0.70kg；柑橘类分别为0.82kg、0.12kg和1.06kg；梨分别为0.45kg、0.75kg和0.67kg；桃分别为0.6kg、0.19kg和1.97kg。对于苹果而言，施肥量一般按每生产100kg需施纯氮1.0 ~ 1.5kg、磷（P_2O_5）0.5 ~ 0.8kg、钾1.0 ~ 1.2kg计算；对于梨而言，每生产100kg需施纯氮0.47kg、磷（P_2O_5）0.23kg、钾0.48kg。可见，果实产量越高，施肥补充的量也必须相应增多。

（三）施肥方法

根据施肥部位及特点，果树施肥可分为土壤施肥、植株施肥、灌溉施肥和精准施肥等。其中，土壤施肥是果树施肥的主要方法，直接关系到土壤改良和果树根系发育的质量，是其他施肥方法所不能代替的。

1. 土壤施肥

土壤施肥必须根据根系分布特点，将肥料施在根系集中分布层内，便于根系吸收，发挥肥料最大效用。果树的水平根一般集中分布于树冠外围稍远处，而根系又具有趋肥特性，其生长方向常以施肥部位为转移。因此，将有机肥施在距根系集中分布层稍深、稍远处，有利于诱导根系向土壤深广方向生长，形成强大的根系，扩大吸收面积，提高根系吸收能力和树体营养水平，增强果树的抗逆性。

施肥深度和广度与果树种类、品种、树龄、砧木、土壤和肥料种类等因素有关。例如，荔枝、龙眼、苹果、梨、核桃、板栗等果树根系强大，分布深而广，施肥宜深，范围也要大些；桃、金柑、凤梨、香蕉等果树根系较浅，分布范围也较小；矮生果树和矮化砧的根系分布得更浅些，范围也更小些。施肥深度和广度要适应这一特性，才能获得良好的施肥效果。幼树根系浅，分布范围不大，以浅施、范围小些为宜。随树龄增大和根系扩展，施肥范围和深度也要逐年加深和扩大，以满足果树对肥料日益增长的需求。沙地、坡地以及高温多雨地区，养分易淋洗流失，宜在果树需肥关键时期施用，且要多次薄施，提高肥料利用率。基肥要适度深施，以便增厚土层，提高保肥性、保水性。

各种肥料元素在土壤中的移动性不同，施肥深度也不同。氮肥在土壤中移动性强，即使浅施也可渗到根系分布层内，供果树吸收利用。钾肥移动性较差，磷肥移动性更差，故钾肥、磷肥宜深施，尤其是磷肥宜施在根系集中分布层内，才利于根系吸收。为了充分发挥肥效，过磷酸钙、骨粉宜与厩肥、堆肥、圈肥等有机肥混合腐熟，施用效果更好。基肥以迟效性有机肥或发挥肥效缓慢的复合肥为主，且应适当早施深施。追肥一般为速效养分，肥效快，可在果树急需时期稍前施入。施肥效果与施肥方法有密切关系。不同土壤施肥方法如图3-9所示。

（a）环状沟施肥　（b）断环沟施肥　（c）放射沟施肥　（d）条沟施肥　（e）穴施

图3-9　不同土壤施肥方法

（1）环状沟施肥

环状沟施肥又称为轮状施肥，是在树冠外围稍远处挖环状沟施肥的方法。此法具有操作简便、用肥经济等优点。但易切断水平根，且施肥范围较小，一般多用于幼树。

（2）断环沟施肥

断环沟施肥与环状沟施肥相似，只是将圆环中断为3～4个短沟。此法较环状沟施肥伤根少。隔次更换施肥位置，可扩大施肥部位。四川柑橘产区多采用此法。

（3）放射沟施肥

放射沟施肥较环状沟施肥伤根少，但在挖沟时也要尽量少伤大根，可以隔次更换放射沟位置，扩大施肥面积，促进根系吸收。但施肥部位也存在一定的局限性。

（4）条沟施肥

条沟施肥是指在果园行间、株间两侧开沟或隔行使用机械开沟施肥，也可结合土壤深翻进行。

（5）全园施肥

成年果树或密植果园的根系已布满全园时多采用此法。具体方法为将肥料均匀地撒布在园内土壤表面，再翻入土中。但因施入土中较浅，常导致根系上浮，降低根系抗逆性。此法若与放射沟施肥隔年更换，可取长补短，发挥肥料的最大效用。

（6）穴施

穴施的操作方法为在树盘的中、外部，挖宽、深各25cm左右的施肥穴10～15个，内外交叉呈三角形排列，将肥料均匀施入各施肥穴，及时覆土填平。此法幼树或大树都可应用，树冠较大时，应适当增加施肥穴，以扩大施肥范围，充分满足根系吸收的需要。

总之，土壤施肥方法有多种，施肥方法不同效果也不一样，各地应根据果园具体情况酌情选用。

2. 植株施肥

植株施肥包括叶面喷肥、枝干喷洒或涂抹施肥和注射施肥等。

（1）叶面喷肥

叶片的气孔和角质层具有吸收肥料的能力。含有养分的水溶液可经过角质层到达维管束组织周围的活细胞。气孔是养分溶液最初进入叶内的最重要途径。一般叶面喷肥后15～120min，叶片即可吸收。叶片对磷的吸收可分为三个阶段：叶面吸收（表面上的交换性吸附作用）；磷进入到叶内或细胞中；磷在果树体内进一步转移。

叶片吸收营养的强度和速度与叶龄、肥料种类及浓度、气候条件等有关。幼叶生理机能旺盛，气孔所占比重大。在发育中的叶片两面的表皮上，最初都有单细胞的细毛，而在部分展开的幼叶上，细毛占比重较老叶为大；至叶片成熟后，上表皮的细毛就完全消失，主叶脉的上侧、叶缘锯齿上，都有腺状组织，叶片成熟后也消失。因此，幼叶较老叶吸收营养的速度快，效率也高。叶面角质层较厚，如桃、梨、苹果、柿等叶面较叶背厚3～4倍。叶背气孔多，表皮层下具有较疏松的海绵组织，细胞间隙大而多。有的果树种类、品种叶背具有茸毛或绵毛，喷肥后可在较长时间内保持湿润状态，有利于养分渗透和吸收。因此，一般叶背较叶面易于吸收，且吸收速度也快。

叶片对营养元素的吸收还因化合物种类、浓度不同而有差异，硫酸镁溶液在喷洒30s后才可能进入叶内，而氯化镁只需15s即可。0.15mol/L硫酸镁溶液需经30s进入叶内，而0.025mol/L的硫酸镁溶液则需60s才能进入叶内，即溶液浓度高时吸收速度快。然而，叶片对氯化镁溶液的吸收则与溶液浓度无关。再如，叶片从氯化钾溶液中吸收钾的速度最快，从硝酸钾溶液中吸收钾的速度居中，而从磷酸氢二钾溶液中吸收钾的速度最慢。可见，不同阴离子可影响叶片对同一阳离子的吸收。此外，老叶吸收钾，反而比幼叶显著优越。磷酸二氢钾溶液较磷酸氢二钾溶液进入叶内迅速。但随时间延长，吸收磷的数量增加，最终吸收磷的数量比钾还要大。

叶片对营养元素的吸收与温度、湿度有密切关系。温度和湿度能影响溶液的干燥速度和在叶片表皮上形成液膜的概率。温度和湿度与吸收作用之间均呈显著直线负相关。另外，由于蒸腾作用形成了很薄的水层，在叶面喷肥对矿质元素的吸收中所起的作用往往比喷到叶片上的水分更为重要。叶面喷肥最适温度为18～25℃，湿度较高，效果更好。因此，夏季喷肥时间最好在10:00前和16:00以后，以免温度高，溶液很快浓缩，既影响肥料吸收，又易发生药害。喷肥前一般应先进行小型试验，确定不会发生肥害后，再大面积喷洒。

叶面喷肥可提高叶片光合强度0.5～1.0倍，喷后10～15天叶片对肥料元素反应最明显，以后逐渐降低，至25～30天效果消失。河北农业大学苹果根外追肥试验结果表明，喷肥后叶色浓绿，叶绿素含量显著增加，增长持续期也较长，其增长量有随浓度增高而增加的趋势。叶片栅栏组织层数增多，海绵组织较未喷肥者松散，有利于气体交换和同化作用的提高，从而促进新梢和果实生长，提高产量和果实含糖量，对治疗和预防缺素症也有一定作用。叶面喷肥简单易行，用肥量小，发挥作用快，且不受养分分配中心的影响，可及时满足果树的需要，并可避免某些营养元素在土壤中的化学或生物固定作用，因而在果树生产上应用广泛。

（2）枝干喷洒或涂抹施肥

果树枝干也具有吸收营养的能力。枝条受伤处或自然孔口（如叶柄痕等）更易吸收。因此，休眠期对果树枝干喷洒或涂抹含有肥料的水溶液，也可收到较好的效果。例如，对于生长势衰弱的果树，萌芽前树干涂抹氨基酸涂抹宝可以增强树势；对于发生小叶病的果树，萌芽前喷洒或大枝涂抹硫酸锌具有明显的矫正效果。柑橘枝干对磷酸和硝酸的吸收量见表3-2。

表3-2 柑橘枝干对磷酸和硝酸的吸收量

器官	年龄/年	磷酸吸收量/[mg/(L·10h)]	硝酸吸收量/[mg/(L·10h)]
成熟枝条	1～6	0.4	6.1
树干	3～6	0.4	5.0

（3）注射施肥

注射施肥可分为树干强力注射和自然滴注。原理是利用机械高压将果树所需要的营养元素从树干或主枝压入树体内部，或依靠自然压力滴注进入树体内。主要优点是操作简便，短时间内可以完成；肥效快，持续期长，肥料可迅速均匀分布到树体各个部位；将肥料直接注入树体，不用通过土壤，大大提高了肥料利用率；用肥量少，成本低；避免了施肥对环境（土壤、空气、水）的污染。树干强力注射和自然滴注介绍如下：

①树干强力注射。树干强力注射是指将果树所需要的肥料配成一定浓度的溶液，从树干直接注入树体内，并靠机具持续压力将进入树体的液肥输送到根系、枝干或叶片，直接被果树吸收利用。这种方法的优点是可及时矫治果树缺素症，减少肥料用量，提高利用率，不污染环境。目前，我国生产上多采用此法注射铁肥和锌肥，治疗果树缺铁症和缺锌小叶病。具体方法为在距地面50cm处的树干上打孔，选择与上部大枝相对应部位打三个孔，孔深3cm，拧入专用螺旋固定头，然后将皮管与注射机连接起来。注射机压力应选择在1.27MPa以上。配制溶液时要采用软水，注射量随树龄、树势不同而有差异，树干直径在7cm以下的果树不宜采用此法。

②自然滴注。自然滴注是指将装有营养液的滴注袋垂直悬挂于距地面1.5m左右的树杈上，排出管道中的气体，将滴注针头插入预先打好的钻孔中（钻孔深度一般为主干直径的2/3），利用虹吸原理，将溶液注入树体。一般可在萌芽前或生长季进行。在树干基部沿稍下斜方向钻2～3个孔（根据树干粗度确定），然后将注头插入孔中，把营养液的滴注袋挂在树冠高处的枝条上，根据树体大小和缺素状况灌入适量营养液，靠自然压力缓慢滴注进入树体。滴注完成后，可以用胶泥封堵孔口。

操作时应注意：滴注的溶液浓度或滴注量不能太大，以免造成滴头附近输导系统和树皮受到伤害；往树孔内插入滴头时，位置及松紧度要适宜，滴头前稍留空隙，否则滴不出水；最好采用新型防堵滴头；滴注装置安装好后应及时检查，如果发生漏液，应适当拧紧滴头；滴注完成后，及时拔除滴头，收回输液装置，以备下次再用。

3. 灌溉施肥

灌溉施肥又称为水肥耦合、随水施肥等，是将精准施肥与精密灌溉融为一体的新技术，使果树在吸收水分的同时吸收养分。近年来，我国开始研究灌溉施肥，一些发达国家已经在生产上将其投入应用。实践证明，灌溉施肥供肥及时，肥分分布均匀，既不损伤根系，又能保护耕作层土壤结构，节省劳力，肥料利用率高，可提高产量和品质，降低管理成本，提高劳动生产率。灌溉施肥对成年树和密植果园更为适宜。

灌溉施肥适宜于有水井、水库、蓄水池等固定水源，且水质好，符合灌溉要求，并已建成或有条件建设微灌设施的区域推广应用。目前，常用形式是微灌与施肥相结合，且以滴灌、微喷灌与施肥相结合居多。

（1）微灌施肥系统组成

微灌施肥系统由水源、首部枢纽、输配水管道和灌水器组成。水源包括河流、水库、机井、池塘等；首部枢纽包括电机、水泵、过滤器、施肥器、控制和测量设备、保护装置；输配水管道包括主、干、支、毛管道及管道控制阀门；灌水器包括滴头或喷头、滴灌带。

（2）微灌施肥方案确定

应根据果树品种的需水量和生育期降水量确定灌溉定额，一般微灌施肥的灌溉定额应比大水漫灌减少50%。在此基础上，确定灌溉时间、次数和每次灌溉量。应根据果树品种的需肥规律、土壤肥力及目标产量，确定总施肥量，氮、磷、钾比例以及基肥和追肥的比例。除了秋施基肥外，追肥则按照果树生长期需肥特性，确定具体次数和数量。实施微灌施肥可使肥料利用率提高40%～50%，故微灌施肥的用肥量为常规施肥的50%～60%。

（3）微灌施肥方法

微灌施肥时应注意肥料选择和微灌施肥程序，现介绍如下：

①肥料选择。可选择液态肥料，如氨水、腐殖酸液肥，如果用沼液或腐殖酸液肥，必须经过过滤，以免堵塞管道。固态肥料要求水溶性强、含杂质少，如尿素、硝酸铵、磷酸铵、硫酸钾、硝酸钙、硫酸镁等。

②微灌施肥程序。将肥料溶解混匀。施用液态肥料时不需要搅动或混合，一般固态肥料需要与水混合搅拌成液肥，必要时不同肥料适当分离，避免出现沉淀等现象。微灌施肥程序一般分为肥料湿润阶段、液肥施用阶段和施肥系统清洗阶段。

4. 精准施肥

精准施肥是在定位采集地块信息的基础上，根据地块土壤、肥力、水分、病虫、杂草、产量等时间与空间上的差异，结合果树栽培技术要求进行精确定位和定量的施肥技术。精准施肥是信息技术（地理信息系统、全球定位系统、遥感）、栽培技术与果园机械有机结合并高度集成的工程技术。

精准施肥就是通过遥感或其他技术手段获取土壤信息，借助地理信息系统支持的决策系统，采用装备有全球定位系统的变量施肥机进行定位定量施肥。这种施肥方法代替了传统生产上在同一块地里平均施肥的做法，有利于节省资源和保护环境，并能获得最好的经济效益。

四、果园绿肥

我国果树主要分布在丘陵山区及盐碱沙滩地带。这些地区一般土质较瘠薄，有机质含量低，种植绿肥作物既能培肥和改良土壤，又能经济利用土地。在沙地、坡地种植绿肥作物，可防风固沙、保持水土。据天水水土保持科学试验站报道，果园种植绿肥作物比休闲地减少径流79.9%，减少冲刷量62.67%。绿肥作物覆盖地面还可减少蒸发，防止返碱，抑制杂草丛生，调节土壤温度，有利于根系活动。

辽宁省果树科学研究所在平地棕黄土壤果园连续三年种植白花草木樨，仅其根系就使土壤有机质含量增加0.27%，全磷含量增加0.05%，土壤容重降低0.12g/cm^3，土壤孔隙度增加4.55%，土壤含水量增加1.91%；连续5年在8～12年生红星苹果园种植白花草木樨，收割后集中在树下压青，吸收根增加93.4g/m^3，叶片重增加6.5g，产量增加55.36%。中国农业科学院郑州果树研究所发现，在黄河故道沙地苹果园连续5年埋压苕子等绿肥作物（625kg/株），土壤有机质含量增加0.4%～0.7%，土壤容重降低0.2～0.3g/cm^3，土壤含水量增加1%～2%，土壤有效磷含量增加1～4mg/kg，土壤铵态氮含量增加2～5mg/kg。

（一）绿肥的作用及绿肥作物的选择

1. 绿肥的作用

（1）增加土壤有效养分

绿肥作物一般含有氮、磷、钾等多种营养元素，豆科因根部具有根瘤菌，能固定空气中和土壤中的氮，植株氮含量尤为丰富。例如，500kg紫穗槐枝叶，含氮6.6kg、磷1.5kg、钾3.8kg。果园种植或翻压绿肥可增加土壤有效养分。据中国农业科学院郑州果树研究所报道，果树行间翻压绿肥，不同土层内的硝态氮、铵态氮、速效磷和速效钾均明显增多，见表3-3。

表3-3　翻压绿肥与土壤有效养分的关系

处理	取样深度/cm	硝态氮/（mg/kg）	铵态氮/（mg/kg）	速效磷/（mg/kg）	速效钾/（mg/kg）
对照	0～20	7.0	5.0	24	40
	20～40	5.0	4.0	14	60
行间翻压绿肥	0～20	7.0	10.0	36	80
	20～40	7.0	9.0	32	100

绿肥作物根系分泌有机酸，可使土壤中难溶性养分变为有效养分。例如，种植羽扇豆能提高土壤中磷酸盐的溶解度。绿肥作物强大的根系能吸收土壤深层养分，翻压后可增加果树根系分布层养分含量。绿肥在腐烂分解过程中，能不断释放出有效养分，供果树吸收利用。绿肥作物对土壤硝化作用也有良好影响，且随着种植年限的延长而加强。与人粪尿相比，豆科绿肥作物中钾含量更为丰富。绿肥作物与人粪尿中氮、磷、钾含量比较见表3-4。

表3-4　绿肥作物与人粪尿中氮、磷、钾含量比较

种类	氮/%	磷/%	钾/%
紫穗槐嫩枝叶	1.32	0.30	0.79
黄花苜蓿	0.60	0.11	0.40
人粪尿	0.60	0.30	0.25

（2）增加土壤有机质

绿肥作物根系强大，在植物中占相当比重。地上部分生长旺盛，可形成大量绿色体，含有机质丰富。新鲜茎、叶中有机质超过10%，有的甚至超过15%。若每亩产新鲜茎、叶1500kg，就有350～400kg根系遗留在土壤中。据统计，11种豆科绿肥作物地上部分平均产量907.44kg，而根系相对平均产量222.95kg。有机质在分解时，可生成带负电荷的胡敏酸。它具有芳香族的多元酚功能团，可促进果树根系的呼吸作用，提高细胞膜的渗透性，增强对矿质元素的吸收能力，并可促进细胞分裂，加速根系和地上部分的生长。胡敏酸是一种溶胶，由于受低温或干燥的影响，变成不溶解的物质，并与土粒结合在一起，形成胶膜包被着土粒，使分散的土粒互相胶结起来。因此，种植和施用绿肥，有利于土壤团粒结构的形成，增加土壤孔隙度，降低土壤容重。土壤腐殖质可使黏重土壤疏松和通气。由于胡敏酸的黏着力和黏结力，可提高沙土的土壤吸附量，增强沙地保肥性和保水性。

腐殖质是有机胶体，吸收力远较黏粒高。其能吸收、保持大量水分和养分，同时腐殖质分子具有许多具代换能力的羧基（—COOH）、羟基（—OH）等，可保存许多离子（H^+、盐基离子），在环境发生变化时，这些离子与周围的其他离子互相代换，从而提高土壤对pH的缓冲力。据报道，长期施用绿肥，15～20cm土层内腐殖质和全氮增加，而土壤酸度则缓慢下降。施用绿肥还可降低土壤含盐量，提高地温和土壤含水量。总之，果园种植和施用绿肥，可改良土壤理化性质，提高土壤肥力，促进果树的生长发育。

（3）促进果树生长发育

由于绿肥改善了土壤理化性质，使土壤中水、肥、气、热比较协调，因而果树根系发达，吸收能力增强，吸收量有随绿肥施量增多而增加的趋势。各地试验结果表明，绿肥压青后，树冠体积增大，新梢生长良好，花芽多，坐果率较高，单果重和产量提高。同时，苹果果实红果比率增多，含糖量高，果实硬度大，耐贮性提高。绿肥压青对秋白梨生长、产量和品质的影响见表3-5。

表3-5 绿肥压青对秋白梨生长、产量和品质的影响

处理	年压青量	平均新梢长度/cm	平均产量/（kg/株）	比较/%	总糖/%	维生素C/%
春柽麻压青	60～65kg/株	67.9	41.85	132.2	12.83	4.23
夏柽麻压青	12750kg/hm^2	61.5	36.80	116.3	10.89	3.58
对照	0	62.5	31.65	100.0	10.22	3.48

绿肥作物在分解过程中，还产生氨基酸、维生素和植物激素等。这些物质可促进果树的生长发育。有的绿肥作物吸收某种微量元素的能力特别强，可作为柑橘缺素症的矫治者，如金光菊可矫治强酸性红壤上柑橘的缺硼症。

2. 绿肥作物的选择

我国绿肥作物资源丰富，种类繁多。紫穗槐适应性强，在各类土壤上均能生长，土壤条件较好时更能丰产。草木樨、沙打旺耐瘠薄，可在沙地种植。田菁等耐盐碱，喜潮湿，地下水位高的果园可种植。聚合草适应性广，从热带、温带至亚寒带（−40℃）均可种植。在选择绿肥作物时，应注意野生资源的利用。引种外来绿肥作物应经试种后再大面积推广。除上述绿肥作物外，还有蚕豆、绿豆、大豆、乌豇豆、印度豇豆、箭筈豌豆、苦豆子、香豆子、荆条、胡枝子、三尖叶猪屎豆等，可因地制宜选优种植。

（二）绿肥作物的种植与利用

1. 种子处理

绿肥作物的种子种皮较厚，不易吸水发芽。例如，草木樨硬籽占50%～80%，不处理发芽率仅10%～15%，出苗率只有3%～10%，处理后发芽率可达80%。草木樨、田菁等可用碾压法破伤种皮，促使种子吸水，以提高发芽率。此外，用10mL/L的赤霉素浸6～7h，捞出后稍晾干再播种，效果也较好。紫穗槐种子含有油脂，外包硬壳，不易吸水，且有毒，一般多用温汤浸种催芽。而沙打旺种子则不用处理，雨季直接播种即可。总之，应根据绿肥作物种子的特点，播种前采取相应处理措施，以提高出苗率和产草量。

2. 播种

绿肥作物播种期因作物种类、栽植地区自然条件和作物生长特点而有所不同。例如，草木樨、苜蓿、紫穗槐等，在高寒和干旱地区，以春播或夏播为宜；而在温暖地区则多春播或秋播；缺水地区可趁墒播种；水源较好的地区播种前后要适当灌水，以便提高出苗率。为了有利于果园地面覆盖和积雪保墒，可提早秋播；为了避免与果树争夺水分和养分，也可在夏季以后播种。黏土地果园应比沙土地播种期稍早，这样果树可提早结束生长，促进新梢成熟，有利于果树越冬。

3. 田间管理

绿肥作物管理简单且省工。草木樨若能在苗期、分枝期和开花期各浇一次水，生长更加繁茂。豆科绿肥作物需磷量较多，增施磷肥可起到"以磷换氮""以小肥换大肥"的效果。甘肃农业大学试验结果表明，每施0.5kg过磷酸钙，香豆子和草木樨可分别增产鲜草40kg和24.45kg。辽宁对沙打旺进行追施磷肥试验，每亩施过磷酸钙15kg，施后保苗率提高一倍，植株生长旺盛；第二年秋施区每亩产鲜草1534kg，而对照区仅365kg，相差4倍多。因此，对绿肥作物增施磷肥是提高产草量的有效措施。

4. 翻压时期

绿肥作物翻压时期与其体内营养物质含量关系很大。翻压过早，不但鲜草产量低，而且养分积累少，降低绿肥质量；反之，翻压过晚，生长期过长，因开花结果而消耗大量养分，不但降低绿色体内氮含量，而且由于纤维素增加，绿肥较难分解腐烂。生产经验证明，绿肥作物花期翻压，不但绿色体多，有大量的水溶性糖和氮，同时茎、叶幼嫩，易被微生物分解，可及时供给果树吸收利用，效果最好。绿肥作物种类不同，翻压时期稍有差异。苕子以现蕾期、初花期、盛花期翻压为宜；草木樨以初花期、盛花期或分枝初期翻压为宜；而苜蓿则以盛花期至初荚期翻压为宜。因此，应根据不同绿肥作物的特点，进行适期翻压才能保证绿肥质量。

5. 翻压方法

翻压方法分为树下压青和挖坑沤压。不同果园可根据具体情况选用。

（1）树下压青

将收割的绿肥作物直接压在树下的土壤中。初结果树一般每株可压鲜草25～50kg，结果多的大树或弱树则可增至100kg。宜结合压青增施磷肥，以调节氮、磷、钾等营养元素间的相对平衡关系，从而利于果树吸收利用。施磷肥时要与绿肥混合在一起，一般每100kg绿肥可混入过磷酸钙1kg。压青时要一层绿肥一层土相间放置，避免绿肥堆积过厚，腐烂时发热量大，会影响根系生长，并降低绿肥质量。绿肥的分解，一般在嫌气状态和一定湿度条件下进行。因此，必须在土壤湿度条件较好时进行树下压青，压后适当镇压。否则，绿色体容易灰化，降低肥效。山区丘陵地、沙荒地缺水果园，可在雨季或秋季趁墒压青，从而利于有机质腐烂分解。

（2）挖坑沤压

将鲜草切成小段，集中沤压在预先挖好的坑内，待腐烂后取出施于树下。挖坑沤压时也应将绿肥与土相间放置，适当灌水，最上层用土盖严踏实。施用时宜混入1%过磷酸钙，以增加肥效。

6. 注意事项

果园间作绿肥作物时，应根据绿肥作物种类、茎秆高矮及根系分泌物等，与果树保持适当距离，以免影响果树生长发育。多年生深根性绿肥作物如紫花苜蓿等，消耗水分和养分较多，对果树影响较大，除应注意加强肥水管理外，不宜多年选种，当植株和根系生长量大时，及时翻耕，不断更换绿肥作物种类，才能达到种植绿肥作物的目的。另外，紫花苜蓿根系分泌皂角苷对苹果、核桃等根系生长不利，在果树行间种植时应多加注意。根据国外生产经验，对于土壤结构差的粉沙和黏重土壤，连年种植禾本科绿肥作物也有良好的效果。

任务三　果园水分调控与管理

果园水分调控与管理主要包括对果树进行合理灌水、合理控水和及时排水等。一方面，我国长江以北大部分地区属于干旱或半干旱区，降雨不足或严重不足，水分十分短缺；而在我国长江以南地区，虽然年降雨量较大，但由于降雨在生长季分配不均匀，果园干旱（甚至是严重干旱）也经常发生。另一方面，无论是南方还是北方，多雨季节或一次降雨量过大造成果树涝害的情况也时有发生。因此，正确实施果园水分调控与管理，满足果树正常生长发育需要，是实现果树丰产、稳产、高效栽培的根本保证。

果园水分调控与管理不仅影响果树当年生长与结果，而且对果树翌年（甚至更长时期）生长发育也会产生很大影响。因此，水分供应状况是关系到果树生长健壮、高产稳产、连年丰产和长寿的重要因素。要充分发挥水分对果树的良好作用，必须适时地进行灌水和排水，以满足果树生长发育的需求。因为水分通过土壤供给果树根系吸收，所以土壤状况将直接影响果树对水分的吸收。因此，果园水分调控与管理必须建立在改良土壤的基础上才能发挥最佳效果。

一、果树与水分的关系

果树吸收的水分，95%以上消耗于蒸腾。一般情况下，蒸腾量越多，根系吸收量就越多。只有土壤水分能源源不断地供应果树需要时，才能保证果树体内生理生化过程的正常进行。据测定，在营养生长期内，苹果、梨每平方米叶面积每小时蒸腾失水量大约为40g。在水分不足的条件下（每小时蒸腾失水量低于10g），果树的能量代谢遭到破坏，酶的水解活性加强，合成能力降低，叶内可溶性物质有所积累，细胞液浓度和吸水力提高，使果实中的水分向叶片移动，导致果实生长减弱或脱落，降低产量和品质。严重缺水时，叶片萎蔫，气孔关闭，CO_2不能进入，进而影响光合作用。土壤缺水时，土壤溶液浓度增高，根系吸收功能受阻，导致枝条早期停止生长或落叶。而水分过多，土壤孔隙间的空气（氧气）必然减少，造成土壤通气不良，抑制根系呼吸作用的进行，在缺氧条件下易形成还原物质（如低价铁、H_2S等），影响根系吸收，甚至发生烂根或整株死亡。

果树需水包括生理需水和生态需水。生理需水是果树生命过程中的各项生理活动（如蒸腾作用、光合作用）所需的水分。生态需水是指生育过程中，为果树正常生长发育创造良好生活环境所需的水分。果树的叶面蒸腾量与株间蒸发量之和称为需水量。

（一）果树需水特性

果树对水分的需求量，一方面取决于果树自身的遗传特性，另一方面取决于果树自身的生理状况和生态因素。此外，果树需水还具有关键时期，即和其他生长发育时期（或物候期）相比较，果树在某些生长发育阶段遭受水分胁迫，能更显著地减少果树产量并降低果实品质。果树需水情况随果树种类、物候期、自然条件和栽培技术而有所不同。

1. 果树种类

不同种类的果树，其本身形态构造和生长特点均不相同，凡是生长期长、叶面积大、生长速度快、根系发达、产量高的果树，需水量均较大；反之，需水量则较小。按需水量大小，可将果树划分成三大类：柑橘、苹果、梨、葡萄等需水量较大；桃、柿、杨梅、枇杷等需水量中等；枣、板栗、无花果、银杏等需水量较小。同一果树种类不同品种间需水量也有差别，苹果中的红富士比小国光需水量大，柑橘中的本地早比椪柑需水量大，葡萄中的藤稔比巨峰需水量大。

2. 物候期

果树不同生长发育阶段和不同物候期，对需水量有不同的需求。一般在生长季中，果树发育前半期应供应充足水分，以保证果树正常生长与结果；而后半期（尤其是果实成熟期）则要适当控制水分，以提高果实品质，保证新梢及时停止生长，使果树适时进入休眠期。根据各地气候状况，一般在下述物候期中，若土壤含水量低于田间持水量的60%时，必须进行灌溉。

（1）萌芽前后到开花期

此时土壤中如果有充足的水分，则可以促进新梢生长，加大叶面积，增强光合作用，并使开花和坐果正常，为当年丰产打下基础。在北方春旱地区，此期充分灌水更为重要。有试验结果表明，花前灌水时期以提前进行效果为好。而甘肃河西灌区的研究则认为春灌要晚。可见，具体灌溉时期要因地而异。花前不同时期灌水对提高苹果坐果率的影响见表3-6。

表3-6　花前不同时期灌水对提高苹果坐果率的影响

灌水日期	坐果率/%	备注
3月8日	22	花前7周
3月28日	18	花前4周
4月14日	13	花前2周

（2）新梢生长和幼果膨大期

此期为果树的需水临界期，果树生理机能最旺盛，如水分不足，则叶片夺取幼果中的水分，使幼果皱缩而脱落。严重干旱时，叶片还将从吸收根组织中夺取水分，影响根系的吸收作用，从而导致生长势减弱，产量显著下降。南方多雨地区，此期常值梅雨季节，除注意均匀供给土壤水分外，还应注意排水。

（3）果实迅速膨大期

就多数落叶果树而言，此时既是果实迅速膨大期，也是花芽大量分化期。保持适宜的土壤湿度，不但可以满足果实膨大对水分的要求，同时可以促进花芽健壮分化，为翌年丰产创造条件。

（4）采果前后及休眠期

在秋、冬干旱地区，此时灌水可使土壤中贮备足够的水分，有助于肥料的分解，从而促进果树翌春的生长发育。在南方柑橘产区，此时结合施肥灌水，有利于恢复树势，并促进花芽分化。在北方产区，临近采收期之前不宜灌水，以免降低果实品质或引起裂果。寒地果树在土壤冻结前应灌一次封冻水，这对果树安全越冬十分有利。

3. 自然条件

不同地区由于气候、地形、土壤等条件不同，果树需水量也不一致。气温、日照和空气相对湿度等因素都对果树需水量有影响。在气温高、日照强、空气干燥和风大的地区，叶面蒸腾和株间蒸发都会加大，因而果树需水量也大，反之则小。由于上述因素直接影响水面蒸发量，在灌溉试验中大多以水面蒸发量作为反映各气候因素的综合指标，以果树需水量和同期水面蒸发量比值反映需水与气候条件的关系。

4. 栽培技术

栽培技术对果树需水量影响较为明显。例如，随着土壤耕作层加深、栽植密度和施肥量加大，果树需水量有逐渐增加的趋势，但是并不一定成比例。例如，当密度成倍增大时，需水量并不成倍增加，这是因为密度提高时，以单位叶面积计算的蒸腾强度降低了，株间蒸发量也减少了。

由上述可知，果树需水特性是复杂多变的。因此，果园灌溉必须从实际出发，只有在综合分析果树种类、物候期、自然条件及栽培技术的基础上，才能制订出较为合理的果园水分调控与管理方案。

（二）水分对果树生长发育的影响

水分是果树正常生长发育的基本条件之一。通常情况下，适宜的土壤水分条件能为果树供应充足的水分，确保果树体内各种生理生化活动的正常进行，使果树生长健壮、丰产，提高果品质量。然而，当土壤含水量过高、土壤通透能力变差时，果树正常的生理生化活动会受到阻碍。反之，当土壤供水不足时，果树也会受到水分胁迫的影响。上述两种情况都会影响到果树正常生长和结果，严重时会导致果树死亡。水分对果树生长发育的影响是多方面的，现介绍如下。

1. 枝叶生长

在土壤干旱、果树处于水分胁迫的状态下，树体地上部分营养生长会受到抑制。表现为新梢发生量少、新梢变短、加粗生长缓慢、树体矮小。例如，有学者在年均降雨量为220mm的地区对伏令夏橙进行了长达20年的研究，结果表明，每年灌溉15次（灌溉量为1720mm）果树主干截面积为344cm^2，树冠体积为102m^3；而每年灌溉5次（灌溉量为950mm）果树主干截面积为215cm^2，树冠体积为66m^3。另外，水分胁迫还会抑制叶原基发生和叶片扩大，使树体叶片数量减少，单叶面积缩小。在严重水分胁迫的情况下，甚至导致叶片早衰和脱落。新梢生长量主要由果树萌动后6周内树体水分盈亏状况决定。早春干旱对新梢生长量影响最大。夏、秋干旱，树干生长受阻，干径增长量减少。根系生长也受土壤水分状况的影响，在土壤水分接近凋萎点时，根系生长受阻；当土壤含水量降至凋萎点以下时，根系停止生长。

2. 花芽分化

土壤适度干旱通常能促进果树花芽形成，尤以在花诱导期效果最为突出。在桃上的研究表明，花芽形成数量与灌溉量呈直线负相关关系，灌溉量越大，花芽形成数量越少。在苹果上的研究表明，不灌溉树短枝成花百分率是正常灌溉树的两倍。在梨上的研究也表明，幼年梨不灌溉和灌溉量少的处理花芽形成数量远比灌溉量大的处理多。此外，水分还影响果树花芽的形态分化。杏和苹果经过水分胁迫处理后，花芽形态分化进程减慢，花期延迟，同时晚开花且常常发育不正常，如花丝变长或花药呈花瓣状，胚珠和花粉败育比例也很高。柑橘经过水分胁迫后，除延迟开花外，无叶花枝比例也显著增加。

3. 开花坐果

水分对果树坐果的影响取决于果树种类、水分胁迫程度和干旱发生时期。早春土壤干旱条件下，苹果坐果率仅为对照的1/3，干旱也加重了西洋梨的6月落果。但是，一定程度的水分胁迫却对桃坐果无影响，并减少了采前落果。春灌有利于花芽发育和坐果，但过量灌溉可以造成春梢旺长，从而增加了落花落果。

4. 果实发育

干旱对果树生产最显著的不良影响是减缓果实生长速度，导致采收时果实体积减小。然而，果实生长速度并不与土壤水分供应水平呈直线的正相关关系。通常只有在土壤水分可利用性降低到一定水平之下时，果实生长才会受到影响，果实体积才会减少。果实细胞分裂和膨大这两个时期对水分胁迫反应的敏感程度差异很大。果实细胞分裂对水分胁迫具有较强的忍受能力，而果实膨大的速度受水分胁迫的影响明显增大。在果实生长发育早期，果树承受水分胁迫的能力对后期果实生长具有促进作用。

各种果树的果实生长模式不同，对水分逆境的反应有一定差异。当水分供应稳定时，苹果、梨果实生长速度直到成熟都是比较均匀的。在中壤和重壤中，当土壤有效水分降低到最大持水量的25%以下时，果实生长速度会降低，若果实一旦受旱致使生长减缓，将不能恢复到应有的大小。桃果实体积大小主要受采前30天水分状况的影响。而樱桃果实体积则主要受最后25天水分状况的影响。板栗果实生长后期对水分丰缺反应十分敏感，采前20 ~ 30天浇水，可促进果实增大。

5. 果实产量

由于水分影响果树花芽形成、坐果和果实生长，因而也显著地影响果树产量。在干旱地区，灌溉能增产，但果树产量与灌溉量并不呈完全的直线正相关关系。尤其值得注意的是，灌溉量最大的果树并不一定能获得最高产量。例如，100%潜在蒸发量灌溉的桃三年累计产量较80%潜在蒸发量处理低18.5%；在桃上连续四年分别实施50%、100%和150%潜在蒸发量的灌溉，灌溉量最少的50%潜在蒸发量树体累积产量比其他两个处理高6% ~ 7%；年灌溉量为1232mm的苹果年产量为90t/hm^2，而年灌溉量为894mm的处理却为96t/hm^2。

6. 果实品质

果实可溶性固形物含量与水分供应量呈直线负相关关系。一方面，随着土壤供水能力降低，采收时果实含糖量不断增加，但是土壤水分状况对果实含酸量影响较小。因此，在干旱条件下，果实糖酸比通常增加。另一方面，水分胁迫会导致果实内果汁含量减少、硬度增加，从而使果实口感变差。土壤水分供应状况除影响果实风味外，还会影响果实外观品质和贮藏品质。通常，在适度水分胁迫条件下，果实着色较好，而灌溉过多或土壤过于干旱都不利于着色。此外，灌溉量过大时，果实贮藏能力变差。在室温条件下，采后一周的红港桃累积果实腐烂率与果实生长期间水分供应量（降雨量+灌溉量）呈直线正相关关系。对于苹果的研究表明，苦痘病、虎皮病的发生也与果实生长期水分供应量相关，减少灌溉次数和灌溉量可以减轻果实贮藏期间生理病害的发生。

在此需要强调的是，从提高果实综合品质上考虑，无论是灌溉太多还是土壤过度干旱都会对果实品质带来不利影响。只有当土壤水分维持在一个适宜范围内时，不利的影响才会变小，果实综合品质才能达到最好。另外，果实最后迅速膨大期是果实品质形成对水分需求的关键时期，这一时期的水分供应状况对采收时果实品质影响最显著。一方面，水分胁迫能导致果实体积减小、果实硬度增大；另一方面，水分胁迫能增加果实可溶性固形物含量和耐贮性。因此，栽培上应综合平衡二者的相互关系。

果实裂果多是由于根系或果实皮层快速吸收水分，使果肉急剧增长而果皮增加较慢。樱桃裂果主要是樱桃成熟期降雨或灌溉果实皮层迅速吸收水分而造成的。苹果、核桃和葡萄裂果，往往是由于果实经过一段时期干旱生长暂时停滞后，又突然迅速吸水。无花果裂果与灌溉无关。李子果实顶端开裂，可以在任何时候发生，只要经过一段时间干旱，然后突然灌溉，就会由于吸水过快而发生裂果；而果实侧面开裂，则起始于果实最后迅速膨大期，一般与灌溉无关。

不论哪种果树，当土壤水分降低到凋萎点以下时，将降低产量和品质，当果树处于大年时，更需要有充足的水分。缺水时，制罐桃果实品质下降，鲜食桃汁少而味苦，梨质地较硬而色绿，李子易患日烧，核桃种仁不充实。然而，采前大量灌溉会降低苹果、葡萄、梨、桃、李等果实的含糖量，因而汁多味淡，且显著降低果实耐贮性。

7. 根系生长

良好的土壤水分条件是保证根系正常生长、根原基发生及保持根系正常生理功能的重要条件。干旱情况下根系生长速度减慢，根原基发生少，因而使根系的分支减少，根系韧皮部形成层活力降低，根系顶端木栓化速度加快，从而影响根系的吸收功能。在苹果上的研究表明，当土壤水势降到−0.03MPa时，根系生长速度明显受到抑制。而对于柑橘，当土壤水势降到−0.05MPa时，根系生长则完全停止。

果树根系对干旱具有很强的适应能力。首先，在水分胁迫条件下，叶片中的光合产物优先供应根系生长，因而水分胁迫有利于糖类在根系中的积累。第二，只要有一部分根系处于良好的水分条件下，果树就能从土壤中获得足够的水分供其生长发育，即使某一侧根系或全树3/4的根系处于严重水分胁迫状态时，果树也有能力通过侧向交叉的维管系统，将水分分配到果树的各个部位，同时树体所消耗的水分数量显著减少。第三，果树根系具有很强的趋水能力，当土壤水分可利用性开始降低时，能迅速地向水分条件好的土壤中生长。尽管处于干旱条件下的果树根系生长速度较慢，甚至停止，但是在重新灌溉后，根系补偿生长速度反而比在良好水分营养条件下的果树根系快。由于具有如上特点，不灌溉或较少灌溉的果树根系数量往往比经常灌溉的果树多，且根系在土壤中分布较深。

二、果园灌溉技术

果园水分调控与管理的目标，是在保证果树正常生长发育和优质、丰产的前提下，达到减少灌溉、生产出质高量多的果实。正确的灌溉时间，应未雨绸缪，不能等果树形态上已显出缺水状态（如果实皱缩、叶片卷曲等）时才进行灌溉，而应在果树未受到缺水影响时进行。否则，果树的生长和结果将会受到伤害。要实现这一目标，必须应用现代灌溉原理与技术，对果树进行及时合理灌溉。

（一）灌溉时间确定

土壤液相和气相共同存在于固相物质之间的孔隙中，形成一个互相联系、互相制约的统一整体。干旱条件下，土壤含水量少、水势低、根系吸水困难，不能满足果树生长结果的需要，从而导致果树营养生长不足、产量减少和品质降低。只有在土壤含水量降低到对果树产生不良影响之前进行灌溉，维持适宜的土壤水分状况，才能实现果树的优质、丰产。但是，过多灌溉如灌溉次数过于频繁或一次灌溉量过大，均会导致土壤中氧气不足，同样会降低根系吸水速度，影响果树生长与结果。因此，合理灌溉必须考虑果树生物学特性，应用科学的方法，确定果园每次灌溉时间及合理灌溉量，使土壤水分维持在合理供水的范围内。

果树灌溉时间和每次灌溉量的确定取决于所采用的灌溉技术。在漫灌、喷灌和地下灌溉条件下，每次灌溉的目的就是恢复土壤中贮藏的水分，灌溉时应遵循次数少（即两次灌溉之间间隔时间长）、每次灌溉量大的原则；对于定位灌溉中的滴灌，由于土壤失去了贮藏水分的功能，成为简单的水分导体，因而灌溉时采用的原则与漫灌等正好相反，要求灌溉次数多而每次灌溉量小。

（二）灌溉水质和灌溉量

1. 灌溉水质

用于果园灌溉的水源，有河水、雨水、井水、泉水、地面径流水、雪水和污水等。由于这些水中的可溶性物质、悬浮物质以及水温等有所不同，对果园灌溉的效果也有差异。例如，地面径流水，常含有果树可利用的有机质和矿质元素；雨水中含有较多的CO_2、氨和硝酸；雪水中也含有较多的硝酸。因此，这一类灌溉水对果树是十分有利的。至于高山雪水和地下泉水，水温一般较低，可将其贮于蓄水池中，经过一段时间增温充气后再利用。灌溉水中，有害可溶性盐类不应超过1000mg/L。据报道，灌溉水中可溶性盐总量达500 ~ 700mg/L时，柑橘叶片就有受害的危险。水中氯化物含量与总盐类含量之间的关系非常密切，而对盐害敏感的柑橘砧木，忍耐氯化物的极限浓度为10mol/L。有研究发现，印度酸橘砧木对灌溉水含盐量以及氯化物的忍耐力最强。许多学者认为，砧木的抗盐力与其能使钙活化而对钠吸收发生拮抗作用有关。因此，对抗盐力弱的果树种类和品种，应特别注意灌溉水质。利用污水灌溉，则应分析是否含有有害盐类和有毒元素及其化合物。在采用喷灌和滴灌时，应特别注意灌溉水中不要含有泥沙和藻类植物，以免堵塞喷头或滴头。

2. 灌溉量

果树正常生长发育对土壤中水分和空气比例有一定的要求。由于二者具有相互消长的关系，因而正确的灌溉量可以合理协调土壤中水分和空气间的矛盾。最适宜的灌溉量指的是在一次灌溉中，使果树根系分布范围内的土壤湿度达到最有利于果树生长发育的程度。只浸润土壤表层或上层根系分布的土壤，不能达到灌溉目的，且由于频繁灌溉，容易引起土壤板结，土壤温度降低。因此，必须根据果树根系分布特点，尽量一次灌足、灌透。一般根系分布较深的果树，应一次浸润0.8 ~ 1.0m。根系分布浅的果树，也应浸润0.6m以上。矮化果树或密植园，根系分布较浅，灌溉浸润深度应达到40 ~ 60cm。如果在果园里安置张力计，灌溉量和灌溉时间则可以张力计的读数为准。

（三）灌溉方法

灌溉方法、灌溉时间和灌溉量是达到良好灌溉效果的三个不可分割的因素。如果仅注意灌溉时间和灌溉量，而方法采用不当，往往达不到预期灌溉目的，甚至带来严重危害。因此，选用合适的灌溉方法也是果园灌溉的一个重要环节。随着科学技术和工业生产的发展，果园灌溉方法也在不断改进，正朝着机械化、自动化方向发展，使灌溉效率和效果大幅度提高。目前，国内外一些果园的灌溉技术已发展到自动化控制阶段，其方法可分为时间控制法、电子抵抗法和土壤水分张力计自动灌水法等。我国自行研制的75-1型土壤湿度计可以作为传感器，用磁力开关与之串联，用以启闭电动机，可使灌溉装置自动控制灌溉或停止。

1. 地面灌溉

地面灌溉是目前我国果园所采用的主要灌溉方法。所谓地面灌溉，就是指将水引入果园地表，借助重力作用，湿润土壤，故又称为重力灌溉。沟灌是地面灌溉中一种较好的灌溉方法。

（1）沟灌

沟灌是指在果园行间开灌溉沟，沟深20 ~ 25cm，并与配水道相垂直，灌溉沟与配水道之间，有微小的比降。灌溉沟的数目，可因栽植密度和土壤类型而异，密植园每一行间开一条沟。稀植园如为黏重土壤，可在行间每隔100 ~ 150cm开沟，如为轻质土壤，则每隔75 ~ 100cm开沟。灌溉完毕，将沟填平。沟灌的优点：灌溉水经沟底和沟壁渗入土中，对全园土壤浸湿较均匀，水分蒸发量与流失量均较小，用水经济；防止破坏土壤结构；土壤通气良好，有利于土壤微生物活动；减少果园中平整土地工作量；便于机械化耕作。

我国南方雨水较多，平地果园均开有排水沟，干旱时可利用此沟进行蓄水灌溉，称为浸灌。这种方法不必在每次灌溉时开沟，同时因沟较深，可以浸润分布在较深层的根系，而且浸润均匀。国外在传统沟灌方面有所改进，如美国和俄罗斯采用塑料或合金管浸润灌溉法。即用直径30 ~ 50cm的塑料或合金管代替灌水沟，管道上按植株的株距开喷水孔，孔上安装有开关，可调节水流大小。灌溉时将管道铺设在田间，灌溉后将管道收起，不必开沟引水，既节省劳力，又便于机械作业。

（2）分区灌溉

分区灌溉是指把果园划分成许多长方形或正方形小区，纵横向修筑成土埂，将各区分开，通常每行树（或一部分树）单独成为一个灌水小区。此法的缺点：易使土壤表面板结，破坏土壤结构；修筑许多纵横土埂，既费劳力又妨碍果园机械操作。

（3）树盘灌溉

树盘灌溉指以树干为中心，在树冠投影范围修筑土埂，围成圆形或方形树盘，树盘与灌溉沟相通。灌溉时水流入树盘内，灌溉前疏松盘内土壤，使水容易渗透，灌溉后耙松表土，或用草覆盖，以减少水分蒸发。此法的优点：用水经济，浸润根系范围的土壤宽而均匀，不会引起土壤板结。在水源缺乏地区，宜采用此法。

2. 节水灌溉

节水灌溉包括喷灌、滴灌、小管出流、微喷灌等。

（1）喷灌

喷灌又称为人工降雨。它模拟自然降雨状态，利用机械动力设备将水喷射到空中，形成细小水滴落下灌溉果园。喷灌系统一般包括水源、动力、水泵、输水管道及喷头等部分。

喷灌的优点：喷灌基本不产生深层渗漏和地表径流，可节约用水20%以上，对渗漏性强、保水性差的沙土，可节水60% ~ 70%；减少对土壤结构的破坏，可保持原有土壤的疏松状态；调节果园小气候，减免低温、高温、干热风对果园的危害；节省劳力，工作效率高，便于田间机械作业，为施用化肥、喷施农药和除草剂等创造了条件；对平整土地要求不高，地形复杂的山地也可使用。

喷灌的缺点：由于增大果园湿度，可能加重某些果树感染真菌病害；在有风的情况下（风速在3.5m/s以上时），难做到灌溉均匀，并增加水量损失。一般在3 ~ 4级风力下，喷灌用水经地面流失和蒸发损失可达10% ~ 40%。喷灌设备价格较高，增加果园建设投资。

（2）滴灌

滴灌是机械化与自动化相结合的先进灌溉方法，是以水滴或细小水流缓慢地施于果树根域的灌溉方法，一般只对全树的一部分根系进行定点灌溉。滴灌系统的主要组成部分包括水泵、化肥罐、过滤器、输水管（干管和支管）、灌水管（毛管）和滴头。滴灌系统示意如图3-10所示。

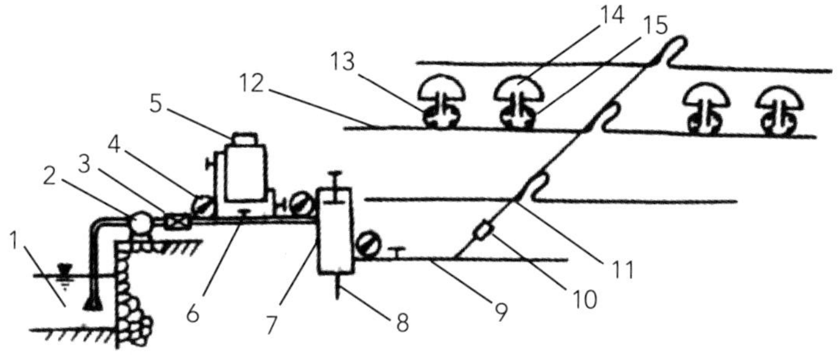

1—水源；2—动力和水泵；3—流量计；4—压力表；5—化肥罐；
6—阀门；7—过滤器；8—排水管；9—干管；10—流量调节阀；
11—支管；12—灌水管（毛管）；13—滴头；14—果树；15—短引管。

图3-10 滴灌系统示意

滴灌的优点：滴灌仅湿润果树根系附近的土层和表土，因而大大减少水分蒸发；滴灌系统可以全部自动化，将劳动力减少至最低限度；滴灌系统还适于丘陵地和山地；滴灌能经常对根域土壤供水，长期维持适宜的土壤湿度，保持根域土壤通气条件良好；如果滴灌结合施肥，则更能不断供给根系养分；在盐碱地采用滴灌，还能稀释根层盐分浓度，有利于根系生长和吸收。

滴灌的缺点：需要管材较多，投资较大；管道和滴头容易堵塞，对过滤设备要求严格；不能调节果园小气候，不适于冻结期应用。

滴灌时间、次数及滴灌量，因气候、土壤、果树种类、树龄而异。如果以达到浸润根系主要分布层为目的，特别是要求浸润到深层土壤，则可以每天进行滴灌，也可以隔几天进行一次滴灌。美国加利福尼亚州柑橘园的滴灌量，以达到浸润根系分布层为目的，新栽树每株每天需水7.5 ~ 11L，中等大小的树需水38 ~ 57L，成年树需水95 ~ 100L。如果以成年树每株每天需水123L、每株树下安装3个滴头、每小时每滴头灌水3.8L计算，则每天需滴灌12h或隔天滴灌24h。

（3）小管出流

小管出流灌溉系统是针对微灌系统使用过程中，灌水器易被堵塞的难题和果园管理水平不高的现实，打破微灌灌水器流道通常截面尺寸（一般直径为0.5～1.5mm）而采用超大流道，以PE塑料材质的小管代替微灌滴头，并辅以田间渗水沟，形成以小管出流灌溉为主体的微灌系统。小管出流灌溉系统包括支管、毛管及渗水沟等。渗水沟可以绕树修筑，也可以顺树行开挖。前者多用于高大的成龄果树，并称之为绕树环沟，沟的直径约为树冠直径的2/3，后者则用于密植果树，一般每隔2～3m用土埂隔开，故又称为顺行隔沟。渗水沟的作用是把小管灌水器流出的水均匀地渗入到果树周围的土壤中。管道均埋于地下，小管灌水器在渗沟内露出10～15cm。

（4）微喷灌

微喷灌原理与喷灌类似，但喷头较小，并设置在树冠之下，其雾化程度高，喷洒距离小（一般直径为1m左右），每个喷头灌溉量很小（通常为30～60L/h）。微喷灌克服了喷灌和滴灌的主要缺点，具有更省水、防止盐渍化、防止水分渗漏等优点。在每株树下，安置1～4个微量喷洒器（微量喷头），喷洒速度大，每小时可喷射出60～80L水。不易堵塞喷头，每周供水一次即可。由于微喷灌具有上述优点，将来有可能取代高头喷灌和滴灌。

3. 地下灌溉

地下灌溉又称为渗灌，是利用埋设在地下的透水管道，将灌溉水输送到地下的果树根系分布层，并借助毛管作用湿润土壤的一种灌溉方法。早在数百年前，我国劳动人民就创造了这种灌溉方法。例如，山西临汾的地下沟道系统，就是用来引泉水进行地下灌溉的。地下灌溉具有灌溉质量好、减少地表蒸发、节省灌溉量以及节省占地等优点，还能在雨季起到一定的排水作用，因而这种方法逐渐受到重视。

地下灌溉系统的主要组成部分是地下管道系统，其可分为输水管道和渗水管道。输水管道连接水源，将灌溉水输送至田间的渗水管道。渗水管道通过管道上部的小孔，使管道内的水渗入土壤。渗水管道的种类很多，结构各不相同，有管道及鼠洞两种结构。管道可由各种不同材料制成，如专门烧制的多孔瓦管、多孔水泥管、竹管以及波纹塑料管等，应用较多的是多孔瓦管。其每节长30～50cm，直径10～15cm，在管壁的上半部分有直径1～2cm的出水孔，间距5～10cm，呈梅花形分布。

渗水管道的埋放深度和间距是影响地下灌溉质量的主要因素。渗水管道埋放深度应视土壤质地、果树种类及耕作要求而定。黏土毛管水上升高度大，可较沙土埋深些，管道上缘应紧靠果树根系集中分布层，并使埋放深度大于果园机械深耕的深度，且不易被机械运行时压坏。一般埋放深度为40～60cm。管道间距应视土壤质地、管内水头压力、管道埋放深度以及管材透水性能而定。土壤质地黏重、管内水头压力较大、管道埋放较深且管材透水性能良好时，间距可大些；反之，间距宜小些。当管内水流无压时，管道间距可为2 ~ 3m。渗水管道长度应视管道铺设坡度、管内水流有无压力、流量大小以及管材透水性能而定。我国采用的无压渗水管道长度多为20 ~ 25m。管道铺设则应与地面坡度基本一致，一般采取1/1000 ~ 5/1000比降。

三、果园排水

在地下水位过低、自然降水过多、土质结构不良造成暗涝或地势低洼导致积水等情况下，当果树根系土壤含水量达到饱和状态时，必须及时排水。我国幅员辽阔，南北降雨量差异极大，雨量集中分布期也各不相同。因此，果园需要排水的时间和方法各有不同。一般来说，南方果园较北方果园排水时间多而频繁，尤以梅雨季节应进行多次排水；北方果园7 ~ 8月是排水的主要季节。

（一）涝害对果树生长发育的影响

1. 根系及根域环境

排水不良的果园，根系呼吸作用会受到抑制，从而影响根系对养分和水分的吸收。当土壤中水分过多、缺乏空气时，迫使根系进行无氧呼吸，使乙醇大量积累，造成蛋白质凝固，引起根系生长衰弱，以致死亡。土壤通气不良，还妨碍土壤微生物（特别是好气细菌）的活动，从而降低土壤肥力。在黏土中，大量施用硫酸铵等化肥或未腐熟的有机肥后，如遇土壤排水不良，由于这些肥料进行无氧分解，使土壤中易产生CO或CH_4、H_2S等还原性物质，会严重地影响果树根系的生长和吸收。

2. 地上部分

果树遭受涝害后，根系生理机能减弱或受害死亡，营养吸收、运转等功能不能进行，从而导致地上部分缺水，发生“旱象”，叶片变色甚至干枯脱落，直至整株死亡，一般果树涝害与旱害症状极为相似。

（二）果园排水方法

一般平地果园和盐碱地果园可顺地势在园内及果园四周修建排水沟，把多余水量顺沟排出园外，可采用深沟高畦（台田）或适度培土等方法，既可降低地下水位，防止返碱，也可雨季排涝。山地果园应首先做好水土保持工程，并在果园最上部修筑拦水坝，防止洪水下泄，造成土壤冲刷。在梯田内侧应修排水沟，迂回排水，减低流速，以保持水土。将多余水引至蓄水池、旱井或水库中蓄水。涝洼地果园，可修建台田或在一定距离修建蓄水池、蓄水窖、小型水库，将地面径流贮藏起来备用。由于地下不透水层引起积水或暗涝的果园，应结合果园秋季深翻打通不透水层，使多余水分能够下渗。

采用明沟排水，即在地面开挖排水沟。地面浅排水沟通常用来排除地面的过量雨水，这种排水沟排地下水的作用很小，多单纯作为退水沟或排雨水的沟。深层地下排水沟多用于排地下水，并当作地面和地下排水系统的集水沟。暗管排水多用于汇集排出地下水。在特殊情况下，也可用暗管排泄雨水或过多的地面灌溉贮水。当需要汇集地下水以外的外来水时，必须采用直径较大的管道，以便排泄增加的流量并防止泥沙造成堵塞。当汇集地表水时，管道应按半管流进行设计。不同土壤类型常用排水管间距与埋放深度见表3-7。

表3-7　不同土壤类型常用排水管间距与埋放深度

土壤类型	导水率/（cm/天）	间距/m	埋放深度/m
黏土	0.15	10～20	1.0～1.5
黏壤土	0.15～0.5	15～25	1.0～1.5
壤土	0.5～2.0	20～35	1.0～1.5
细沙质壤土	2.0～6.5	30～40	1.0～1.5
沙质壤土	6.5～12.5	30～70	1.0～2.0
泥炭土	2.5～12.5	30～100	1.0～2.0

采用地下管道排水，不占用土地，也不影响机械耕作，但地下管道容易堵塞，建设成本也较高，适用于条件好的果园。目前，一些发达国家的果园排水多采用明沟除涝、暗管排除土壤过多水分，并调节区域地下水位，构成上下结合的综合排水体系。

（三）受涝果树的管理

1. 及时排水

对于受涝果树，应及时排出园内积水，扶正冲倒果树，设立支柱防止动摇，清除根际压沙和淤泥，对裸露根系要及时培土，尽早使果树恢复原状。

2. 翻土晾墒

将根颈部分的土壤扒开晾根，及时松土散墒，使土壤通气，促使果树根系生理机能尽快恢复。果园土壤也应及时耕翻晾墒，晒垡不耙或刨树盘，以利于土壤水分蒸发，促进新根生长。同时，适当追施速效肥料，以便恢复树势。

3. 加强树体保护

积极防治病虫害，对病疤伤口要刮治消毒，在冬季前进行树干涂白，保护皮层，防止冻伤，幼树可采取综合防护措施，确保其安全越冬。

4. 适当修剪

果树受涝后一般会损伤大量细根，应对地上部分重修剪，以维持地上部分和地下部分水分相对平衡。对于抗涝性较弱的核果类果树，更要重回缩，保护好剪口和锯口；对于受涝的枣树必须停止开甲；对坐果多的果树要适量疏果，以防树势衰弱。

复习思考题

1. 园地类型有哪些？有何特点？
2. 园地的规划设计包括哪些要素？
3. 如何对果园道路进行设置？
4. 果树栽植前的准备工作有哪些？
5. 简述果园土壤改良的意义。

模块四
技能实训

知识目标

掌握果树栽培技术；理解生态环境与果树生长的关系。

技能目标

提升动手能力，培养分析问题与解决问题的能力；增强农业可持续发展的意识。

实训一 果树物候期的观察

一、目的与要求

通过对果树一年的生长发育过程进行观察与记录，总结出它的生长发育规律，了解气候变化对它的影响。选择1 ~ 3种果树进行观察。

二、材料与用具

1. 材料

不同种类的果树。

2. 用具

记录本、放大镜、望远镜、标签等。

三、方法与步骤

1. 确定观察地点

观察地点环境条件应有代表性。为便于课后、课间观察，应选择校园内或距学校较近的树木园、花圃及其他各类绿地系统。

2. 选定观察目标

木本果树必须生长健壮，发育正常，开花3年以上。草本果树应在一个地点多选几株。

3. 观察时间

最好在寒假结束刚开学时进行观察，此时温带植物正好处于休眠期或休眠转入生长期，经春、夏、秋三季的持续观察，直至冬季进入休眠期，即可结束观察。物候变化快、要求细的果树宜每天或隔日观察记载，必须保证不失时机。观察时间最好在下午1:00 ~ 2:00，早晨开花的果树应在上午观察。花芽膨大期可用放大镜观察，树体高大的果树可借助望远镜。观察人员要有较强的责任心，必须注意全面观察，所有观察必须现场做好记录。

4. 观察记录

根据所选果树，填写表4-1。

表4-1 观察记录表

部位	物候期	特点
叶芽	萌芽期	
	新梢生长期	
	落叶期	
花芽	花芽膨大期	
	开花期	
	坐果期	
	果实膨大期	
	果实转色期	
	果实成熟期	

四、实训作业

整理资料，总结所观察果树的各物候期。就如何合理选择与配置果树发表自己的见解。

实训二 果树种子贮藏

一、目的与要求

通过本次实训，了解种子生命活动与种子贮藏的密切关系；掌握主要果树种子贮藏的技术方法；能根据不同果树种子选择正确的贮藏方法。

二、材料与用具

1. 材料

适用于干藏的主要果树种子2～3种，每种0.5～2.5kg。

2. 药品

氯化钙、福尔马林等。

3. 用具

酒精灯、广口瓶、石蜡、木箱、铁桶、布袋、沙子、稻草、木炭等。

三、方法与步骤

1. 普通干藏法

普通干藏法适用于短期少量贮藏种子。具体步骤为将干燥到安全含水量的适量种子，装入用福尔马林消毒过的木箱或布袋中，放在低温、干燥、通风的室内进行贮藏。注意防鼠、防潮及防虫。

2. 密封干藏法

密封干藏法适用于长期少量贮藏种子，尤其是珍贵种子，普通干藏法易使其丧失生命力。具体步骤为精选种子，干燥到安全含水量，装入经消毒且密封放有干燥剂的容器中，并置于低温、干燥、通风的种子冷库中。

3. 室内堆藏法

室内堆藏法即选择干燥、通风、阳光直射不到的室内，在地下洒一层水，铺一层10cm厚的湿沙，然后将种子层积或种沙混合堆放，堆至50cm高度，上盖湿沙，并经常检查堆内温度、湿度。

四、实训作业

分析总结果树种子不同贮藏方法的技术要点及适用性。

实训三 种子的生活力测定

一、目的与要求

用化学试剂测定种子的生活力，可以在短时间内评定种子质量。特别是对休眠期长的种子难以进行发芽测定，采用种子的生活力测定具有明显的优越性。通过本次实训，掌握测定种子生活力的原理和操作程序。

二、材料与用具

1. 材料

不同果树的种子。

2. 药品

酸性靛蓝、四唑等。

3. 用具

玻璃板、刷子、镊子、解剖刀、培养皿、小烧杯、手持放大镜等。

三、方法

1. 酸性靛蓝染色法

酸性靛蓝为一种蓝色粉末，易溶解于水，其水溶液为天蓝色。酸性靛蓝能透过死组织使其染上蓝色，在酸性靛蓝溶液中凡被染成蓝色的部位都是无生命力的，可根据种胚染色部位和比例判断种子的生活力。酸性靛蓝适宜的染色浓度为0.05%。

2. 四唑染色法

2,3,5-三苯基氯化四氮唑，简称四唑，其为白色粉末，见光易分解，不溶解于水，但易溶解于乙醇。四唑可参与活细胞的氧化还原反应，形成一种稳定的、不易移动的红色物质。在四唑溶液中，被染成红色的是活组织，未染色的为死组织，常以染色的位置和比例大小判断种子有无生活力。四唑适宜的染色浓度为0.1% ~ 1.0%，常用缓冲溶液溶解四唑。缓冲溶液配制方法如下。

（1）先配制溶液（甲）和溶液（乙）

溶液（甲）：在1000mL蒸馏水中溶解9.078g KH_2PO_4；溶液（乙）：在1000mL蒸馏水中溶解11.876g Na_2HPO_4。

（2）混合溶液（甲）和溶液（乙）

取溶液（甲）400mL及溶液（乙）600mL混在一起，配成缓冲溶液。在该缓冲溶液中溶解准确质量的四唑，以获得正确的浓度。例如，1.0g四唑溶解于1000mL缓冲溶液中，即得到pH7.0的1.0%四唑溶液。应将配好的溶液贮藏在黑暗环境或棕色瓶里，以免照光而变质。这种溶液可在室温下保存几个月，但每次用后即作废。最好随配随用。

四、步骤

1. 提取测定样品

从完成净度测定后的纯净种子中随机数取4次重复，每次重复数量为100粒。

2. 样品预处理

为软化种皮，便于剥取种仁，要对种子进行预处理。

3. 取种胚

剥种胚要细心，勿使种胚损伤，要挑出空粒、腐坏和有病虫害的种粒。剥出的种胚先放入盛有清水或垫湿纱布的器皿中。全部剥完后再放入染色剂溶液中，使溶液淹没种胚，上浮者要压沉。

4. 染色

染色时间因温度、果树种类而异。温度在20 ~ 30℃时要染色2 ~ 3h；温度低于20℃要适当延长染色时间；温度低于10℃则染色困难，甚至不能染色。

5. 观察记录

到达染色所规定的时间之后倒出溶液，用清水冲洗种胚，立即将种胚放在垫湿纱布的器皿中。根据染色部位和比例来判断种胚有无生活力。

（1）酸性靛蓝染色法

酸性靛蓝染色法测定种子生活力的主要标志如下：

①有生活力者。种胚全部未染色；胚根尖端少量染色；胚基部分有斑点状染色，但染色部位未成环状；子叶少许斑点染色。

②无生活力者。种胚全部染色；胚根全长1/3或超过1/3染色；胚基部分包括分生组织在内的种胚全长的1/3染色；子叶染色。

（2）四唑染色法

四唑染色法测定种子生活力的主要标志如下：

①有生活力者。胚乳及种胚全部染色；胚乳仅小部分（小于整个胚乳的1/2）未染色，种胚全部染色；胚乳全部染色，仅胚尖端少许（小于胚根长度的1/2）未染色或仅胚轴少许未染色；胚乳及种胚均少许未染色。

②无生活力者。胚乳及种胚全部未染色；胚乳染色，种胚未染色；胚乳未染色，种胚染色；胚乳及种胚仅小部分染色；胚乳及种胚局部染色，其面积不超过胚乳和种胚的1/2。

6. 结果计算

生活力按式（4-1）计算。

$$生活力=有生活力种子粒数/供试种子粒数\times 100\% \qquad （4-1）$$

7. 误差分析

分别统计各组种子的生活力，并计算4次重复的平均值。平均值计算到整数。检查几次重复间的差异是否为随机误差。如果各重复中最大值与最小值的差距没有超过允许范围，就用各次重复的平均值作为测定的生活力。

五、实训作业

根据实训内容，完成实训报告。

实训四 果树育苗

一、目的与要求

通过本次实训，掌握常规基质的配制方法，提高动手能力；掌握果树播种繁殖的要点和操作方法；了解穴盘种类，掌握容器育苗的基质配制及播种方法。

二、材料与用具

1. 材料

腐叶土或草炭、园土、蛭石、泥炭、细河沙、过磷酸钙或骨粉、有机肥、播种盆（上口直径30cm、高6cm）、小花盆、碎瓦片、煤渣、粗粒土、果树种子若干（因季节不同而异）等。

2. 用具

筛子、水桶、铁锹、花铲、喷壶、穴盘（128穴、288穴）、镊子、点播机等。

三、方法与步骤

1. 培养土配制

根据表4-2配制不同种类果树所需要的培养土。

表4-2　不同种类果树所需要的培养土

应用范围	腐叶土或草炭	园土	过磷酸钙或骨粉	有机肥
草本定植或木本育苗	3份	5.5份	0.5份	1份
宿根草本或木本定植	3份	5份	0.5份	1.5份
宿根草本或木本换盆	2.5份	5份	0.5份	2份

2. 播种繁殖

具体操作步骤如下：

①播种盆的准备。旧盆应洗净，如果为新瓦盆，应提前泡水1～2天退火备用。

②培养土的准备。将经过曝晒的培养土打碎，过筛备用。

③装盆。先用碎瓦片盖住盆底的排水孔，然后用花铲依次装入粗粒土、煤渣，约2cm，再填入疏松细碎的培养土至盆沿，最后双手提盆轻击地面使盆土沉实。

④播种。小粒种子先掺干细沙混拌均匀，然后用撒播法均匀撒播于土面上，大、中粒种子用点播法均匀点播于土中。

⑤覆土。播后覆上一层细致培养土，小粒种子以盖住种子为度，大、中粒种子覆土厚度为种子直径的2～3倍。

⑥浸盆。先将水桶盛上清水，把小花盆倒扣其中，然后把播种盆浅置于小花盆上浸在水中，水面不要超过盆土表面，待盆土表面湿润后立即取出。

⑦覆盖。先将一层草纸或报纸盖在盆面上，再盖上玻璃板或罩上塑料薄膜，以利于保湿遮光。若为喜光性种子，则不用盖草纸或报纸，只盖玻璃板或罩塑料薄膜即可。

⑧播后管理。将播种盆置于阴处，保持盆土湿润，干燥时用浸盆法给水，早晚将覆

盖物打开数分钟，以便通风透气。幼苗出土后除去覆盖物，逐渐移到向阳处养护。

3. 容器育苗

（1）基质配制

①取蛭石、泥炭、细河沙按1∶1∶1备好，用细喷头喷适量水，混拌均匀。基质混拌后，用手握起，能成团，松手放下能散开不沾手，则说明基质含水合适。

②将上述基质装入128穴和288穴的穴盘中，用刮板刮平，用手指将穴盘底孔中的基质轻轻压紧，再补装一层基质刮平。

（2）播种

①人工点播。人工点播适用于中粒种子。用镊子夹住种子，植入穴盘中，植入深度为3～5mm，每穴植入1粒。点播结束后，用细喷头喷水，穴盘底孔刚刚有水渗出为宜，或将穴盘放入水槽中浸水，穴盘底孔上部见到水渍为宜，将穴盘取出移入温度18～25℃、湿度80%～90%条件下催芽。

②机械自动播种。机械自动播种适用于小粒种子。将种子送入填粒口，穴盘放在操作台上，启动机械后可自行播种，播种结束后可用细喷头喷水。处理方法与中粒种子相同，催芽条件也相同，小粒种子穴盘表面加盖一层牛皮纸。

（3）管理观察

播种3天后每日早晨检查幼芽，并开始记录，出芽后小粒种子的牛皮纸要揭掉。基质表面缺水要及时喷雾，切不可让基质发白，基质干湿交替会使种子吊干，丧失发芽能力。子叶张开后可以改喷雾为喷水。真叶长出2对时可以施叶肥。当根系从穴盘底孔透出时，可以定植。

将育苗过程记录填入表4-3。

表4-3 育苗过程记录

果树种类	播种日期	开始出芽日期	50%出芽日期	80%出芽日期	2对真叶长出日期	温度	湿度

四、实训作业

根据实训内容，完成实训报告。

实训五 培养土的配制与消毒

一、目的与要求

通过本次实训，掌握不同类型培养土的配制方法；掌握培养土消毒的具体方法。

二、材料与用具

1. 材料

园土、腐叶土（已沤制）、河沙、粪肥、塑料薄膜等。

2. 药品。

甲醛等。

3. 用具

筛子、铁锹、喷雾器等。

三、方法与步骤

1. 培养土的配制

①把准备好的各种材料过筛备用。

②按配方比例配制疏松培养土（园土2份、腐叶土6份、河沙2份、粪肥1份）；中性培养土（园土4份、腐叶土4份、河沙2份、粪肥1份）；黏性培养土（园土6份、腐叶土2份、河沙2份、粪肥1份）。配制时注意粪肥的用量可根据果树种类、植株大小及培养土肥力随时调节。

③用铁锹将3种培养土上下翻匀，堆好准备消毒。

2. 培养土的消毒

①在喷雾器中配好50倍甲醛溶液备用。

②用配好的消毒剂喷洒培养土，注意边喷洒，边用铁锹上下翻动培养土，以便喷洒均匀，达到良好的消毒效果。

③喷好后，将培养土堆好，用塑料薄膜覆盖熏蒸消毒。

④覆盖2～3天，由专人负责揭膜通气晾晒，待甲醛挥发后即可使用。消毒过程中注意用药安全，消毒后及时用肥皂洗手。

四、实训作业

①记录3种培养土的配制方法，总结配制过程出现的问题及解决方法。

②记录培养土的消毒过程，总结消毒过程中出现的问题及解决方法。

③分析、总结实训内容，整理成实训报告。

实训六 果树的越冬防寒

一、目的与要求

通过本次实训，了解当地果树的防寒措施；掌握果树的越冬防寒技术。

二、材料与用具

1. 材料

需防寒的果树。

2. 用具

铁锹、草绳、涂白剂（水、生石灰、石硫合剂）、桶、刷子、定高杆等。

三、方法与步骤

1. 灌封冻水

土壤封冻前灌1次冻水。

2. 培土

在植株的根颈部位堆土堆，土堆的高度以植株的大小而定，一般土堆高40 ~ 50cm，堆后压实。

3. 裹干

用草绳将树干从基部至分枝点或要求的高度一圈一圈缠绕起来，防止树干失水和受冻。

4. 树干涂白

用水、生石灰和石硫合剂配成涂白剂。用定高杆标出高度，一般1.2 ~ 1.5m，用桶盛涂白剂。用刷子把涂白剂刷到树干上，涂白时要求涂刷均匀，高度一致。

四、实训作业

①将冬季防寒的操作过程、方法及心得整理成实训报告。

②总结本地果树冬季防寒措施。

参考文献

［1］郭长花，康向阳．树木发育中的阶段转变研究进展[J]．生物技术通讯，2008，19（5）：784-786.

［2］李天忠，张志宏．现代果树生物学[M]．北京：科学出版社，2008.

［3］田莉莉，方金豹．落叶果树芽休眠调控研究进展[J]．中国南方果树，2003，32（6）：61-63.

［4］张光伦．园艺生态学[M]．北京：中国农业出版社，2009.

［5］张上隆，陈昆松．果实品质形成与调控的分子生理[M]．北京：中国农业出版社，2007.

［6］龚振平．土壤学与农作学[M]．北京：中国水利水电出版社，2009.

［7］关连珠．普通土壤学[M]．2版．北京：中国农业大学出版社，2016.

［8］黄巧云．土壤学[M]．2版．北京：中国农业出版社，2017.

［9］林大仪，谢英荷．土壤学[M]．2版．北京：中国林业出版社，2011.

［10］刘春生．土壤肥料学[M]．北京：中国农业大学出版社，2006.

［11］张光伦．园艺生态学[M]．北京：中国农业出版社，2009.

［12］刘黎明．土地资源学[M]．6版．北京：中国农业大学出版社，2020.